实用电工技术问答

（第二版）

周南星　主编

中国水利水电出版社

www.waterpub.com.cn

内 容 提 要

本书内容包括电工基础知识、高低压电器运行技术、变电运行技术、电力系统继电保护、发电厂及变电站计算机监控系统、电力变压器与同步发电机、三相异步电动机、可编程控制器、特高压技术、防雷接地、电工仪表、装表接电、照明、电线电缆、发电厂水处理和脱硫、脱硝及安全用电等，共十六章。全书共有 900 多道题，以问答的形式予以解答，内容丰富，具有实用性和体现现代电工新技术的特点。

本书可供发电厂、电力网及工厂企业的电气技术人员和电工阅读，对于电力和水电部门的基层管理干部也有参考与使用价值。

图书在版编目（CIP）数据

实用电工技术问答/周南星主编 . —2 版 . —北京：
中国水利水电出版社,2012.1
ISBN 978 - 7 - 5084 - 9345 - 9

Ⅰ.①实… Ⅱ.①周… Ⅲ.①电工技术—问题解答
Ⅳ.①TM - 44

中国版本图书馆 CIP 数据核字(2011)第 280350 号

书　　名	实用电工技术问答（第二版）
作　　者	周南星　主编
出版发行	中国水利水电出版社(北京市海淀区玉渊潭南路 1 号 D 座　100038) 网址：www. waterpub. com. cn E - mail：sales @ waterpub. com. cn 电话：(010)68367658(发行部)
经　　售	北京科水图书销售中心(零售) 电话：(010)88383994、63202643、68545874 全国各地新华书店和相关出版物销售网点
排　　版	北京金奥都科技发展中心
印　　刷	北京市银祥福利印刷厂
规　　格	140mm×203mm　32 开本　14 印张　376 千字
版　　次	1997 年 1 月第 1 版第 1 次印刷 2012 年 1 月第 2 版　2012 年 1 月第 1 次印刷
印　　数	0001—3100 册
定　　价	**42.00** 元

前　言

为了适应电力工业迅速发展的需要，满足广大青年电气技术人员特别是电气运行人员对学习电气技术的需要，我们将发电厂、变电所及工厂企业中经常遇到一些电工技术问题，以问答的形式予以解答，期望能在解决实际技术问题方面提供帮助，成为青年电工的良师益友。

本书第一版于1997年出版，多年来受到广大读者的关注和欢迎。本版与第一版相比，增加了"可编程控制器"、"特高压技术"、"装表接电"及"水处理和脱硫、脱硝"等章节，而对于与电力运行技术联系较少的"小水电技术"、"照明线路设计"、"家用电器"和"电工材料"等内容做了适当删减和精简。

本书仍保留以下特点：

（1）注重内容的实用性。重点阐明电气设备的结构特点和缺陷、产生异常和事故的原因、检查和处理问题的办法，以便运行人员及时作出对问题的分析和处置。

（2）反映现在电力生产的新技术。如微机型继电保护，发电厂及变电所计算机监控，PLC控制，电子式电能表，特高压技术和LED照明等。

（3）以问答形式传播科技知识，简明扼要，通俗易懂，适合于青年读者阅读。

本书各章编写分工如下：第一章周南星、徐耘英、朱卫萍，第二章刘敏，第三章廖志强，第四章李火元，第五章余建华、邵璐，第六章魏涤非，第七章屈虹，第八章刘洋，第九章叶荣，第十章汪祥兵，第十一章许俊巧、周晓露，第十二章祝小红，第十三章宋廷臣，第十四章曾荣，第十五章邹文斌，第十六章胡小姣。全书由李火元教授主审。在编写过程中，得到江西华能井冈山电厂的大力支持和帮助，特此表示衷心感谢。

由于编者水平有限，书中难免存在缺点和错误，恳请读者批评指正。

主　编

2011 年 8 月

目　　录

3

11

12

14

第五章 发电厂及变电站计算机监控系统 ………………… (127)

17

19

24

30

31

第一章　电工基础知识

第一节　电的基本知识

1—1　什么是电场强度?

电荷的周围存在着电场，电场对处于其中的其它电荷有作用力——电场力，这一特性被用来衡量电场的强弱。在电场中放入一正检验电荷 q，则 q 受到的电场力 F 与 q 的比值定义为 q 所在点的电场强度，记为 E，即

$$E = \frac{F}{q}$$

由于电场力是一个矢量，所以电场强度也是一个矢量，电场强度的单位是 N/C（牛/库）。

1—2　什么是静电屏蔽?

在电场中放入一块金属导体，导体中的自由电子会朝电场的反方向移动，使导体两个端面出现正、负感应电荷，它们在导体内产生与原电场方向相反的附加磁场，使导体内的合电场为零。如果金属导体是内空的，空腔内没有电场，放在空腔内的设备不会受到外电场的影响，这就是静电屏蔽，用来屏蔽电场的金属壳称为屏蔽罩。

如果在金属罩内放入一个带电体，并把金属罩接地，那么罩内壁出现与带电体异种的感应电荷，而罩外壁的感应电荷被大地的电荷中和。这样，罩外就没有电场。这就是说，接地的金属罩可以将罩内带电体的电场屏蔽住。

一个封闭的金属罩可以起到内外两种屏蔽作用。就是一个金属网罩也能起到足够的屏蔽作用。三极管的管帽、电子器件的金属外罩、信号传输线的金属网套、屏蔽室的金属网架都是应用静电屏蔽的例子。

1—3 什么是尖端放电？

电荷在导体表面的分布并不一定是均匀的，它的分布决定于导体的形状。在平直的地方，电荷密度小，附近的电场弱；在弯曲的地方，电荷密度大，附近的电场强；在尖端，电荷密度最大，周围的电场也最强。由于空气中存在少量自由电子，在尖端很强电场的作用下，自由电子加速运动，当电场足够强时，高速运动的电子具有很大的动能，能在碰撞空气分子时把分子中的电子打出来，造成空气游离，这种现象称为尖端放电。

1—4 什么是电晕？

在高压输电线附近，常会听到"噬噬"响声，夜间还能看到蓝色微光，这就是所谓的"电晕"。它是高压导线周围或带电设备尖端的强电场引起的局部放电现象，会伴随产生光、噪声、无线电干扰、导线振动、臭氧和其他生成物。同时，还产生电能损失，在雾天、雨天、雪天的电晕损失更大。电晕还是促使有机绝缘物老化的重要因素之一。

为了消除电晕，可以改进电极的形状，增大电极的曲率半径；在新敷设的高压导线上出现的锈蚀、断股或闪络烧伤都应及时修复。导线上的毛刺最易产生电晕，但输电线运行一段时间后，毛刺会被电晕的火花逐渐销蚀掉。电晕也有可利用的一面，当线路受雷击出现过电压波时，电晕可以削弱波的幅值和陡度；也可以利用电晕改善电场分布，制造除尘器等。

1—5 避雷针如何起避雷作用的？

避雷针是利用尖端放电吸引雷电而保护建筑物和电气设备的。避雷针的结构很简单，它由接闪器（避雷针针尖）、引下线及接地体三部分组成。

雷云与地之间的闪电通常发生在雨云的负电荷区与大地之间，负电荷下端的强电场使空气游离并产生电子雪崩，在向下发展时形成树枝状的离子通道，在接近针尖时引起针尖放电，导体雷雨云与大地之间的电路接通，电荷泄向大地，雷电流在通道内产生高温高压，发生强烈闪光和响声。目前雷电问题正在研究之中，还不能预测。

1—6 雷暴天气，为什么不要在空旷地打手机？

2009年央视科教频道报导，有人在空旷地的屋檐下躲雨并打手机，一个闪电，打手机者应声倒下。打手机会引雷吗？摩托罗拉一位专家表示，手机的电磁波是雷电很好的导体，能够在很大范围内收集引导雷电。电磁波会招雷，专家的意见基本上是一致的，但招雷是否导致使用手机者遭雷劈，各方还未有统一看法。但在户外空旷地，由于没有高楼和捍塔避雷，最好不要打手机。

打雷时，还不宜玩电脑，雷电极易沿信号线侵入电脑，破坏主板的芯片和接口。也不宜使用太阳能热水器，在室内也不要背靠在开关、插座上，即使有良好的接地，仍要注意雷击造成意外。

雷雨天，不要在操场踢球，媒体曾报导，南美两支足球队在雷雨时比赛，多人因遭雷击而倒地，多数未抢救过来

1—7 电路和电路模型有什么区别？

电路由实际电气器件连接而成。在通电时，这些电气器件内部出现的电磁现象比较复杂，如电阻器除了发热，还有微弱的磁场；线圈除了产生磁场，还有损耗，匝间也还有部分电容，这给分析问题带来困难。解决的方法：一是忽略次要的电磁现象；二是把交织在一起的电磁现象分解开来，用表征单一电磁性能的理想电路元件（电阻R、电感L、电容C）来分别表示。如一个线圈用一个电阻R和电感L的串联组合来表示，一个电容器忽略漏电流和介质损耗后用一个电容C来表示。这样，一个实际电路便可由一些理想电路元件相连而组成，这便是电路模型。在电路理论中，分析的都是电路模型，而不是电路实体。

1—8 什么是电流的方向和正方向？

规定正电荷运动的方向为电流的方向，这个方向也称为电流的实际方向。

在分析和计算电路时，人为选取一个方向，作为电流的正方向，并用箭头标在电路上。当实际电流的方向与正方向一致时，电流记为正值；相反时，记为负值。在交流电路中，电流是交变

的，电路图上所标的电流方向不可能是实际方向，而都是正方向。实际方向则根据电流的正负符号配合正方向来确定。电流的正方向可以任意选取，对同一实际电流，选取两个不同的正方向时，所得的电流值一正一负。没有正方向，电流的正负符号是没有意义的。正方向也可以用双下标表示，如 I_{ab} 表示正方向由 a 到 b，I_{ba} 表示正方向由 b 到 a。正方向也叫参考方向。

1—9　什么是电压的方向和正方向？

如果正电荷从 a 点移到 b 点时，放出（失去）能量，则 a 点为高电位，b 点为低电位。反之，正电荷从 a 点移到 b 点时，吸收（获得）电能，则 a 点为低电位，b 点为高电位。规定由高电位点指向低电位点的方向为电压的方向（实际方向），所以电压也称电位降或电压降。

电压的正方向也是人为选取的一个方向，当电压的实际方向与正方向一致时，电压记为正值；相反时，记为负值。电压的正方向也可以用" + "、" - "极性表示，称为参考极性，由参考" + "极指向参考" - "极的方向为电压的正方向，或称电压的参考方向。电路中所标的电压的箭头或极性，一般都是指参考方向或参考极性，电压的实际方向则由所给电压值的正负符号配合参考方向来确定。

电压的正方向还可以用双下标表示，如 U_{ab} 表示其正方向由 a 指向 b，U_{ba} 则表示其正方向由 b 指向 a。若 $U_{ab} = 1\text{V}$，则 $U_{ba} = -1\text{V}$，即 $U_{ab} = -U_{ba}$。

1—10　什么是电位？它与电压有什么关系？

在电路中选择某一点为参考点（以接地符号⊥表示），各点对参考点的电压称为各点的电位。电位以字母 V 加单下标为符号。如 a 点的电位记为 V_a，它等于 a 点对参考点 0 的电压，即

$$V_a = U_{ao}$$

参考点的电位为零，即 $V_o = U_{oo} = 0$。

a、b 两点间的电压等于这两点的电位差，即

$$U_{ab} = V_a - V_b$$

1—11　如何测定电路中各点的电位？

电位用万用表的直流电压档来测定。当负表笔（黑表笔）接参考点，正表笔（红表笔）接被测点，指针正向偏转时，所测得的电压为正，即电位为正，表明被测定的电位高于参考点；如指针反偏，需将正、负表笔对调，所得电压值为负，即电位为负，表明被测点的电位低于参考点。

参考点在电路图中虽以接地符号"⊥"为标记，但不是一定要接地，而仅作电位测量的基准（零位）点。参考点选的不同，各点的电位也不同。工程上常取大地（以符号"⊥"表示）为参考点，电子电路常把公共连接点或机壳为参考点。一个电路只能选择一个参考点。通过对各点电位的测定，可以对电路的状态作出判断，便于分析和找出故障。

1—12　什么是电动势的方向？

电动势用来衡量电源力将正电荷从电源的负极（低电位端）推到正极（高电位端）所作功的能力。电动势的方向规定为在电源内部由负极指向正极，即电位升的方向。

1—13　电功和电功率有什么区别？

电阻器通电要发热，电动机通电要转动，这都是电流作了功，这个功叫电功。电流作功要消耗电能，并把电能转变为其他形式的能量（热能、机械能或化学能等）。电功用符合 A 表示。由于电压是单位正电荷移过一段电路时作的功，即 $U = A/Q$，因而电荷 Q 移过该段电路时作的功 $A = UQ$，而 $Q = It$，所以电功

$$A = UIt$$

电功的单位是焦耳（J），1 焦耳 =1 伏特·1 安培·1 秒。

电功率是单位时间内电流所作的功，用符号 P 表示，即

$$P = \frac{A}{t} = \frac{UIt}{t} = UI$$

电功率的单位是瓦特（Ｗ），1 瓦特 =1 伏特·1 安培。

电功率简称功率，功率反映作功的快慢或能量消耗的快慢。用电器所用的电能 W 是该用电器的功率乘使用时间，即

$$W = Pt$$

消耗的电能常以千瓦特小时（kW·h）为单位。

1—14　电气设备的额定值指的是什么？

为了保证长期安全运行，各种电气设备都规定了正常工作条件下最大允许电流的数值，称为额定电流。如各种截面的导线都规定了在一定使用条件下（敷设条件、气温）允许电流的限值，如截面为 $1mm^2$ 的橡皮绝缘铜芯电线在空气温度为 35℃ 时的额定电流为 18A，在 40℃ 时的额定电流为 17A。如果超过额定电流工作，日久因温度过高会使绝缘变脆、老化、影响使用寿命。如油浸变压器上层油温为 95℃ 时，变压器的使用寿命为 20 年。温度升高 8℃，使用寿命将减少一半。电流过大，还可能烧坏设备。

很多电气设备给出了正常工作条件下允许电压的最大值，称为额定电压。如电容器上标有"400V、20μF"，超过 400V，则有可能使绝缘击穿。

电阻器、电动机、发电机等还标注了功率，称为额定功率。

电气设备的额定电流、额定电压和额定功率等称为额定值。它们通常标在铭牌上，所以也称为铭牌值。电量的额定值一般只标出两个，其它可由公式计算得出。额定值是按一定的运行条件确定的，如电力变压器是按环境温度为 40℃ 而设计的，如果环境温度高于 40℃，运行时则要降低允许电流。

第二节　直流电路

1—15　什么是欧姆定律？什么是全电路欧姆定律？

欧姆定律的内容是：流过电阻 R 的电流 I 与两端的电压 U 成正比。其数学表达式为

$$U = RI \quad 或 \quad I = \frac{U}{R}$$

这是电路的基本定律之一。由式可见，当电压 U 一定时，电阻 R 愈大，则电流 I 愈小。所以，电阻 R 具有阻碍电流的物理

性质。

全电路是指单回路，若单回路中电源的电动势为 E，内阻为 R_0，负载电阻为 R，则电流

$$I = \frac{E}{R_0 + R}$$

等于电动势被回路的全部电阻所除，这就是全电路欧姆定律。

1—16　什么是电导？

电导是电阻的倒数，用符号 G 表示，即

$$G = \frac{1}{R}$$

电导的单位为西门子（S）。

电导 G 反映电阻元件的导电性能，电导 G 愈大，表示电阻元件的导电性能愈好。若一个电阻元件的电阻值 $R = 10\Omega$，则电导值 $G = 0.1S$；若 $R = 0.1\Omega$，则 $G = 10S$。

用电导表征电阻元件时，欧姆定律为

$$I = GU$$

1—17　如何计算电阻元件吸收（消耗）的功率？

在电阻元件中，电流总从高电位端流到低电位端，也即通过电阻元件的电流和电压的实际方向总是相同的，所以电阻元件总是吸收功率，并转换成热能消耗掉。吸收（消耗）的功率

$$P = I^2 R = U^2 / R = U^2 G$$

1—18　什么是基尔霍夫定律？

基尔霍夫定律也是分析电路的基本定律。包括两个内容，一是基尔霍夫电流定律，简写为 KCL；另一是基尔霍夫电压定律，简写为 KVL。分别如下：

（1）KCL 应用于节点。内容是：在任一瞬间，流进节点的所有电流之和必定等于从它流出的所有电流之和。若规定流入节点的电流为正，流出节点的电流为负，则连接在同一节点上各支路电流的代数和等于零，即

$$\Sigma I = 0$$

KCL 通常应用于节点，也可推广应用于封闭面，如封闭面包围的是一个三角形电路，穿进封闭面的电流为 i_A、i_B、i_C（都是参考方向），则可写出

$$i_A + i_B + i_C = 0$$

（2）KVL 应用于回路。内容是：沿任一回路循行一周，各段电压的代数和等于零。应用 KVL 可以确定同一回路一段未知的电压。

1—19　什么叫等效电阻？

如果一个电阻 R 与一个二端电阻网络具有相同的伏安关系，则此电阻 R 称为该网络的等效电阻（总电阻）。也就是用等效电阻 R 代替二端电阻网络时，吸收的电流不变。

1—20　什么是电阻的串联和串联分压？

电阻一个接一个连成一串时，称为电阻的串联，其特点是各电阻流过的电流相同。串联电阻的等效电阻 R 为各电阻之和。即

$$R = R_1 + R_2 + \cdots + R_n$$

电压 U 加在电阻串联电路上，各电阻分配的电压与电阻成正比。两电阻 R_1 和 R_2 串联时，各电阻电压分别为

$$U_1 = \frac{R_1}{R_1 + R_2} U = K_1 U$$

$$U_2 = \frac{R_2}{R_1 + R_2} U = K_2 U$$

上两式称为分压公式，K_1 和 K_2 称为分压比。

电阻串联分压，广泛应用于直流电压表扩大量限、直流电动机启动和各种电压电路中。

1—21　什么是电阻的并联和并联分流？

各电阻的一端连在一起，另一端也连在一起，称为电阻的并联。其特点是各电阻受到同一电压。并联等效电阻的倒数等于各电阻倒数之和，两电阻 R_1 和 R_2 并联时，有

$$\frac{1}{R} = \frac{1}{R_1} + \frac{1}{R_2}$$

也可以写成

$$R = \frac{R_1 R_2}{R_1 + R_2}$$

电阻并联时，各电阻分配的电流与电阻成反比。两电阻 R_1 和 R_2 并联时，各电阻中的电流与总电流 I 的关系是

$$I_1 = \frac{R_2}{R_1 + R_2} I$$

$$I_2 = \frac{R_1}{R_1 + R_2} I$$

上两式称为分流公式。

电阻并联分流广泛应用于直流电流表扩大量限和各种分流电路中。

1—22 怎样化简电阻电路？

化简电阻电路的关键是分清串并联。对于串并联关系清楚的，可将电阻归并合一，使电阻数目减少，最后求取总电阻。对于串并联关系不易分清的，可采用下列方法。

（1）改画电路。如图 1－1（a）的电路，初学者常把 1Ω 和 3Ω 看成串联关系，那是不对的，两个电阻串联时，中间是没有分支的。如果改画电路如图 1－1（b），很清楚可以看出：1Ω 与 2Ω 并联，然后与 3Ω 串联，再与 4Ω 并联，ab 间的等效电阻为（符号 "//" 代表并联）。

$$R_{ab} = [(1//2) + 3]//4$$

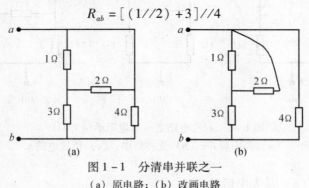

图 1－1 分清串并联之一

（a）原电路；（b）改画电路

9

（2）加电压看电位。如图1-2（a）的电路，由于上下各有一条连接线，使得三个电阻R是什么连接很难判断。解决的方法之一是假想在电路两端加上电压U，并把与电源"-"极直接相连的线用虚线表示，如图（b）。这样可以看出，每个电阻的一端接"+"极，另一端接"-"极，它们受到同一电压U，所以三个电阻为并联关系。a、b间的等效电阻。

$$R_{ab} = \frac{R}{3}$$

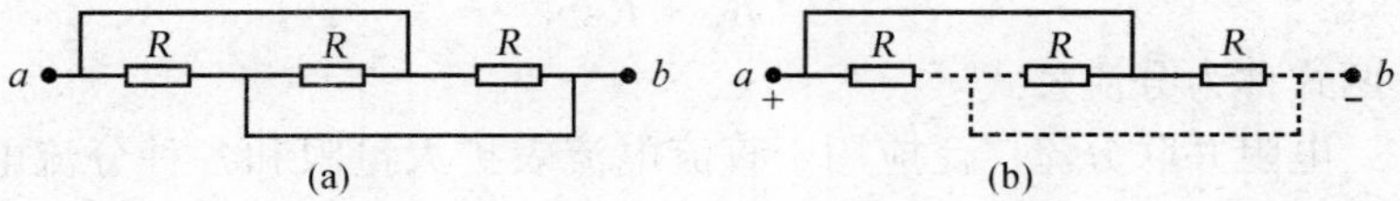

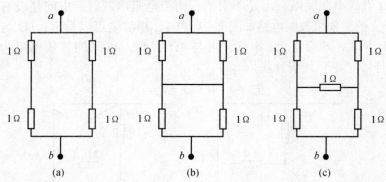

图1-2　分清串并联之二

（a）原电路；（b）加电压看电位

化简的方法很多，视电路情况灵活应用。

1—23　如何分析对称电路？

图1-3所示的三个电路结构不同。

图1-3　对称电路之一（电阻单位为Ω）

（a）先串后并；（b）先并后串；（c）桥式电路

图（a）是先串后并。

图（b）是先并后串。

图（c）是桥式电路，但桥（横向支路）上无电流。因而可以将横向支路断开，也可以短路。断开即为图（a）电路，短路即为图（b）电路。这三个电路都是左右对称的电路，左右两端为对称点（也是等电位点），因而可得结论：对称电路中，对称点之间的支路可以断开，也可以短路。

对于图1－4（a）的电路，将对称点短路时，如图（b），等效电阻由上下四部分串联，每部分由左右电阻并联而成。

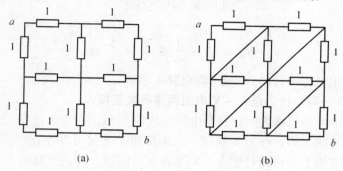

(a)　　　　　　　　　　(b)

图1－4　对称电路之二（电阻单位为Ω）

（a）原电路；（b）将对称点短路

故　$R_{ab} = (1//1) + (1//1//1//1) + (1//1//1//1) + (1//1)$

$= \dfrac{1}{2} + \dfrac{1}{4} + \dfrac{1}{4} + \dfrac{1}{2}$

$= \dfrac{3}{2}\,\Omega = 1.5\,\Omega$

又如由12个1Ω电阻构成的正立方体框，如图1－5（a）所示（图中以线条代表电阻），求对角顶点ab之间的等效电阻。

这是以ab为轴线的对称电路，以a点连出的3个电阻边的一端为对称点（ab端加电压后为等电位点），可短接之。同样，从b点连出的三个电阻边的一端也为等电位点，也可短接，如图（b）粗实线所示，其余6个电阻边均接在等电位粗线之间，故

11

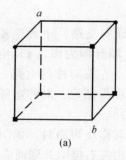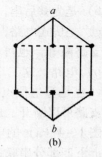

图 1－5 对称电路之三

$$R_{ab} = \frac{1}{3} + \frac{1}{6} + \frac{1}{3} = \frac{5}{6} \ \Omega$$

也可将图（a）画成平面电路来求解。

1—24 什么是△－Y 电阻网络等效互换?

电路的三端之间，三个电阻连成三角形，称为△连接。三个电阻连成星形，称为 Y 连接。△连接和 Y 连接可以等效互换。

实用上常遇到对称△－Y 等效变换问题，若△连接的三个电阻均为 $R_\triangle$，则等效变换为 Y 连接时，三个电阻均为 R_Y，它们之间的关系是

$$R_Y = \frac{1}{3} R_\triangle \quad \text{或} \quad R_\triangle = 3R_Y$$

例如三个 3Ω 的电阻连成三角形，等效变换为星形时，三个电阻均为 1Ω，读者可根据两种连接的对应端钮间的入端电阻应该相等来证明之。

1—25 何谓电桥电路和电桥平衡?

四个电阻连成四边形，对角两端加上电压，另两对角之间连一检流计，就构成电桥电路。

检流计支路称为桥，四个电阻称为桥臂。当检流计无偏转（桥上无电流），称为电桥平衡。

电桥平衡的条件是四个桥臂电阻应满足：相邻桥臂电阻成比例，或对边电阻乘积应相等。

1—26 什么是电路的空载状态？

当电源没有与外电路接通，电源输出的电流为零时，电路即处在空载（或开路）状态。空载时电源端电压等于电动势，称为开路电压，记为 U_0，$U_0 = E$。

1—27 什么是电路的短路状态？

当负荷的两端被一导线短路时，电路就处在短路状态。此时，电流不再通过负荷，而通过短路导线，流回电源。电流的路径上电阻很小，所以电流很大，称为短路电流，记为 I_S。其值为 $I_S \approx \dfrac{E}{R_0}$，$R_0$ 为电源内阻。

由于短路电流大大超过电源和电线的额定电流，造成过载，严重时会造成火灾。为防止短路时事故的扩大，通常在电路中接入熔断器或自动断路器，以迅速切断短路电流。

1—28 什么是电路的匹配状态？

负荷电阻 R 吸取的功率

$$P = I^2R = \left(\frac{E}{R_0 + R} \right)^2 R$$

当 $R = 0$ 时，$P = 0$。当 $R = \infty$ 时，$P = 0$。当 R 为某一值时，P 将出现最大值。理论和实验均可证明，当负荷电阻 R 等于电源内阻 R_0 时，P 达最大值，称负荷与电源"匹配"。匹配时，负荷从电源获得最大的功率，称为匹配功率，记为 P_m。其值为

$$P_m = \left(\frac{E}{2R_0} \right)^2 R_0 = \frac{E^2}{4R_0}$$

由于 $R_0 = R$，所以电源内阻消耗同样多的功率。因而，匹配时电路的效率只有 50%。电力电路中不会出现匹配状态，不可能想像有 50% 的功率消耗在电源的内阻上。在电讯电路中，传递的功率很小，电路的传输效率是次要的，而常希望负荷（如话筒）能得到最大可能的功率，因此要使电路处在匹配状态。

1—29 什么是电压源？什么是电压源模型？

发电机和电池等电源的端电压都随负荷电流的增大而降低，

这是因为它们有内阻的缘故。如果内阻等于零，那么端电压就等于电动势，而不再随电流而变化，这样的电源称为理想电压源，简称电压源。电压源输出恒定不变的电压，但流过的电流大小则由外电路决定。

实际电源都有内阻，为了分析方便，把电源内的电动势和电阻分开来，这样便可用一个电压源和内阻的串联组合来表示实际电源，这个串联组合称为实际电源的电压源模型。

1—30　什么是电流源？什么是电流源模型？

除了电压源，还有一种理想化的电源，叫作理想电流源，简称电流源。它的特性是：向外输出恒定不变的电流，而其端电压则由外电路来决定。实际电源中如光电池这样的电源，其输出电流在一定工作范围内不随负荷而变化，可看作电流源。一般的电源，则可用一个电流等于 $\dfrac{E}{R_0}$ 的电流源和一个电阻 R_0 的并联组合来表示，这个并联组合称为实际电源的电流源模型。

1—31　什么是叠加原理？

叠加原理表明电路在线性范围内普遍具有的基本性质，其内容是：在有多个电源的线性电路中，某支路的电流，等于各电源分别单独作用时，在该支路中所产生电流的代数和。

各电源单独作用时，其它电源应置零。零电压源相当于短路，零电流源相当于开路。叠加时要注意电流的正方向，与原电路中电流正方向一致的为正，反之为负。叠加原理只适用于线性电路中电流或电压的分析计算，而不适用于功率的分析计算。

1—32　什么是等效电源定理？

等效电源定理讲的是有源二端网络可以用等效电源来代替。所谓有源二端网络是指具有两个对外连接端钮的电路，其中含有电源。等效电源用电压源表示的是戴维南定理，用电流源表示的是诺顿定理，分析如下。

（1）戴维南定理。任何一个有源二端网络都可以用一个电压源和电阻的串联组合来等效代替。电压源的电压等于有源二端网

络的开路电压 U_0，而电阻等于该有源二端网络内电源为零时的入端电阻 R_0。

（2）诺顿定理。任何一个有源二端网络都可以用一个电流源和电阻的并联组合来等效代替。电流源的电流等于有源二端网络的短路电流 I_s，并联电阻等于该网络中电源为零时的入端电阻 R_0。

第三节　电磁和电磁感应

1—33　何谓磁感应强度？

磁感应强度是表示磁场中某点磁场强弱和方向的物理量，用符合 B 表示。某点的 B 值大，就是这点的磁场强。B 的大小可用 $B = \dfrac{F}{Il}$ 来衡量，即可用该处磁场作用于 1m 长、通有 1A 电流的直导体上的电磁力 F 来衡量，该导体与磁场方向垂直。B 的单位为特斯拉（T），地球磁场约为 5×10^{-5} T；永久磁铁的磁场约为 $0.2 \sim 0.7$ T；电机铁芯的磁场约为 1T。

磁感应强度的方向就是磁场的方向。

1—34　何谓磁感线（磁力线）？

磁感线是用来形象地描绘磁场的假想线，线密表示磁场强，线疏表示磁场弱。磁感线上每一点的切线方向就是该点磁场的方向。永久磁铁外部的磁感线从 N 极指向 S 极，内部的磁感线从 S 极指向 N 极。磁感线是无头无尾的闭合曲线，且互不相交。磁感线也称为磁感应线。

1—35　何谓磁通？

磁感应强度 B 与垂直于磁场方向的面积 S 的乘积，叫作通过这面积的磁通 ϕ，即

$$\phi = BS$$

其单位为韦伯（Wb），简称韦。

由 ϕ 和 S，也可确定磁感应强度 B

$$B = \frac{\phi}{S}$$

即磁感应强度的大小等于单位面积上垂直穿过的磁通，所以磁感应强度又称为磁通密度，简称磁密。

1—36　何谓磁导率和相对磁导率？

载流线圈的磁场大小不仅取决于电流、匝数和线圈的形状，还与线圈中的物质的导磁性能有关，如空心线圈和铁芯线圈就有很大的差别。物质的导磁性能用导磁率 μ 表示，μ 的单位是亨/米（H/m）。μ 值由实验测定，不同物质的 μ 值不同，真空的磁导率是一个常数，用 μ_0 表示，即

$$\mu_0 = 4\pi \times 10^{-7} \text{H/m}$$

以 μ_0 为基准，将其它物质的 μ 与 μ_0 相比，其比值称为相对导磁率，用 μ_r 表示，即

$$\mu_r = \frac{\mu}{\mu_0}$$

μ_r 是一个没有单位的纯数。根据 μ_r 的大小，可分为磁性物质和非磁性物质，非磁性物质的 $\mu_r \approx 1$，磁性物质的 $\mu_r \gg 1$。磁性物质也叫作铁磁性物质。

1—37　何谓磁场强度？

由于磁感应强度与磁介物质有关，使得磁路的计算非常麻烦，为了分析计算方便，引入磁场强度这一计算用的辅助物理量。磁场强度是磁感应强度与磁导率的比值，用 H 表示，即

$$H = \frac{B}{\mu}$$

其单位为安/米（A/m）。由于 H 是从 B 中去掉磁介物质影响后（除以 μ）得到的量，所以其大小与磁介物质无关，而只决定于载流线圈的结构和电流，如圆环密绕线圈的磁场强度 $H = NI/l$，其中 N 为匝数，l 为圆环平均长度。

1—38　如何进行磁路的计算？

计算磁路要应用磁路的基尔霍夫两条定律。对于无分支磁路

的正面问题（已知磁通求励磁电流），主要是先求取磁路各段的磁场强度 H，然后根据各段磁压降之和等于磁动势，即 $\Sigma(Hl) = NI$ 来求得励磁电流 I。求各段 H 时，对于铁芯，可查 $B-H$ 曲线。对于空气隙，可按公式 H_0（A/cm）$= 0.8 \times 10^4 B_0$（T）来计算。

1—39　为什么铁磁物质具有高导磁性和磁饱和性？

在铁磁物质（铁、钴、镍、坡莫合金等）内部，存在许许多多磁性很强的天然磁化区域，体积约 $10^{-9} cm^3$，称为磁畴。在无外磁场的作用下，磁畴排列混乱，对外不呈磁性。在外磁场作用下，磁畴会转向，转到与外磁场一致的方向，排列较为整齐，对外呈现很强的磁场。这个附加的强磁场与原来的外磁场叠加，使总磁场显著增强。因此，线圈有铁芯要比没有铁芯磁场大几百倍。

铁磁物质从不显示磁性到显示磁性的现象叫磁化，磁化的本质就是磁畴转向产生附加磁场。磁畴的转向是逐步的，当外磁场（或励磁电流）增大到足够值时，全部磁畴都已转向，附加磁场不再随外磁场的增大而增加，即呈磁饱和状态。

1—40　何谓剩磁？何谓矫顽力？何谓磁滞？

当通过铁芯线圈的电流 I 由大减小时，铁芯中的磁感应强度 B 也随之减小，当 $I=0$ 时，$B=B_r$，称为剩磁。产生剩磁的原因是磁畴在转向后没有随着外磁场的消失而恢复到原来的杂乱排列状态。若要消除剩磁，使 $B=0$，必须加反向磁场，也就是通以反向电流。使剩磁降为零的反向磁场强度 H_c 称为矫顽力。如果励磁电流继续朝反向增大，然后减小，至 $H=0$，$B=-B_r$，也是剩磁。要使 $-B_r$ 消失，可加正向电流，$B=0$ 时的 $H=H_c$，也是矫顽力。再增大励磁电流，然后再减小。如此反复地改变电流的大小和方向，铁芯中的 B 不断地按闭合曲线变化。由曲线可知，B 的变化要滞后于外加磁场强度 H 的变化，这种现象称为磁滞，这种闭合曲线也就称为磁滞回线。

1—41 如何使磁性元件去磁？

可把元件放在线圈中，通以交流电流，并使电流逐渐减小至零，则剩磁将沿逐渐缩小的磁滞回线减小到零。

也可用一小铁棒（或粗铁丝），上绕线圈并通交流，以产生交变磁通，将此小铁棒靠近元件后再逐渐离开，即可使元件退磁。

1—42 何谓软磁材料？何谓硬磁材料？

软磁材料的磁滞回线呈狭长条形，其矫顽力很小，导磁率较高，适合于制造电机、变压器和继电器的铁芯。常用的软磁材料有纯铁、硅钢片、坡莫合金和软磁铁氧体等。

硬磁材料的磁滞回线较宽，其矫顽力很大，剩磁也大，一经充磁，剩磁不易消退。适合于制作永久磁铁。常用的硬磁材料有碳钢、钨钢、铝镍钴合金和硬磁铁氧体等。

1—43 永久磁铁为什么要避免剧烈震动和高温？

在剧烈震动下，磁畴会恢复到原先杂乱无章的排列状态，使永久磁铁的磁性消退。因而磁电系仪表、电能表等仪表要注意防震，以免影响精确度。在高温时，永久磁铁的磁性也会消退。使磁性完全消失的温度称居里点，各种磁性材料的居里点不同，如铁的居里点是 770℃，硅钢（热轧）是 690℃，硅钢（冷轧）是 700℃ 等。磁性材料的温度高于居里点后，不仅剩磁完全消失，就连高导磁性也消失，变成非磁性材料。烧红的铁块不能被磁体吸引，即此原因。

1—44 何谓磁屏蔽？

把一个铁质圆筒放在磁场中，磁力线几乎都从筒壁中经过，圆筒内的空间几乎没有磁场。这样，放在圆筒内的物体不会受到外磁场的影响，这种现象称为磁屏蔽。录音机的磁头用磁性金属做的外壳屏蔽起来，以避免外磁场对磁头的影响，也避免磁头产生的信号对其它部件的影响。

1—45 何谓铁芯损耗？

铁芯在恒定磁通作用下没有功率损耗，但在交变磁通作用下会产生两种损耗。

（1）涡流损耗。交变磁通使铁芯中产生涡流，涡流流经铁芯回路电阻时，要产生功率损耗，称涡流损耗。减小涡流损耗的办法是采用硅钢片，钢中掺硅可以增加电阻率。片间绝缘后，使涡流只能在狭窄的横截面中流动，增加了涡流回路的电阻，减小了涡流。

（2）磁滞损耗。交变磁场使磁畴反复转向变形，造成功率损耗。减小磁滞损耗的办法是采用磁滞回线狭窄的材料作铁芯。

在实际工作中，不单独求取涡流损耗和磁滞损耗，而只计算或测量总的铁芯损耗。各种硅钢片都给出单位重量的损耗，称为比损耗或损耗系数，可用来计算在一定的磁感应强度最大值和50Hz下的铁芯损耗。

1—46　如何确定直导体的感应电动势？

当导体垂直切割磁力线时，感应电动势的大小为

$$e = Blv$$

式中：B 为磁感应强度，单位为 T；l 为导体有效长度，单位为 m；v 为速度，单位为 m/s。电动势 e 的单位为 V。

1—47　如何确定线圈的感应电动势？

线圈中的磁通发生变化时，感应电流所产生的磁通总是反对原有磁通的变化。

由法拉第电磁感应定律确定，线圈中感应电动势的大小与线圈中磁链的变化率成正比。其数学表示式为

$$e = \frac{\Delta \psi}{\Delta t}$$

式中：$\Delta \psi$ 为磁链的变化量，单位为 Wb；Δt 是磁链变化 $\Delta \psi$ 所需的时间，单位为 s。感应电动势 e 的单位为 V。

1—48　何谓同名端？

两线圈的同名端是指当电流都从同名端流入时，它们产生的磁通是相互增助的。实际线圈往往不画出绕向，而只标出同名端，有"＊"或"·"的两个端钮即为同名端，以此来表示两线

圈的绕向关系。

同名端可由实验测定，线圈接电源正极的一端，与另一线圈瞬间产生高电位的一端为同名端。同名端也因此称为同极性端。

1—49　线圈中的磁场能量怎样计算？

磁场能量的计算公式是

$$W_L = \frac{1}{2} LI^2$$

式中：L 是线圈的电感，单位为 H；I 为电流，单位为 A。磁场能量 W_L 的单位为 J。

电力系统中存在大量电感线圈（如电动机、变压器和接触器等），存储了大量的磁场能量，当切断电感线圈时，开关的触头间会产生电弧或火花，这是磁场能量转换为电弧的热能，开关应具备灭弧的能力。刀闸没有灭弧能力，不允许用来切断较大的感性负载，否则会产生重大事故。

第四节　电　容　器

1—50　何谓电容器的电容？

电容器的两个极板，总是一个带正电荷，另一个带负电荷，带电量相等，每块极板上的电荷量与电容器的端电压成正比，即

$$Q = CU$$

式中：Q 是一块极板上的电量，单位为 C；U 是极板间的电压，单位为 V；C 是比例系数，称为电容器的电容，单位为法拉（F）。电容 C 也就是

$$C = \frac{Q}{U}$$

电容等于 1V 电压作用下，电容器一块极板上集聚的电荷，它代表电容器储存电荷的能力。

由于法拉这个单位太大，常用微法（μF）和皮法（pF）为单位，$1\mu F = 10^{-6}F$，$1pF = 10^{-12}F$。

20

1—51 何谓部分电容?

除了专门制造的电容器外,电路中还有自然形成的电容器,例如输电线之间、输电线对地、变压器绕组每匝之间、绕组对地、三极管电极之间都形成电容,这些电容称为部分电容,在高频电路中,这些电容不能忽略。

1—52 影响电容的因素有哪些?

电容器的电容决定于本身的结构,极板面积愈大,能容纳的电荷愈多,电容就愈大。两极板间的距离愈小,正负电荷的吸引力愈大,吸引的电荷愈多,电荷量也愈大。介质不仅起绝缘作用,而且起决定电荷量大小的作用。介质对电容的影响用介电常数来表征。如平板电容器的电容

$$C = \frac{\varepsilon S}{d}$$

式中:S 是一块极板的面积,单位为 m^2;d 是极板间的距离,单位为 m;ε 即介电常数,单位为 F/m。

为了比较各种介质对电容的影响,以真空为基准,加入介质后,看电容增加了多少倍,这个倍数称为相对介电常数,用 ε_r 表示。如云母的 $\varepsilon_r = 7$,表示以云母作介质时,其电容为空气作介质时电容的 7 倍(空气的 $\varepsilon_r = 1$)。各种介质的 ε_r 有表可查,介质的介电常数 $\varepsilon = \varepsilon_r \varepsilon_0$,$\varepsilon_0$ 为真空的介电常数,其值为 8.85×10^{-12} F/m。

各种结构的电容器的电容有专门的计算公式,其电容均与介质常数成正比。

1—53 为什么介质对电容有影响?

在外电场作用下,介质的两个端面上分别出现正电荷和负电荷。这种正、负电荷不能脱离介质而单独存在,称为束缚电荷。束缚电荷所产生的附加电场与外电场方向相反,要削弱外电场。一个电容器如果保持极板上的电荷不变(电容器充电后脱离电源),则极板间放进介质要比没有介质(真空)时的电场强度小,从而使极间电压降低。如果保持极间电压一定,则极板间放进介

21

质后出现的束缚电荷，会使极板上聚集的电荷增多，电容就增大。这就是介质"介入"对电容产生影响的原因。

1—54　何谓电容电流？

当电容器上的电压 u 增加时，极板上的电荷 q 也跟着增加，增加的电荷经过导线时就形成充电电流。当 u 减小时，q 也跟着减少，减少的电荷经过导线时就形成放电电流。电容器的充放电电流总称电容电流。由于电容电流随时间而变化，所以用小写字母 i 表示。设在很短的时间 $\triangle t$ 内，电容器极板上电荷的变化量为 $\triangle q$，则电容电流

$$i = \frac{\Delta q}{\Delta t}$$

因为 $q = cu$，而 c 是常数，故 $\Delta q = c\Delta u$，代入上式

$$i = c\frac{\Delta u}{\Delta t}$$

上式表明，任一时刻的电容电流与电容两端电压的变化率成正比。应用时 u 与 i 的参考方向应该相同，否则等式一边要加上负号。

1—55　电容器为什么要并联和串联？

（1）并联。电容器并联，相当于极板面积加大，电容就增大。并联各电容的电压相同，因此每个电容器的耐压必须大于外施电压。并联电容的等效电容（总电容）为各电容之和，即

$$C = C_1 + C_2 + C_3$$

（2）串联。电容器串联时，与电源直接相连的两极板上，分别聚集电荷 $+Q$ 和 $-Q$，由于静电感应的结果，其它极板上就会出现等量而异号的感应电荷，所以每个电容器极板上的电荷都等于 Q，因而各电容的电压

$$U_1 = \frac{Q}{C_1} \quad U_2 = \frac{Q}{C_2} \quad U_3 = \frac{Q}{C_3}$$

与电容成反比。电容愈小的电容器所承受的电压愈高。

串联电容的等效电容（总电容）的倒数等于各电容倒数之和，即

$$\frac{1}{C} = \frac{1}{C_1} + \frac{1}{C_2} + \frac{1}{C_3}$$

等效电容 C 总是小于其中任一个电容器的电容。两个相同的电容串联时，等效电容为单个电容的 $\frac{1}{2}$。n 个相同的电容串联时，等效电容为单个电容的 $\frac{1}{n}$。

1—56　电容器中的电场能量怎样计算？

电容器在充电时从电源获得能量，以电场能的形式储存在电容器中，储存的电场能

$$W_c = \frac{1}{2}CU^2$$

式中：C 是电容，单位为 F；U 是电容电压，单位为 V。

电容在放电时释放出电场储能，例如将充电的电容器短接，可看到短接处有火花，可利用作为储能电焊，使金属在极小的部分熔化而焊接在一起，由于每次放电能量相同，可保证焊接质量。电火花加工也是利用放电时的火花，使硬金属上加工出文字和图像。照相机的闪光灯也是利用电容器释放电场储能使灯泡闪亮。由于电容器从电源断开后仍有电压，储有电场能，因而断电后的电容器要进行放电，特别是高压电容器，否则有被点击的危险。

1—57　常用小型电容器有哪些种类？各有何特点？

（1）纸质电容器。用金属箔作极板，电容器纸为介质卷成。特点是电容量较大、体积小，但损耗大，故一般用于低频电路。

（2）云母电容器。用金属箔或喷涂银层作极板，云母片为介质，多层相叠，压铸在胶木粉中制成。特点是稳定性好、耐压高、损耗小，用于高频电路。

（3）油质电容器。用绝缘油浸泡过的电容器纸作介质，与铝箔卷绕而成，或用其它绝缘介质浸泡在绝缘油中制成。有铁质外壳。特点是电容量大、耐压高，用于电力系统和无线电设备。

（4）陶瓷电容器。以瓷片或瓷管为介质，在两面喷银为极

板，外表面喷漆制成，有片式和管式等。特点是体积小，绝缘电阻高、介质损耗低，稳定性好，但容量小。

（5）有机薄膜电容器。以聚苯乙烯或涤纶薄膜为介质，金属箔为极板。特点是体积小，容量较大。

（6）金属膜电容器。在电容器纸上蒸发镀膜而得的铝膜代替纸电容器中的金属箔，封装在金属管中。特点是体积小、容量大、击穿后有"自愈"能力，即电压恢复后能继续使用。

（7）铝电解电容器。以铝片为正极板，上附氧化铝层为介质，电解液为负极。特点是容量范围宽（从 $1\mu F$ 到几万 μF），有极性，绝缘电阻小，介质损耗大。

（8）可变电容器。以一组可转动，另一组固定的金属片为极板，用空气或聚苯乙烯薄膜为介质。旋转动片可改变电容。特点是电容在较大范围内可调节，多用于收音机中。

（9）微调电容器。在金属弹片中间夹以云母片和陶瓷，用螺丝调节两金属弹片间的距离，也有可旋转式的。特点是电容在小范围内可调节。用于晶体管收音机中。

1—58　何谓介质损耗？

绝缘介质并不是完全不导电的，在电压作用下会有微量电流流过，这个电流叫漏电流，会造成能量损耗。另外，在交变电压作用下，介质分子的电子被不断移动，与这个移动相联系的电功作为热放出，从而引起能量损耗。这些损耗统称为介质损耗。其大小与介质的种类和外加电压的频率和环境温度等有关。频率和温度愈高，损耗就愈大。介质损耗大的电容器容易发热，一般情况下会降低电容器的使用寿命，严重时会烧坏电容器。

1—59　怎样使用电解电容器？

一般电解电容器的电极有正负之分，用符号 ⊣⊢ 表示，使用时正极接高电位，负极接低电位，不能接反，因而只能用于直流电路。

铝电解电容器的铝箔正极板上覆盖一层很薄的氧化铝，用作介质，以糊状或液体状电解液为负极。氧化铝膜具有单向导电性，如果正确连接，其电阻很大，具有很高的绝缘强度，能承受较高电压。如果极性接反，电阻很小，电容器中电流很大，电解质会发热膨胀，而使铝质外壳胀破，甚至爆炸。

电解电容器长期不使用，氧化铝薄膜会分解变薄，影响耐压，此时可加较低正向直流电压，经一定时间，使氧化膜恢复，仍可正常使用。因此，电解电容器规定了最长存放时间，如 4 ~ 5 年，在外壳上要标出制造时间。

以钽片为正极的电解电容器称为钽电解电容器，正极上的氧化钽膜是介质，由于氧化钽的化学稳定性高于氧化铝，它不易被电解质分解，适合于多年存放。且氧化钽膜的绝缘电阻大，温度影响小，所以钽电解电容器的电流小，稳定性好。

电解电容器的电极均标明极性，与金属外壳相连的电极总为负极，引出线有长短之分时，长线为正极，短线为负极。

1—60　电解电容器为什么容量大而体积小？

电解电容器的正极受电解液浸蚀，表面很粗糙，但这使有效面积大大增加，电容量也成比例的增大，且作为介质的氧化膜很薄，也使电容量得以增大。因而其容量大而体积小。

1—61　衡量电容器性能和标准的指标是什么？

有两个主要指标：

（1）标称电容量。标在电容器外壳上的电容量称为标称（名义）电容量，是指标准化了的电容值，由标准系列规定。它与实际电容量有一定的允许误差。允许误差有的用百分数表示，也有用误差等级表示。允许误差分为五级：±1%（00级），±2%（0级），±5%（Ⅰ级），±10%（Ⅱ级）和±20%（Ⅲ级）。例如，标称容量为100pF，允许误差为±10%的电容器，其实际电容量在90pF ~ 110pF之间。电解电容器的允许误差范围较大，在 -20% ~ +100%。

电容器的实际电容量可使用电容测试仪（如数字电容表）测量。

（2）耐压（额定电压）。耐压是指电容器长期工作时，极间电压不允许超过的规定值，以防电容器击穿或不允许的发热。耐压一般以直流电压标在外壳上。对于专用的交流电容器，也标出交流有效值，并注明 AC。

此外，还有绝缘电阻、介质损耗和稳定性等指标。选用电容器时，电容量和耐压一定要满足要求，再根据不同的需要，考虑对其它特性的要求。如电力系统和高频电路中应选用介质损耗低的电容器，谐振电路选用云母电容器和陶瓷电容器，隔直可选用纸介、云母、涤纶、电解等电容器，用作滤波可选用电解电容器。

1—62　如何用万用表粗测电容器的电容量？

置万用表的电阻档于 $R \times 1K$ 或 $R \times 10K$ 档，将两表笔分别接触电容器的两极，表的指针迅速正偏一个角度，而后逐渐回零。然后互换两表笔，指针又正偏且转角比前更大，这表明电容器的充放电过程正常。指针偏转角越大，回零的速度越慢，表明电容量越大。经与已知电容量的电容器作测试比较，可以粗略估计被测电容量的大小。对于 $0.05\mu F$ 以下的小电容，指针偏转很小，不易看出，需用专门仪器测量。

1—63　如何检查电容器发生漏电、短路和断线等故障？

用万用表的 $R \times 1K$ 或 $R \times 10K$ 档测试电容器时，除空气电容器外，指针一般不可能回零（$R = \infty$），指针稳定时的读数为电容器的绝缘电阻，其值一般达几百至几千兆欧，阻值越大，表明绝缘性能越好。如果绝缘电阻不到几百千欧，则表明发生漏电。

如果指针偏至满度（$R = 0$），且不返回，表明电容器内部已短路。对于可变电容器，可将两表笔分别接至动片和定片上，然后缓慢转动动片，如出现电阻为零，表明有碰片现象，可用工具使之分离，恢复正常。

如果指针一点都不偏转，调换表笔后仍不偏转，表明电容器已断线。

1—64　如何判别电解电容器的极性？

因电解电容器正反不同接法时的绝缘电阻相差较大，故可用

26

万用表的 $R \times 1K$ 档先测一次两极间的绝缘电阻，然后将两表笔调换，再测一次绝缘电阻。两次测量中，阻值较大的一次黑（正）表笔所接的电极为正极。对于耐压较低的电解电容器，勿随便使用 $R \times 10K$ 档，因此档的电池电压为 15V 或 22.5V，以免造成电解电容器击穿。

第五节 交 流 电 路

1—65 何谓正弦交流电？

大小和方向都随时间变化的电流和电压，统称为交流电。通常用的交流电是按正弦规律作周期性变化的，称为正弦交流电。正弦电流的波形，正半波表示电流的实际方向与正方向相同，负半波表示电流的实际方向与正方向相反。

1—66 什么是交流电的周期、频率和角频率？

（1）周期。交流电变化一周所需要的时间称为周期，用符号 T 表示，单位为秒（s）。

（2）频率。交流电在 1 秒内变化的周数称为频率，用符号 f 表示，单位为赫兹（Hz），简称赫。

周期和频率的关系式是

$$T = \frac{1}{f} \text{ 或 } f = \frac{1}{T}$$

我国电力的标准频率为 50Hz，称为工业频率，简称工频。其周期 $T = \frac{1}{f} = 1/50 = 0.02s$。

（3）角频率。交流电经历一个周期，变化了 2π 弧度。交流电的角频率是指 1 秒钟内变化的弧度数，用符号 ω 表示，即

$$\omega = \frac{2\pi}{T} = 2\pi f$$

单位为弧度/秒（rad/s）。工频交流电的 $\omega = 2\pi f = 2\pi \times 50 = 314 rad/s$。

T、f、ω 都是用来表示交流电变化的快慢的物理量。

1—67　何谓正弦量的三要素?

正弦量的三要素是:

(1) 最大值(幅值)。是正弦量在变化过程中的最大值,用大写字母加下标 m 记之,如 I_m、U_m 和 E_m 等。

(2) 角频率 ω。

(3) 初相位 ψ。是正弦量在 $t=0$ 时的相位角。

三要素确定了,一个正弦量的数学表示式和波形就可以写出和画出了。如一工频正弦电流的最大值 $I_m = 10\text{A}$,初相位 $\psi = 120°$,则其正弦函数式为

$$i = I_m\sin(\omega t + \psi) = 10\sin(314t + 120°)A$$

初相位的绝对值规定不超过 $180°$。

1—68　何谓相位角和相位差?

正弦电流的函数式 $i = I_m\sin(\omega t + \psi)$ 中,$(\omega t + \psi)$ 是随时间变化的电角度,它决定了正弦量变化的进程,是正弦量随时间变化的核心部分,称为正弦量的相位角或相位。相位角中的 ψ 是初相位,由初相位可以知道正弦量将要发生变化的趋势。

两个同频率的正弦量的相位角之差称为相位差,用字母 φ 表示。若 $u = u_m\sin(\omega t + \psi_u)$,$i = I_m\sin(\omega t + \psi_i)$,则 u 与 i 的相位差

$$\varphi = (\omega t + \psi_u) - (\omega t + \psi_i) = \psi_u - \psi_i$$

即相位差等于初相位之差。正弦量的相位角是随时间变化的,但相位差是一个常数,与时间无关。

两个同频率的正弦量有相位差,说明它们不是同时出现正最大值、零值或负最大值。相位差的绝对值也规定不超过 $180°$。若 $\varphi = \psi_u - \psi_i > 0°$,称 u 超前 i,即电压比电流先出现正最大值。若 $\varphi = \psi_u - \psi_i < 0°$,称 u 滞后 i,即电压比电流晚出现正最大值。若 $\varphi = \psi_u - \psi_i = 0°$,称 u 与 i 同相,即电压比电流同增、同减,变化一致;若 $\varphi = \psi_u - \psi_i = \pm180°$,称 u 与 i 反相。相位差是表示正弦量相互关系的重要标志,它使得交流电路问题比直流电路问题复杂,但也更丰富有趣。

28

1—69 何谓有效值？

交流电流 i 通过电阻 R，在一周期内产生的热量，与直流电流 I 通过相同电阻在相同时间内产生的热量相等，则称直流电流 I 的数值为交流电流 i 的有效值。

正弦电流 i 的有效值等于其最大值的 $1/\sqrt{2}$，即

$$I = \frac{I_m}{\sqrt{2}} = 0.707 I_m$$

在交流电路中，电压表和电流表的读数一般均为有效值，电气设备的额定电压、电流也是指有效值。正弦交流电的最大值是有效值的 $\sqrt{2}$ 倍，如有效值为 220V 的交流电压，其最大值为 311V。交流电路中的电容器、晶体管的耐压应以交流最大值来考虑。

1—70 正弦量如何用相量（复数）来表示？

对于一个正弦量

$$i = I_m \sin (\omega t + \psi)$$

三个要素中，角频率往往是给定的，因而只要知道幅值和初相角，这个正弦量就确定了。如果取幅值（或有效值）为复数的模，初相角为复数的幅角构成一个复数 $I_m \angle \psi$（或 $I \angle \psi$），这样用来表示正弦量的复数称为相量，用大写字母并在上面打一小圆点表示，如：

$\dot{I}_m = I_m \angle \psi$，称为电流的最大值相量；

$\dot{I} = I \angle \psi$，称为电流的有效值相量。

复数 $\dot{I}_m$（或 $\dot{I}$）表示出正弦电流的两个要素（大小和初相位）。给出一个正弦量，就可以写出一个与其对应的复数（相量）；反之，给出一个复数（相量），也可以写出对应的正弦量，它们之间是一一对应的关系。下面用"↔"表示这种关系

$i = 10 \sin (\omega t + 30°)$ A   ↔ $\dot{I}_m = 10 \angle 30°$A

$i = 5\sqrt{2} \sin (\omega t - 37°)$ A   ↔ $\dot{I} = 5 \angle -37°$A

$$u = 220 \sqrt{2} \sin \left(\omega t + 90° \right) \text{ V} \quad \leftrightarrow \quad \dot{U} = 220 \angle 90° = j220\text{V}$$

相量简洁明了，便于进行运算。相量以图形表示时，称为向量图。在电路分析中，常用复数来进行运算，配合作向量图进行定性分析。

相量只是用来表示正弦量，仅是一种数学变换。相量是复数，而正弦量是时间的正弦函数，两者不是等同的关系。

1—71 什么是感抗？

交流电流通过线圈时，线圈中要产生感应电动势，其方向总是力图反对电流的变化，从而对电流产生一种阻碍作用。可以证明，在正弦电路中，电感元件两端的电压和电流的关系是

$$U = I\omega L \quad \text{或} \quad I = \frac{U}{\omega L}$$

式中，ωL 反映了电感元件对正弦电流的阻碍（或限制）作用，称为感抗，用符号 X_L 表示，即

$$X_L = \omega L = 2\pi f L$$

显然，X_L 的单位也是欧姆（Ω）。

感抗虽与电阻一样，起着阻碍电流通过的作用，但两者阻碍电流的作用原理是不一样的。电阻是由于电荷在导体中运动时，遇到的碰撞等原因而引起。而感抗则是由于正弦电流通过电感线圈时，产生的自感电动势而引起，自感电动势大，对电流变化的反作用就大。而自感电动势的大小决定于两个因素：磁通的变化量和变化的快慢。前者与电感 L 成正比，后者和频率 f 成正比。这两个因素对正弦电流的限制作用都通过感抗 ωL 反映出来。当电流的大小一定时，频率和电感越大，自感电动势就越大，反映在感抗也就越大。在直流（可看成 $f = 0$ 的交流）的情况下，$X_L = 0$，电感元件相当于短路。

感抗 $X_L = U/I$，而 $X_L \neq u/i$，即不是瞬时电压和电流之比。感抗 X_L 仅反映电感元件对正弦电流的限制作用。也就是说，感抗只在正弦电路中才有意义。

1—72 什么是容抗？

当交变电压作用到电容元件两端时，由于电容反复的充放电，而在连接导线上形成电流。可以证明，在正弦情况下，电容电压和电流的大小关系是

$$I = \omega C U \quad 或 \quad I = \frac{U}{1/\omega C}$$

式中，$\frac{1}{\omega C}$ 反映了电容元件对正弦电流的限制作用，称为容抗，用符合 X_c 表示，即

$$X_c = \frac{1}{\omega C}$$

它也与电阻有相同的单位：欧姆（Ω）。

容抗与电容 C 成反比，这是因为电容 C 愈大，电容器极板上容纳的电荷愈多，当电压变化时，相同的电压变化量，其充放电电流就愈大，表现出的容抗就愈小。容抗还与频率成反比，这是因为电容 C 一定时，频率愈高，每秒钟进行充放电的次数愈多，单位时间内的电荷移动量就愈多，电流也就愈大，表现出的容抗就越小。在直流情况下，$X_c = \infty$，电容相当于开路。

与感抗一样，容抗仅是电容电压和电流有效值（或最大值）之比，即 $X_c = \frac{U}{I}$。而不是电压和电流瞬时值之比，即 $X_c \neq \frac{u}{i}$。另外，容抗只有在正弦电路中才有意义。

1—73 什么是阻抗？

电阻元件、电感元件和电容元件对正弦电流的阻碍作用分别用电阻 R，感抗 X_L 和容抗 X_c 表示。当这三个元件串联时，它们对正弦电流的总阻碍作用并不是 $(R + X_L + X_c)$，而是

$$\frac{U}{I} = \sqrt{R^2 + (X_L - X_C)^2} = \sqrt{R^2 + X^2} = |Z|$$

式中，$X = (X_L - X_C)$，称为电抗。$|Z|$ 称为阻抗。

由上式可知，R、X 和 $|Z|$ 构成一个直角三角形，称为阻抗三角形。角 φ 称为阻抗角，它等于电路端电压与电流的相位差。

由于电抗 X 可正也可负，所以 φ 角也可正可负。当 $X_L > X_C$ 时，电抗 $X > 0$，$\varphi > 0$，端电压超前电流，电路为感性。当 $X_L < X_C$ 时，端电压滞后电流，电路为容性。当 $X_L = X_C$ 时，$X = 0$，$\varphi = 0$，端电压与电流同相，电路为阻性。

1—74　什么是有功功率？

在交流电路中，电压瞬时值 u 和电流瞬时值 i 的乘积为瞬时功率，用小写字母 p 表示，即

$$p = ui$$

但瞬时功率的实用意义不大，实际工作中需要的是平均功率，即瞬时功率在一周期内的平均值，用大写字母 P 表示。对于纯电阻电路，平均功率

$$P = UI$$

对于含有储能元件（电感或电容），平均功率

$$P = UI\cos\varphi$$

式中，φ 为电路端电压和电流的相位差，$\cos\varphi$ 称为电路的功率因数。

平均功率代表电路实际所吸收的功率。相对于无功功率，又把平均功率称为有功功率，习惯上简称功率。各种电气设备所标的功率一般均指有功功率，单位为瓦（W）。

1—75　什么是无功功率？

在交流电路中，如果含有电感或电容，那么除了消耗功率外，电路还要与电源交换功率。为了衡量交换功率的规模，引入无功功率 Q 的概念。定义

$$Q = UI\sin\varphi$$

可以证明，无功功率 Q 正是电路与电源交换功率的最大值。

对于纯电感电路（$\varphi = 90°$）

$$Q_L = U_L I_L \sin\varphi = U_L I_L > 0$$

对于纯电容电路（$\varphi = -90°$）

$$Q_C = U_C I_C \sin\varphi = -U_C I_C < 0$$

对于 RLC 串联电路

32

$$Q = UI\sin\varphi = (U_L - U_C)I = Q_L - Q_C$$

当 $X_L > X_C$ 时，$U_L > U_C$，$Q_L > Q_C$，$Q > 0$，为感性无功功率。当 $X_L < X_C$，$U_L < U_C$，$Q_L < Q_C$，$Q < 0$，为容性无功功率。

虽然无功功率在平均意义上并不作功，但仍然把无功功率的正负看成"消耗"和"发出"，也就是把电感看作"消耗"无功功率，而把电容看作"发出"无功功率。

无功功率与有功功率有相同的量纲，但为了与有功功率相区别，无功功率的单位不用瓦（W），而用乏（var），电力工程常用较大的单位千乏（kvar）。

1—76 什么是视在功率？

在直流电路中，电路电压为 U，电流为 I，则功率 $P = UI$。但在交流电路中，除纯电阻电路外，电路电压和电流的乘积 UI 并不等于消耗的功率。电路消耗的功率 $P = UI\cos\varphi$，无功功率 $Q = UI\sin\varphi$，我们把这个具有功率量纲的电压有效值和电流有效值的乘积称为视在功率，用符号 S 表示，即

$$S = UI$$

为与 P、Q 区别，S 的单位用伏安（VA）或千伏安（kVA）。

P、Q、S 组成一个直角三角形，它与电压三角形及阻抗三角形相似。

视在功率并不只是一个形式上的量，而有其实用意义。电气设备都是按照一定的额定电压和额定电流设计和使用的，额定电压和额定电流的乘积称为额定视在功率。电力变压器的容量就是用额定视在功率表示的。

1—77 何谓功率因数？如何计算功率因数？

有功功率 P 一般小于视在功率 S，P 与 S 的比值称为功率因数，用符号 λ 表示，即

$$\lambda = \cos\varphi = \frac{P}{S}$$

不论电路是感性还是容性，$0 \leqslant \lambda \leqslant 1$。功率因数是电力系统的一个重要技术数据，功率因数可以用相位表或功率因数表来测

定，也可以通过间接测量法来确定。对于三相对称电路，可以通过测量三相功率 P、线电压 U 和线电流 I，然后按以下公式来计算功率因数：

$$\lambda = \cos\varphi = \frac{P}{\sqrt{3}UI}$$

实际测量时，常要计算电路在一段时间内的平均功率因数。该平均功率因数可以利用有功电度 W_P 和无功电度 W_Q 按以下公式来计算：

$$\lambda = \frac{W_P}{\sqrt{W_P^2 + W_Q^2}}$$

1—78　何谓谐振？

含有电阻、电感和电容的交流电路，在一般情况下，电路的电压和电流有着一定的相位差。但在特定的条件下，电压和电流可能出现同相位，即电路的功率因数等于 1 的情况，称电路发生谐振。谐振可分：

（1）串联谐振。发生在 RLC 串联电路中的谐振称串联谐振。当电路中的感抗 X_L 等于容抗 X_C 时，电压和电流的相位差 $\varphi = 0°$，电压和电流同相位，功率因数等于 1，此时电路发生谐振。因而发生串联谐振的条件是

$$\omega L = \frac{1}{\omega C}$$

若电路的 L、C 一定，改变频率可达谐振，谐振时的角频率

$$\omega = \omega_0 = \frac{1}{\sqrt{LC}}$$

相对应的谐振频率

$$f = f_0 = \frac{1}{2\pi \sqrt{LC}}$$

谐振时的特点为：

1）电路的阻抗 $|Z| = \sqrt{R^2 + (X_L - X_C)^2} = R$，为一纯电阻，且达最小值。在电源电压不变的情况下，电流达到最大，其

值为

$$I = I_0 = \frac{U}{R}$$

I_0 称为谐振电流。

2）电感电压 U_L 和电容电压 U_C 相等。

$$U_L = U_C = IX_L = IX_C = \frac{X_L}{R} U = \frac{X_C}{R} U$$

如果 $X_L = X_C \gg R$，则 $U_L = U_C \gg U$。由于这一特点，串联谐振也称为电压谐振。

工程上常把谐振时 U_L 或 U_C 与 U 的比值称为品质因数 Q，即

$$Q = \frac{U_L}{U} = \frac{U_C}{U} = \frac{\omega_0 L}{R} = \frac{1}{\omega_0 CR} = \frac{1}{R}\sqrt{\frac{L}{C}}$$

Q 值只和 R、L、C 有关。Q 值越大，U_L 和 U_C 越大于电源电压。一般谐振电路的 Q 值在几十到几百之间。无线电和电讯工程上常利用这一特点使微弱信号放大，在电力系统中则要避免发生串联谐振，以免出现过大电压损坏线圈、电容器和其它电气设备。

（2）并联谐振。发生在线圈和电容并联电路中的谐振称为并联谐振。发生谐振的条件是线圈电流的无功分量与电容电流相等，即完全补偿。此时，电路的总电流等于线圈电流的有功分量，电路呈阻性。并联谐振时电路的特点是：①总电流达最小值。当线圈电阻可以忽略时，总电流接近等于零，电路阻抗接近等于无限大。②线圈支路和电容支路的电流可能比总电流大许多倍。因此，并联谐振也称电流谐振。

并联谐振时电路呈高阻抗这一特点被利用来消除某种谐波。

1—79 并联电容器为什么能提高电路的功率因数？

供电电路中用电最多的是异步电动机和电感式日光灯，它们都是感性负载。异步电动机在空载时的功率因数约为 0.3 左右，满载时的功率因数为 0.7 ~ 0.9，电感式日光灯的功率因数为 0.3 ~ 0.5。所以电源实际输出的功率往往小于其额定容量，使电源设备不能得到充分的利用。

提高功率因数的常用方法是在负载两端并联适当容量的电容器。由于感性负载的电流 $\dot{I}_1$ 滞后于电路电压 $\dot{U}$ 的角度为 φ_1，而电容电流 $\dot{I}_C$ 超前 $\dot{U}$ 90°，总电流 $\dot{I} = \dot{I}_1 + \dot{I}_C$，是相量和，它与 $\dot{U}$ 之间的相位差 φ 变小了，即 $\varphi < \varphi_1$，所以 $\cos\varphi > \cos\varphi_1$，$\cos\varphi$ 提高了。其结果是在不改变负载的工作情况下，使线路电流 I 减小了。并联电容器是利用电容电流来补偿部分感性负载电流的无功分量，从而减少感性负载与电源之间的能量交换，提高了整个电路的功率因数。

1—80 何谓谐波阻抗？

感抗和容抗都与频率有关，如电感 L 和电容 C 对三次谐波的感抗和容抗分别为

$$X_{L3} = 3\omega L = 3X_{L1} \text{ 为基波感抗的 3 倍;}$$

$$X_{C3} = \frac{1}{3\omega C} = \frac{1}{3}X_{C1} \text{ 为基波容抗的 1/3 倍。}$$

电路对高次谐波呈现的阻抗称为谐波阻抗。RLC 串联电路对 K 次谐波的阻抗

$$|Z_k| = \sqrt{R^2 + \left(K\omega L - \frac{1}{K\omega C}\right)^2}$$

阻抗角为

$$\varphi_K = \arctan \frac{K\omega L - \dfrac{1}{K\omega C}}{R}$$

1—81 如何计算非正弦电路？

主要是应用叠加原理。先计算电源电压的各谐波分量单独作用时在电路中产生的电流，然后进行叠加。当直流分量作用时，电容相当于开路，电感相当于短路。当各次谐波分量单独作用时，要引入谐波阻抗的概念，求出各谐波分量的电流时，要以瞬时值表示式的形式相叠加，而不能将电流的相量形式叠加，因为不同频率正弦量的相量（复数）相加是没有意义的。

第六节 电路的过渡过程

1—82 什么是电路的过渡过程？电路产生过渡过程的原因是什么？

电路从一个稳定状态过渡到另一个稳定状态所经历过程称为过渡过程，或称为暂态过程。

电路产生过渡过程的条件是：电路必须换路。所谓换路，指的是电路结构和元件参数的突然改变，如电路的接通、断开、短接、改接、元件参数突然改变等。产生过渡过程的内在条件是：电路中含有储能元件，即含有电容、电感元件。含有储能原件的电路，也称动态电路。

1—83 电路产生过渡过程的实质是什么？在实际工作中有哪些应用及危害？

在电路中，电容或电感元件的能量不能跃变，否则能量变化的速率 $\dfrac{dw}{dt}$，即功率 p 就为无穷大，这显然是不可能的，所以含有储能元件线性电路过渡过程的实质就是电路的能量发生逐渐变化的过程。

电路中的过渡过程在工程中的应用非常广泛，如利用 RC 电路电容充放电过程的特性，来构成各种脉冲电路或延时电路。电路的过渡过程有时会给我们带来不利的影响。可能导致出现过电压或过电流现象，使电子元件击穿，使电气设备的绝缘损坏；过电流会引起很大的电动力，造成电气设备的机械损坏。

1—84 何谓电路过渡过程的初始值和稳定值？

过渡过程在初始时刻的值称为初始值。如果换路的时刻记为 $t=0$，则 $t=0_-$ 为换路前的一瞬间，$t=0_+$ 为换路后的一瞬间，初始值是指 $t=0_+$ 时刻的值。电容电压的初始值记为 $u_c(0_+)$，电感电流的初始值记为 $i_L(0_+)$。

稳定值是指电路进入新的稳定状态（$t = \infty$）时的值，电容电压和电感电压的稳定值分别记为 $u_c(\infty)$ 和 $i_L(\infty)$。

1—85 什么是换路定则？

由于储能元件的能量不能跃变（突变），而电容和电感的能量分别为 $\dfrac{1}{2}Cu_c^2$ 和 $\dfrac{1}{2}Li_L^2$，故电容电压 u_c 和电感电流 i_L 也不能跃变，即在换路前后瞬间，电容电压是相等的，电感电流也是相等的，用公式表示为

$$\begin{cases} u_c(0_+) = u_c(0_-) \\ i_L(0_+) = i_L(0_-) \end{cases}$$

上式即过渡过程的换路定则。

1—86 什么是电路过渡过程的三要素？什么是三要素法？

三要素是指初始值、稳定值和时间常数 τ。时间常数 τ 是电路的一个重要参数，对于 RC 电路，$\tau = RC$；对于 RL 电路，$\tau = \dfrac{L}{R}$。τ 决定了过渡过程时间的长短，τ 越大，过渡过程时间越长，反之越短。电容对电阻放电时，经过 τ，电容电压衰减到初始电压的 36.8%。

确定三要素后，无需求解电路的微分方程，而只需按公式直接写出过渡过程的解，对于 RC 电路，电容电压的解为

$$u_L = u_C(\infty) + [u_C(0_+) - u_C(\infty)]e^{\frac{t}{\tau}}$$

对于 RL 电路，电感电流的解为

$$i_L = i_L(\infty) + [i_L(0_+) - i_L(\infty)]e^{\frac{t}{\tau}}$$

这种方法称为三要素法，是一种实用而快捷的计算方法。

1—87 为什么 RC 电路过渡过程的快慢与电阻 R 和电容 C 成正比，而 RL 电路过渡过程的快慢与电感 L 成正比，而与电阻 R 成反比？

RC 电路过渡过程中，当电源电压 U_S 为一定值时，C 值越大，则电容的储能越多，故充放电时间越长；而 R 值越大，充放电电流就越小，充放电过程也就越长。

38

RL 电路在电感放电消磁过程中，L 越大，电感储能越多，磁场能量的释放过程就越长；而 R 值越大，则电阻消耗的能量就越大，因而磁场能量释放就越快。

1—88　用伏安法测量发电机励磁绕组的电阻后，能否先断开电源开关？

如图 1-6 所示，当开关未断开时，流过线圈电流为一定值（如电源电压 $U_S = 10\text{V}$，$R = 1\Omega$，则电感电流 $I_L = 10\text{A}$）。当开关断开的瞬间，由于电感电流不能突变，电流将全部流过电压表，而电压表的内阻通常很大（如电压表内阻为 10000Ω，量程为 100V），此时电压表将承受很大的电压（$U_V = -100000\text{V}$），远远超过其量程，而使电压表损坏。

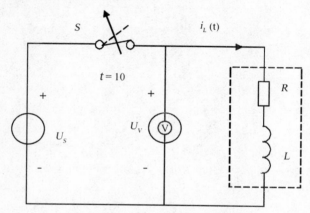

图 1-6　用伏安法测量绕组的电阻

因此，在断开电感电路时，应先将电压表取下，并且在线圈处并接一灭磁电阻，使电感中的磁场能量释放掉。

1—89　当拉开闸刀开关切断带电感线圈的电路时，为什么触头处会出现电弧？

闸刀未拉开前，电路电流为一稳定值，即 $i_L(0_-) = \dfrac{U_S}{R}$。在闸刀拉开的瞬间，电流将从稳定值在极短时间内变为 0，根据电感元件电压与电流关系 $u_L = L \dfrac{\mathrm{d}i}{\mathrm{d}t}$ 可知，由于电流的变化率极大，电感电压将非常高，这个瞬间的高压在开关两侧间产生很强的电场，将开关周边气体击穿，而出现电弧。

第二章 高低压电器运行技术

第一节 高压断路器

2—1 高压断路器的作用是什么？

高压断路器是电力系统中很重要的控制和保护设备，具有完善的灭弧装置。在正常运行时，用于带负荷切断和接通电路；在短路故障时，与继电保护配合，能自动、快速地切除故障电路，以保证设备安全及系统无故障部分安全稳定运行。

2—2 高压断路器主要类型有哪些？

高压断路器根据所采用的灭弧介质及作用原理不同可分为：

（1）油断路器；

（2）压缩空气断路器；

（3）真空断路器；

（4）SF_6 断路器；

（5）磁吹断路器；

（6）自产气断路器。

2—3 高压断路器的典型结构是怎样的？

高压断路器由基座、绝缘支柱、开断元件及操动机构组成。开断元件是核心部分，包括动触头、静触头、导电部件和灭弧室。动触头和静触头处于灭弧室内，用来开断和关合电路，是断路器执行元件。动触头的运动（开断和关合动作）由操动机构提供动力。开断元件放置在绝缘支柱上，是处在高电位的触头和导电部分保证与接地的零电位部分绝缘。绝缘支柱则安装在基座上。

2—4 高压断路器采用多断口的意义是什么？

在高压断路器中，每相采用两个或更多的断口串联，在熄弧时，多个断口把电弧分割成多个小电弧段串联，在相等的触头行程下多断口比单断口的电弧拉伸更长，从而增大了弧隙电阻；有多个断口可使加在每个断口上的电压降低，从而使每段的弧隙恢复电压降低；多断口相当于总的分闸速度加快了，介质恢复速度增大。

2—5 为什么断路器不允许在带电情况下慢合闸？

因为断路器慢合闸时，在高电压的作用下，动触头缓慢接近静触头，到达一定的距离时，就会将介质击穿而产生电弧，造成触头严重烧蚀。特别在线路存在故障时，如果断路器的脱扣机构失灵或跳闸，辅助接点尚未接通，可能导致断路器爆炸或越级跳闸，造成长时间的停电事故。所以不允许断路器在带电情况下进行慢合闸。

2—6 为什么要对断路器进行低电压跳闸、合闸试验？其标准是什么？

在正常的直流电压下，断路器均能可靠地跳、合闸。但当厂用电发生事故，或直流电源容量降低较多或回路电缆截面过小时，电源电压的降低将使跳、合闸线圈及接触器线圈不能正确动作。在多路断路器跳、合闸时，更会如此。若线圈动作电压过低，就会误动作，或烧坏合闸线圈，因此要进行低电压跳、合闸试验。其试验标准：跳闸线圈最低动作电压应不低于额定电压的30%，不高于65%；接触器线圈最低动作电压应不低于额定电压的30%，不高于65%；合闸线圈最低动作电压不低于额定电压的80%。

2—7 为什么断路器跳闸辅助接点要先投入、后断开？

串在跳闸回路中的断路器触点，叫做跳闸辅助接点。先投入：是指断路器在合闸过程中，动触头与静触头未接通之前，跳闸辅助接点就已经接通，做好跳闸的准备，一旦断路器合入故障时能迅速断开。后断开：是指断路器在跳闸过程中，动触头离开静触头之后，跳闸辅助接点再断开，以保证断路器可靠地跳闸。

2—8　SF₆ 断路器通常装设哪些 SF₆ 气体压力闭锁、信号报警装置？

SF₆ 气体压力降低信号，即补气报警信号。一般它比额定工作气压低 5%～10%；分、合闸闭锁及信号回路，当压力降低到某数值时，它就不允许进行合、分闸操作，一般该值比额定工作气压低 5%～10%。

2—9　为什么用 SF₆ 气体具有优良的灭弧特性？

（1）SF₆ 气体具有优良的化学特性。SF₆ 电弧弧柱导电性好，燃弧电压很低，弧柱能量较小，对熄弧有利。

（2）电流过零后，介质绝缘强度恢复很快，其恢复时间常数只有空气的 1%，即它的灭弧能力比空气高 100 倍。

（3）SF₆ 气体绝缘强度高。

2—10　SF₆ 断路器有哪几种类型？

SF₆ 断路器的类型按灭弧方式分，有单压式、双压式和旋弧式；按总体结构分，有落地箱式、支柱瓷套式和全封闭组合电器（GIS）；按触头动作方式可分为定开距式和变开距式。

2—11　变熄弧距灭弧室是怎样工作的？

这类灭弧室中的活塞固定不动。当分闸时，操动机构通过绝缘拉杆使带有动触头和绝缘喷口的工作缸运动，在活塞与压气缸之间产生压力，等到绝缘喷口脱离静触头后，触头间产生电弧。同时，压气缸内气体在压力作用之下吹向电弧，使电弧熄灭。在这种灭弧室结构中，电弧可能在触头运动的过程中熄灭，所以称为变熄弧距。

2—12　定熄弧距灭弧室是怎样工作的？

定熄弧距灭弧室中有两个开距不变的喷嘴触头，动触头和压气缸可以操动机构的带动下一起沿喷嘴触头移动。当分闸时，操动机构带着动触头和压气缸运动，在固定不动的活塞与压气缸之间的 SF₆ 被压缩，产生高气压。当动触头脱离一侧的喷嘴触头后，产生电弧，而且被压缩的 SF₆ 气体产生向触头内吹弧作用，使电弧熄灭。这种灭弧室在国内外产品中应用也不少。

2—13 定开距灭弧室结构的特点有哪些?

（1）开距小，电弧长度小，触头从分离到电弧熄灭时间很短，所以在灭弧过程中电弧能量小，燃弧时间短，可以做到较大的开断电流。

（2）分闸后，断口两个电极间的电场分布比较均匀，可以提高两个电极间的击穿强度。

（3）气流状态随设计喷口而定，气流状态好。

（4）喷口用耐电弧合金制成，受电弧烧损轻微，多次开断仍能保持性能稳定。

（5）压气室体积大，SF_6 气体提高到所需压力时间长，所以使断路器的动作时间长。

2—14 变开距灭弧室结构的特点有哪些?

变开距灭弧室结构的特点是：触头开距在分闸过程中不断增大，最终开距较大，故断口电压可以做的较高，起始介质强度恢复速度快。喷嘴与触头分开，形状不受限制，可以设计的比较合理，有利于改善吹弧效果，提高开断能力。但是，变开距触头间电场分布情况较差，绝缘喷嘴置于断口之间，经电弧多次灼伤之后，可能影响断口绝缘。

2—15 SF_6 断路器实际位置与机械位置指示、电气位置指示不一致的原因是什么?

SF_6 断路器实际位置与机械、电气位置指示不一致，其原因可能是断路器的操动机构与连杆机构脱节，或连杆机构与导电杆脱节，或机械指示器与连动机构脱节等，此时应将故障修好后再进行拉合闸。

2—16 什么叫断路器自由脱扣?

断路器在合闸过程中的任何时刻，若保护动作接通跳闸回路，断路器能可靠地断开，这就叫自由脱扣。带有自由脱扣的断路器，可以保证断路器合于短路故障时，能迅速断开，避免扩大事故范围。

2—17　高压断路器的分合闸缓冲器起什么作用？

分闸缓冲器的作用是防止因弹簧释放能量时产生的巨大冲击力损坏断路器的零部件。合闸缓冲器的作用是防止合闸时的冲击力使合闸过深而损坏套管。

2—18　开关的辅助触点有哪些用途？

断路器本身所带常开、常闭触点变换开合位置，来接通断路器机构合闸及跳闸回路和音响信号，达到断路器断开闭合电路的目的，并能正确发出音响信号，启动自动装置和保护的闭锁回路等。

2—19　SF_6 断路器配用哪几种操动机构？

SF_6 断路器主要配用弹簧储能操动机构、液压操动机构和气动操动机构。

2—20　断路器弹簧操动机构有什么特点？

弹簧操动机构结构简单，可靠性高，分合闸操作是通过螺旋压缩弹簧实现的。储能电机给合闸弹簧储能，合闸时合闸弹簧的能量一部分用来合闸，另一部分用来给分闸弹簧储能。合闸弹簧一释放，储能电机立刻给其储能。运行时分合闸弹簧均处于压缩状态，而分闸弹簧的释放有一个独立的系统，与合闸弹簧没有关系。这样设计的弹簧操动机构具有高度的可靠性和稳定性。

2—21　断路器液压操动机构有什么特点？

由于液压操动机构利用液体的不可压缩原理，以液压油为传递介质，将高压油送入工作缸两侧来实现断路器分合闸。因此，具有如下特性：输出功大，时延小，反应快，负荷特性配合较好，噪声小，速度易调变，可靠性高，维护简便。其主要不足是加工工艺要求高，如制造、装配不良易渗油等。此外，速度特性易受环境影响。

2—22　SF_6 断路器中 SF_6 气体水分的危害有哪些？

在 SF_6 断路器中 SF_6 气体的水分会带来两个方面的危害：第一，SF_6 气体中的水分对 SF_6 气体本身的绝缘强度影响不大，但对固体绝缘件（盘式绝缘子、绝缘拉杆等）表现凝露时会大大降低沿面闪络电压。第二，SF_6 气体中的水分还参与在电弧作用下 SF_6 气体的分解反应，生成氟化氢等分解物，它们对 SF_6 断路器内部的零部件有腐蚀作用，会降低绝缘件的绝缘电阻和破坏金属表面镀层，使产品受到严重损伤。运行经验表明，随着 SF_6 气体中的水分增加，在电弧作用下，生成的许多有害分解物的量也会增加。

2—23 SF_6 断路器 SF_6 气体压力过低或过高的危害有哪些？

气压过低，将使断路器的灭弧能力降低。气压过高，将使断路器的机械寿命缩短，还可能造成 SF_6 气体液化。

2—24 阿海珐 GL317X 型 500kV SF_6 断路器技术性能特点有哪些？

（1）瓷瓶式 SF_6 开关整体呈"T"型布置，三相分装并分相操作，每相有两个断口，每个断口由灭弧室、支柱（支持绝缘子）、操作机构箱组成。

（2）灭弧室采用了优化的设计，更有效地利用了电弧的能量，大大减少了操作功耗，延长了开关的使用寿命。

（3）开关选用了先进的 FK3－5BLG 型弹簧操动机构，由瑞士专业厂家生产，可靠性高，使用寿命长，免维护运行可达到万次以上。由储能弹簧作为分闸及合闸能源的弹簧操动机构能满足 O—0.3s—CO 的操作顺序，并且是由弹簧单独提供的。当合闸操作完成后，合闸弹簧在 15～20s 内完成合闸弹簧的储能。弹簧储能电动机电压为单相 AC 220V。

（4）开关操作噪音小。

（5）开断时间 40ms（两周波开断），能最快的切除故障，缩短电力系统在非正常状态下的运行时间，有利于系统稳定和设备使用寿命的延长。

（6）开关能远方和就地操作，其间有联锁。开关配备就地分、合闸位置指示器。开关设有两套相同而又各自独立的分闸装置，每一套分闸装置动作时或两套装置同时动作时均保证设备的机械特性，开关均能可靠跳开。操动机构自身具备防止跳跃、防止非全相合闸和保证合分时间的性能。SF₆开关具备高低气压闭锁装置。

（7）合闸电阻采用独特的设计，与开关灭弧室构成一个整体，避免使用瓷外壳，减少了机械连接和密封环节，从而增强了可靠性和密封性能。

（8）带温度补偿的压力表可以方便、准确地监控 SF₆气体压力。

（9）采用模块化设计，安装简单、快捷；检修和维护周期长。

2—25 SF₆断路器断口上并联电容有什么作用？

SF₆断路器为双断口结构，由于各断口间金属部件对地电容的影响，对每一个断口在开断位置的电压分压和开断过程中的恢复电压分配将出现不均匀现象，影响整个断路器的灭弧能力。在每个灭弧室触头的两面三刀端并联一个适当的电容可改善电压分布，提高整个断路器的灭弧能力。

2—26 真空断路器有哪些特点？

真空断路器具有触头开距小，燃弧时间短，触头在开断故障电流时烧伤轻微等特点，因此真空断路器所需的操作能量小，动作快。同时，还具有体积小、重量轻、维护工作量小，能防火、防爆，操作噪声小的优点。

2—27 真空断路器金属屏蔽罩的作用是什么？

屏蔽罩是包围在触头周围的金属圆筒，它的作用是吸收燃弧过程中放出的金属蒸汽和金属液滴，防止其返回触头间隙引起重燃，和防止沉积到绝缘外壳表面引起的外壳绝缘强度降低。真空灭弧室的屏蔽罩通常是和动、静触头绝缘的，可防止真空电弧由触头表面转移到屏蔽罩上，从而防止因电弧在屏蔽罩表面燃烧导致开断失败。屏蔽罩绝缘固定时，屏蔽罩还有均压作用，可改善真空灭弧室的绝缘特性。

2—28 用什么方法可以检查真空断路器中真空灭弧室的好坏？

如果真空灭弧室存在漏气现象，将会使得其真空度下降，从而使得断路器的开断性能劣化，寿命缩短。因此，在断路器运行一段时间后，必须认真检查。在不具备测量真空度的情况下，一般均采用工频耐压试验的方法来检测：即将真空断路器退出运行，作好安全技术措施。在断路器分闸的状态下，在真空灭弧室的动、静触头两端加以工频电压（一般 10kV 断路器施加工频42kV、lmin)，如没有发现放电和击穿现象，就可以认为断路器真空灭弧室的真空度没有下降，可以继续投入运行。

2—29 真空断路器在负载端为什么装设过电压抑制装置？

真空断路器分、合闸时极易产生操作过电压。有可能危及电气设备的绝缘，所以一般应在负载端安装过电压保护装置。无论真空断路器用以控制电动机，还是用以切换变压器，都应加装阀型避雷器、非线性电阻，或 R – C 保护装置。目前在采用真空断路器的高压开关柜中，常采用阀型避雷器作为过电压保护装置。

2—30 运行中液压操动机构的断路器泄压应如何处理？

若断路器在运行中发生液压失压时，在远方操作的控制盘上将发出"跳合闸闭锁"信号，自动切除该断路器的跳合闸操作回路。运行人员应立即断开该断路器的控制电源、储能电机电源，采取措施防止断路器分闸，如采用机械闭锁装置（卡板）将断路器闭锁在合闸位置，断开上一级断路器，将故障断路器退出运行，然后对液压系统进行检查，排除故障后，启动油泵，建立正常油压，并进行静态跳合试验正常后，恢复断路器的运行。

2—31 断路器拒绝合闸的原因有哪些？

（1）操作、合闸电源中断，如操作、合闸熔断器熔断等。

（2）操作方法不正确，如操作顺序错误、联锁方式错误、合闸时间短等。

（3）断路器不满足合闸条件，如同步并列点不符合并列条件等。

（4）直流系统电压太低。

（5）储能机构未储能或储能不充分。

（6）控制回路或操动机构故障。

2—32　断路器拒绝跳闸的原因有哪些？

（1）操动机构的机械有故障，如跳闸铁芯卡涩等。

（2）继电保护故障。如保护回路继电器烧坏、断线、接触不良等。

（3）电气控制回路故障，如跳闸线圈烧坏、跳闸回路有断线、熔断器熔断等。

2—33　断路器合闸线圈烧毁的原因有哪些？

（1）合闸接触器本身卡涩或接点粘连。

（2）操作把手的合闸接点断不开。

（3）重合闸辅助接点粘连？。

（4）防跳跃闭锁继电器接点故障。

2—34　断路器跳闸线圈烧毁的原因有哪些？

（1）分闸电磁铁机械故障，跳闸线圈长时间通电而烧毁。

（2）断路器跳闸机构拒分，致使跳闸线圈过载烧毁。

（3）断路器跳闸后，机构辅助接点打不开，使跳闸线圈长时间带电。

（4）传动保护时间过长，分合闸次数过多。

（5）分闸回路绝缘降低，或是控制回路线径过小造成电阻偏大，使得分闸控制回路电压降较大，导致电压达不到线圈分闸动作的值，使跳闸线圈长时间带电烧毁。

2—35　高压断路器在运行中误跳闸如何处理？

首先检查是否有人误动、误碰和继电保护回路上是否有人工作，致使断路器误动作，属此类情况，应直接联系值长将断路器合上。若属直流接地引起跳闸，应选择出接地点并消除接地故障，恢复断路器合上。此外，应检查断路器的操作机构是否有故障，如跳闸脱扣机构有故障等，属这类故障引起的误跳应尽快排除故障，恢复断路器运行，短时间内故障不能消除时，应安排用旁路开关代送或倒换备用设备等措施。

2—36 高压断路器运行时应巡视检查哪些项目？

（1）断路器表面应清洁，各部件完整牢固，无发热变色现象。

（2）套管拉杆及绝缘子等瓷件无污无损无放电现象。

（3）断路器与操作机构位置指示应对应，且和控制室电气位置指示一致。

（4）机构箱内各电气元部件运行正常，工作状态应与要求一致。

（5）SF_6 气体压力应在正常范围内，无泄漏现象。

（6）液压弹簧储能机构压力应在正常范围内，油位适当，油色正常，无渗油、漏油现象。

（7）机械部分应无锈蚀卡涩、变形及松动现象。

（8）低温时应注意加热器的运行情况。

（9）断路器各部分及管道无异音及异味，管道夹头正常。

（10）断路器周围无杂物。

2—37 F-C真空接触器手车的特点有哪些？

F-C真空接触器是真空接触器（C）和熔断器（F）的组合电器，具有真空接触器和熔断器的双重优势。并利用两种开关电器的配合，具有分断能力高、使用寿命长、成本低、占地空间小、节省负载设备投资等不可比拟的优势。接触器和熔断器的配合将断路器所具有的控制和保护功能合理划分，解决了在实际应用中开关应用不合理的问题。熔断器内配有撞击器，其熔管内带有撞针。任意一相熔断器熔断后撞针弹出，通过撞击杆使接触器跳闸，从而避免了设备缺相运行。

2—38 GE P/Ⅶ-7.2（J.R）型开关柜手车的安全联锁机构是怎样的？

当接触器处于合闸状态时，与接触器联动的机械联锁挡块挡住推进机构上的连杆，使得推进螺杆无法转动；反之，只有手车处于试验位置和工作位置时，接触器才能合闸，在其它任何位置，机械联锁将提起上述推进机构连杆，该连杆抵住与接触器联动的挡块，使接触器无法合闸。同时，与推进机构微动联锁的开关也断开合闸回路，实现电气、机械双重保护，保证了只有当接触器处于分闸位置时，手车才能在柜内移动。手车推进机构还与接地开关操动机构一起实现了防止带电合接地开关以及在接地状态下合接触器。当手车在工作位置时，手车侧下部的档杆抵住接地开关合闸机构的帘板装置中的联锁杆，使帘板无法打开，接地开关不能合闸；反之，接地开关合闸后，帘板装置挡板将手车侧下部的联锁舌板挡入，锁住丝杆机构使手车无法移动，同时帘板保持在打开位置，从而避免了接地状态下接触器手车进入到工作位置。只有当接地开关在分闸位置时，手车才能从隔离/试验位置移至工作位置，后封板因与接地开关操作轴联动的联锁轴的作用而不能打开。接地开关在合闸位置时，手车不能从隔离/试验位置移至工作位置，联锁轴解锁，后封板可以打开；当后封板打开后，接地开关不能分闸。凡属于高压隔室的门均装有门锁，必须使用专用工具，才能打开或关闭。手车退到试验位置以后，接地的金属隔板就自动落下遮住带电的静触头部分，此时如拉出手车，进入柜体检修，也不会触及带电部分。

2—39 断路器液压机构打压频繁是什么原因?

（1）储压筒活塞杆处是否漏油。

（2）高压油路是否漏油。

（3）微动开关的停泵、启泵距离是否合格。

（4）放油阀是否密封不良。

（5）油泵自身故障。

2—40 在哪些情况下不宜进行测量 SF$_6$ 气体湿度?

（1）不宜在充气后立即进行，应经 24 小时后进行。

（2）不宜在温度低的情况下进行。

（3）不宜在雨天或雨后进行。

（4）不宜在早晨化露前进行。

2—41 SF$_6$断路器主要预防性试验项目有哪些?

（1）断路器内 SF$_6$ 气体的含水量测量。一般每 1 ~ 3 年一次，对瓷柱式 SF$_6$ 断路器，灭弧室与支柱、合闸电阻分开测量更为合理。

（2）SF$_6$ 气体检漏试验。必要时进行，按每个气室的年漏气率不大于 1% 考核。

（3）绝缘电阻的测量。包括一次回路、辅助回路及控制回路绝缘电阻，一般每年一次。

（4）电容器试验。一般每 1 ~ 3 年一次，特别要注意环境温度对电容器测量值的影响。

（5）测量每相导电回路电阻。一般每年一次，应采用大电流测压降方法进行。

（6）测量合闸电阻值及投入时间，必要时进行。

（7）分、合闸电磁铁动作电压值。一般一年一次。

（8）防慢分功能的检查。一般每年一次，该项目是保证断路器不发生慢分而引起爆炸的重要防范措施，必须严格进行。

（9）SF$_6$ 气压及液压操动机构、空气操动机构各压力值校对，保证操作机构正确动作。

（10）各气压表、液压表、气体密度继电器校验，一般 1 ~ 3 年一次。

第二节　高压隔离开关

2—42 隔离开关的作用是什么?

隔离开关没有专门的灭弧装置，不能切断负荷电流和短路电流，一般与断路器配合使用。隔离开关的作用是：

（1）隔离电源：将需要检修的电气设备用隔离开关与电网的带电部分可靠地隔离，使被检修的电气设备与电源有明显的断开点，以保证检修工作的安全。

（2）改变运行方式进行倒闸操作：如在双母线运行的电路

中，可以利用隔离开关将设备或线路从一组母线切换到另一组母线上去。

（3）接通和切断小电流电路。

2—43 隔离开关的允许操作范围是什么？

（1）正常时拉合电压互感器和避雷器。

（2）拉合 220kV 空载母线。

（3）拉合电网没有接地故障时的变压器中性点。

（4）拉合经开关或隔离开关闭合的旁路电流。

（5）户外垂直分合式三联隔离开关，拉合电压在 220kV 及以上励磁电流不超过 2A 的空载变压器和电容电流不超过 5A 的空载线路。

（6）10kV 户外三联隔离开关拉合不超过 15A 的负荷电流。

（7）10kV 隔离开关拉合不超过 70A 的环路均衡电流。

2—44 操作隔离开关时应注意哪些事项？

（1）拉合隔离开关时，断路器必须在断开位置，并经核对编号无误后，方可操作。

（2）就地手动操作的隔离开关，合闸时应迅速果断，但在合闸终了不得有冲击，即使合入接地或短路回路也不得再拉开；拉闸时，应慢而谨慎，特别是动、静触头分离时，如发现弧光，应迅速合入，停止操作，查明原因。但切断空载变压器、空载线路、空载母线或拉系统环路，应快而果断，促使电弧迅速熄灭。

（3）隔离开关经拉合后，应到现场检查其实际位置，以免传动机构或控制回路（指远方操作的）有故障，出现拒合或拒拉。同时，检查触头的位置应正确：合闸后，工作触头应接触良好；拉闸后，断口张开的角度或拉开的距离应符合要求。

2—45 如果在操作中发生误操作，错拉、合隔离开关如何处理？

如果错拉隔离开关，当刀片刚离开固定触头，就产生电弧，此时应立即合上，以消灭电弧，避免事故扩大；若隔离开关已完全拉开，则不许再合上。如果是三相单极隔离开关，操作一相后发现错拉，则对其它两相不应继续操作。如果错合隔离开关，即使合上了，甚至产生电弧，也不许再拉开。因为带负荷拉隔离开关，将产生三相弧光短路事故。

2—46　线路停送电时隔离开关的操作顺序是怎样的?

停电时，应先断开断路器，先拉负荷侧的隔离开关，后拉电源侧的隔离开关；送电时，先合电源侧的隔离开关，后合负荷侧的隔离开关，再合上断路器。这样的操作顺序是为了防止万一发生误操作时，缩小事故范围。在线路停电时，若断路器在合闸位置未断开，先拉负荷侧的隔离开关造成短路，则该线路的继电保护动作跳开线路断路器，只使该线路停电，不致影响其它回路的供电。同样若先拉电源侧隔离开关，则故障相当于母线短路，继电保护将使母线上所有的电源切断，扩大了故障的范围。在线路送电时，若断路器在合闸位置未查出，先合电源侧的隔离开关时，是不会有什么问题的，再合负荷侧的隔离开关就会造成带负荷合隔离开关，如产生弧光短路，线路继电保护动作跳闸，不影响其它设备的运行。如操作顺序相反，在合电源侧隔离开关时造成带负荷合隔离开关短路，就会扩大事故范围。

2—47　带接地刀闸的隔离开关，主刀和接地刀闸的操作如何配合?

隔离开关装有接地刀闸时，主刀和接地刀闸之间应具有机械或电气的闭锁，以保证先断开主刀闸，后闭合接地刀闸；先断开接地刀闸，后闭合主刀闸的操作顺序。即两者不能同时合闸，以免发生带电接地和带接地合闸的恶性事故。

2—48　巡视隔离开关时应检查哪些项目?

(1) 瓷质部分应完好不破损。

(2) 各接头应无松动、发热。

(3) 刀口应完好合入并接触良好，试温蜡片应无熔化。

(4) 传动机构应完好，销子应不脱落。

(5) 联锁装置应完好。

(6) 液压机构隔离开关的液压装置应无漏油，机构外壳应接地良好。

2—49　运行中的隔离开关如何判断触头过热？

根据隔离开关接触部分的变色漆或试温片的颜色变化来判断，也可根据刀口的颜色发暗程度来确定，目前一般根据红外线测温结果来确定。

2—50　隔离开关触头过热的原因是什么？

隔离开关过载或者接触面不严密使电流通路的截面减小，接触电阻增加。运行中接触面产生氧化，使接触电阻增加。因此，当电流通过时触头温度就会超过允许值，甚至有烧红熔化以至熔接的可能。

2—51　运行中隔离开关刀口过热，触头熔化时如何处理？

应立即向当值调度员申请将负荷倒出后，停电处理，如不能倒负荷则应设法减负荷，并加强监视。如果是双母线侧隔离开关发生熔化粘连，应用倒母线的方法将负荷倒出，然后停电处理。

2—52　运行时隔离开关拒绝合闸或分闸的原因是什么？如何处理？

主要原因有：运行人员误操作；电动操作的刀闸其操作动力保险熔断失去电源，电动机烧坏或闭锁回路的接点切换不良；室外刀闸因生锈造成阻力过大或刀闸机械部分卡死；刀闸操作杆断裂或销子脱落，检修后机械部分未连接。

处理：首先，检查推拉刀闸的条件是否满足。刀闸的行程开关，控制开关是否切换良好，刀闸箱的门控开关是否接通。电动操作的刀闸，应检查操作保险是否熔断，电动机转动是否正常，电源是否正常。如刀闸生锈，机械部分卡死，连杆坏后销子脱落，机械杆未连接，应通知检修进行处理。

2—53　隔离开关为什么要用操作机构进行操作？

配置操动机构操作隔离开关，可使操作简化、省力，可实现远方操作或自动控制，即使采用手动操作机构，工作人员操作时，也可以站在离隔离开关远一点的位置，提高了工作的安全性。

2—54 母线故障处理时，为什么母线侧隔离开关要"先拉后合"？

在处理母线故障时，如果按照常规方法操作，将两母线隔离开关同时合上，就可能将故障母线与非故障母线并列运行，而再次造成运行母线人为短路。因此，应先拉开故障母线上隔离开关，后合上运行母线上的隔离开关。

第三节 互 感 器

2—55 互感器的作用是什么？

（1）将一次回路的高电压和大电流变为二次回路的标准值，用以分别向测量仪表、继电器的电压线圈和电流线圈供电，使二次电路正确反映一次系统的正常运行和故障情况。通常电压互感器二次绕组额定电压为 100V 或 $(100/\sqrt{3})$ V。电流互感器二次绕组额定电流一般为 5A 或 1A。

（2）使低电压的二次系统与高电压的一次系统实施电气隔离，且互感器二次侧接地，保证了人身和设备的安全。

（3）取得零序电流、电压分量供反应接地故障的继电保护装置使用。

2—56 电流互感器有哪些类型？

电流互感器共有以下几种类型：

（1）按安装地点可分为户内式和户外式。

（2）按安装方式可分为穿墙式、支持式和装入式。穿墙式装在墙壁或金属结构的孔中，可节省穿墙套管。支持式安装在平面或支柱上；装入式套在 35kV 及以上变压器的套管上，故又称为套管式。

（3）按绝缘可分为干式、浇注式、油浸式和气体绝缘式。干式适合低压户内使用。油浸式多用于户外型设备；气体绝缘式通常用空气、SF_6 气体作绝缘，特别是 SF_6 气体绝缘适用于高电压等级。

2—57　运行中的电流互感器，其二次侧为什么不能开路？

电流互感器正常工作时，副线圈上的仪表线圈的阻抗很小，相当于短路状态下运行。互感器副线圈端子上电压只有几伏。因而铁芯中的磁通量是很小的。原线圈磁动势虽然可达到几百安或上千安，甚至更大，但是大部分被副线圈所建立的去磁磁动势所抵消，只剩下很小一部分作为铁芯的励磁磁动势，以建立铁芯中的磁通。如果在运行中时副线圈断开，副边电流等于零，那么起去磁作用的磁动势消失，而原边的磁动势不变，原边被测电流全部成为励磁电流，这将使铁芯中磁通量急剧增加，铁芯严重发热以致烧坏线圈绝缘，或使高压侧对地短路。另外副线圈开路会感应出很高的电压，这对仪表和操作人员是很危险的。所以电流互感器二次侧不许断开。

2—58　电压互感器和电流互感器的二次侧为什么必须有一点接地？

二次侧线圈接地后，当一、二次线圈间绝缘破坏而被高压击穿时，可将高压引入大地，使二次线圈保持地电位，从而保证了工作人员和二次设备的安全。二次回路只许一点接地，不能多点或二点接地。因为多点接地后，可能引起分流，致使电气测量的误差增大或影响继电保护动作的正确性。

2—59　什么是电流互感器的极性？

所谓极性，即铁芯在同一磁通作用下，一次线圈与二次线圈将感应出电动势，其中两个同时达到高电位或同时为低电位那一端称为同极性端。对电流互感器而言，一般采用减极性标示法来定同极性端，即先任意选定一次线圈端头作始端，当一次线圈电流瞬时由始端流进时，二次线圈电流流出的那一端就标为二次线圈的始端，这种符合瞬时关系的两端称为同极性端。在连接继电保护（尤其是差动保护）装置时，必须注意电流互感器的极性。通常，用同一种符号"＊"来表示线圈的同极性端。

2—60　影响电流互感器误差的主要因素是什么？

（1）一次电流的影响。当电流互感器一次电流很小时，引起的误差增大；当一次电流长期大于额定电流运行时，也会引起误差增大。因此，一般一次测电流应大于互感器额定电流的25%，小于120%。

（2）二次负载的影响。当电流互感器二次负载增大时，误差（比差和角差）也随着增大。故在使用中不应使二次负载超过其额定值（伏安数或欧姆数）。

（3）电源频率和铁芯剩磁也影响互感器误差。

2—61　什么是电流互感器的准确度等级？

电流互感器的准确等级就是说的它的测量误差（精度），一般有0.2，0.5，1.0，0.2S，0.5S，5P，10P等。带S的是特殊电流互感器，要求在1%～120%负荷范围内精度足够高，一般取5个负荷点测量其误差小于规定的范围；0.2、0.5等，一般就是测量线圈，要求误差20%～120%负荷范围内精度足够高，一般取4个负荷点测量其误差小于规定的范围（误差包括比差和角差，因为电流是矢量，故要求大小和相角差），而5P、10P的电流互感器一般用于接继电器保护用，即要求在短路电流下复合误差小于一定的值，5P即小于5%，10P即小于10%。因此，电流互感器根据用途规定了不同的准确度，也就是不同电流范围内的误差精度。

2—62　电流互感器的额定容量为什么可以用阻抗值表示？

电流互感器的额定容量系指电流互感器在额定二次电流和额定二次阻抗下运行时，二次绕组输出的容量。由于电流互感器的额定二次电流为标准值（5A或1A），也为了便于计算，有的厂家提供电流互感器的阻抗值。

2—63　电流互感器二次有几种接线方式？

两台互感器构成的不完全星型接线、差型接线，三台互感器构成的星型接线、三角形接线以及零序保护接线。

2—64　电流互感器运行时，为什么不允许长时间过负荷？

电流互感器长时间过负荷运行，会使误差增大，表计指示不正确。另外，由于一、二次电流增大，会使铁芯和绕组过热，绝缘老化快，甚至损坏电流互感器。

2—65　什么是电流互感器的 10% 误差曲线？它有什么用途？

电流互感器的 10% 误差曲线，是当变比误差 10% 时一次电流倍数与二次负载的关系曲线。根据误差曲线确定二次负载，如果二次负载大于允许阻抗，则电流互感器不能运行，它将影响保护正确动作和可靠性。

2—66　电流互感器有哪些常见异常？应如何判断与处理？

（1）电流互感器过热，可能是内、外接头松动，一次过负荷或二次开路。

（2）互感器声音异常，可能是铁芯或零件松动，电场屏蔽不当，二次开路或电位悬浮，末屏开路及绝缘损坏放电。

（3）电流互感器二次开路处理：按继电保护和自动装置有关规定退出保护。查明故障点，在保证安全的前提下，设法在开路附近端子将其短路，短路时不得使用熔丝。如不能处理开路，应进行停电处理。

2—67　短路电流互感器为什么不得使用熔丝？

熔丝是易熔断金属，当电流超过一定限值，温度升高致使熔丝熔断。如果使用熔丝短路电流互感器，一旦发生故障，故障电流很大导致熔丝熔断，将使电流互感器发生开路。

2—68　电流互感器二次开路或接触不良有何症状？

（1）电流表指示不平衡，有一相（开路相）为零或较小。

（2）电流互感器有嗡嗡的响声。

（3）功率表指示不正确，电能表转动减慢。

（4）电流互感器发热。

2—69　运行中的电压互感器，其二次侧为什么不能短路？

电压互感器正常运行中二次侧接近开路状态，一般二次侧电压可达 100V，如果短路产生短路电流，造成熔断器熔断，影响表计指示，还可引起继电保护误动，若熔断器选用不当可能会损坏电压互感器二次绕组等。

2—70 电流互感器正常巡视检查有哪些项目？

（1）检查电流互感器各接头是否发热及松动现象。

（2）检查电流互感器的二次侧接线是否牢固、可靠。

（3）检查油色、油位是否正常，有无渗油漏油。

（4）检查绝缘子是否清洁，有无破损裂纹及放电痕迹。

（5）检查内部声音是否正常，有无异常气味。

（6）SF_6 压力在正常范围。

2—71 电压互感器有哪些误差？影响误差的因素有哪些？

电压互感器的误差表现在幅值误差和角度误差两个方面。电压互感器漏阻抗、铁耗、二次负载的大小，均对误差有影响。

2—72 什么是电压互感器的准确度级？

电压互感器的准确度级，是指在规定的一次电压和二次负荷变化范围内，负荷的功率因数为额定值时，电压误差的最大值。电压互感器的测量精度有 0.2、0.5、1、3、3P、6P 六个准确度级。0.2、0.5、1 级的适用范围同电流互感器，3 级的用于某些测量仪表和继电保护装置。保护用电压互感器用 P 表示，常用的有 3P 和 6 P。

2—73 500kV 电容式电压互感器有什么特点？

电容式电压互感器（CVT）采用的是电容分压器的基本原理。由于单纯的电容分压器的测量准确度受二次负载的影响很大，为了保证二次的测量准确度，采用了中间加一级电磁式电压互感器（TV）的方法，也就是电压不是一次降到位，一般先降到 13～25kV，然后再用一个电磁式 TV 降到所需的电压。为了保证在 50Hz 时电压测量的准确度，从二次侧向高压侧看过去，电源回路的阻抗应接近零，这就需要使得电磁式中间 TV 的电感与电容分压器的电容在 50Hz 下处在抵消的状态。与传统的电磁式 TV 相比，CVT 具有电场强度裕度大、绝缘可靠性高、经济性好等优点，其电容部分还可兼作载波通讯中的耦合电容器使用。由于从高压侧看，它等值于一个电容，从根本上消除了与开关断口电容形成铁磁谐振的可能性。此外，线路雷电行波从线路进入变电所时，它的存在可以使雷电波的波头趋于平缓，从而有利于变电所电气设备的防雷。

2—74　电压互感器的接线方式有哪些？

常见的有以下几种：

（1）用一台单相电压互感器来测量某一相对地电压或相间电压的接线方式。

（2）用两台单相互感器接成不完全星形，也称 V－V 接线，用来测量各相间电压，但不能测相对地电压，广泛应用在 20kV 以下中性点不接地或经消弧线圈接地的电网中。

（3）用三台单相三绕组电压互感器构成 YN，yn，d0 或 YN，y，d0 的接线形式，广泛应用于 3～220kV 系统中，其二次绕组用于测量相间电压和相对地电压，辅助二次绕组接成开口三角形，供接入交流电网绝缘监视仪表和继电器用。用一台三相五柱式电压互感器代替上述三个单相三绕组电压互感器构成的接线，一般只用于 3～15kV 系统。

（4）电容式电压互感器接线形式。在中性点不接地或经消弧线圈接地的系统中，为了测量相对地电压，PT 一次绕组必须接成星形接地的方式。

2—75　110kV 及以上的电压互感器，其高压侧为什么不装设熔断器？

因为 110kV 及以上电压互感器的结构采用单相串级式，绝缘强度大，引线一般为硬连接，相间距离大，相间故障几率小，还因为 110kV 系统为中性点直接接地系统，电压互感器的各相不可能长期承受线电压运行，另外满足系统短路容量的高压熔断器制造上有困难，所以在一次侧不装设熔断器。

2—76　电压互感器二次侧为什么有的电压互感器采用 B 相接地，而有的采用零相接地？

（1）习惯问题。通常有的地方（380V 低压厂用母线）为了节省电压互感器台数，选有 V/V 接线方式。为了安全，二次侧总得有个接地点，这个接地点一般选在二次侧两线圈的公共点。而为了接线对称，习惯上总把一次侧的两个线圈的首端一个接在 A 相上，一个接在 C 相上，而把公共端接在 B 相。因此，二次侧对应的公共点就是 B 相，于是，成了 B 相接地。对于三个线圈星形连接的电压互感器有的也采用二次侧 B 相接地（如发电机及厂用高压母线电压互感器），同样是为了接线对称的习惯问题。

（2）继电保护的特殊需要。220kV 的线路都装有距离保护，而距离保护对于电压互感器二次回路均要求零相接地，因为要接断线闭锁装置需要有零线。所以，220kV 系统的电压互感器是采用零相接地，即中性点接地，而不采用 B 相接地。对于发电厂来说，为了简化同期开关装置的接线，减少同期开关的档数。当星形电压互感器与 V 形电压互感器在系统进行同期并列时，若星形电压互感器采用 B 相接地，使星形电压互感器和 V 形电压互感器都可以用于同期系统。这样可防止烧坏星形接线的电压互感器 B 相线圈，也节省了一台隔离变压器。

2—77　电压互感器二次侧 B 相接地的接地点一般放在熔断器之后。为什么 B 相也配置二次熔断器呢？

这是为了防止当电压互感器一、二次间击穿时，经 B 相接地点和一次侧中性点形成回路，使 B 相二次线圈短接以致烧坏。凡采用 B 相接地的电压互感器二次侧中性点都接一个击穿保险器 JB。这是考虑到在 B 相二次保险熔断的情况下，即使高压窜入低压，仍能击穿保险器，而使电压互感器二次有保护接地。击穿保险器动作电压约为 500V。

2—78　电压互感器的二次侧为什么要串接其一次侧刀闸的辅助接点？

电压互感器隔离开关的辅助触点应与隔离开关的位置相对应，即当电压互感器停用（拉开一次侧隔离开关时），二次回路也应断开。这样可以防止双母线上带电的一组电压互感器向停电的一组电压互感器二次反充电，致使停电的电压互感器高压侧带电。

2—79　电压互感器停电时应注意哪些事项？

（1）应首先考虑因该电压互感器停用而引起有关保护（如距离保护）及自动装置（如稳定控制装置）误动，必须先停用有关保护及自动装置。

（2）停用电压互感器包括高压侧刀闸，二次侧空气开关或熔丝，防止二次侧反充电。

2—80　电压互感器回路断线时有哪些现象？

（1）有关表计（电压表、功率表、频率表等）指示降低或为零。

（2）低电压保护可能动作。

（3）保护及自动装置发异常信号。

（4）电压回路断线信号发出。

2—81　发生电压互感器二次回路断线时，运行人员如何处理？

（1）根据继电保护和自动装置有关规定，退出有关保护，防止误动。

（2）检查高低压熔断器和自动开关是否正常，如熔断器熔断，应立即查明原因更换，当再次熔断时则应慎重处理。

（3）检查电压回路有无松动、断头现象，切换回路有无接触不良现象。

2—82　电压互感器并列运行应注意哪些事项？为什么？

在双母线接线中，当一组电压互感器需要停电，由另一组母线电压互感器带两段母线上的线路保护、自动装置、计量装置等时，需要将电压互感器二次并列。在并列后如果停电电压互感器的二次保险或空气开关未断开，而只是断开了其一次刀闸，则当一次刀闸辅助接点切换不好断不开时，会出现由不停电电压互感器二次侧通过并列回路向停电电压互感器反充电。电压互感器二次侧并列操作应该先确认母联开关在合闸状态，否则二次侧并列后，由于一次侧电压不平衡，二次侧将产生较大环流，容易引起熔断器熔断，使保护失去电源。此外，还要考虑保护方式变更能否引起保护装置误动，以及二次负载增加时，电压互感器的容量能否满足要求。

2—83 发电机中性点电压互感器的作用是什么？

中性点电压互感器的作用是利用发电机固有的三次谐波分量为发电机 100%的定子接地保护提供一个中性点的三次谐波电压，作为制动量。

2—84 运行中充油式电压互感器出现哪些现象应立即停止运行？

（1）PT 高压侧保险熔断两次。

（2）互感器发热严重。

（3）互感器内部有噼啪声和其它噪声。

（4）互感器有严重漏油现象。

（5）互感器内部发出焦臭味和冒烟。

（6）线圈和引线与外壳之间有放电响声。

2—85 电压互感器铁磁谐振有哪些现象？

电压互感器铁磁谐振常发生在中性点不接地的系统中，将引起电压互感器铁芯饱和，产生电压互感器饱和过电压。电压互感器铁磁谐振可能是基波（工频）的，也可能是分频的，甚至可能是高频的。根据运行经验，当电源向只带有电压互感器的空母线突然合闸时易产生基波谐振；当发生单相接地时易产生分频谐振。

（1）电压互感器发生基波谐振的现象是：两相对地电压升高，一相降低，或是两相对地电压降低，一相升高。

（2）电压互感器发生分频谐振的现象是：三相电压同时或依次轮流升高，电压表指针在同范围内低频（每秒一次左右）摆动。

（3）电压互感器发生谐振时其线电压指示不变。

（4）电压互感器发生谐振时还可能引起其高压侧熔断器熔断，造成继电保护和自动装置的误动作。

2—86　电压互感器高压熔断器熔断的原因有哪些？

（1）系统发生单相间歇电弧接地。

（2）系统发生铁磁谐振。

（3）电压互感器内部单相接地或层间、相间短路。

（4）电压互感器二次侧短路，而二次侧熔断器容量选择过大未熔断，引起高压侧熔断器熔断。

2—87　电压互感器正常巡视检查有哪些项目？

（1）电压互感器瓷瓶是否清洁、完整，有无损坏及裂纹，有无放电现象。

（2）电压互感器的油位是否正常，有无渗、漏油现象。

（3）电压互感器内部声音是否正常。

（4）高压侧引线的两端头连接是否良好，有无过热。

（5）电压互感器的二次侧和外壳接地是否良好。

（6）端子箱柜门关好，无受潮情况，二次端子接触良好，无开路、放电或打火现象。

（7）一次隔离开关接触良好，二次保险及二次空气开关正常。

第四节　消弧线圈与电抗器

2—88　消弧线圈的作用是什么？

消弧线圈的作用是当电网发生单相接地故障后，提供一电感电流，补偿接地电容电流，使接地电流减小，也使得故障相接地电弧两端的恢复电压速度降低，达到熄灭电弧的目的。

2—89　消弧线圈的铁芯与变压器的铁芯有什么不同？

消弧线圈的外形与单相变压器相似，变压器的铁芯是一个闭合回路，不设间隙。但消弧线圈的铁芯带有间隙，间隙沿整个铁芯分布，铁芯上装有主线圈，它是一个电感线圈。采用带间隙铁芯的目的是为了避免磁饱和，使补偿电流与电压成正比关系，减少高次谐波分量，因而获得一个比较稳定的电抗值。

2—90 消弧线圈有几种补偿方式？系统一般采用哪种补偿方式？

按照消弧线圈的补偿原理可分为：欠补偿，补偿电感电流小于接地电容电流；全补偿，补偿电感电流等于接地电容电流；过补偿，补偿电感电流大于接地电容电流。系统一般采用过补偿方式，可避免即使线路减少或开关跳闸，出现欠补偿及全补偿出现的串联谐振过电压。

2—91 什么是消弧线圈的补偿度？

消弧线圈的电感电流与电容电流的差值和电网的电容电流之比叫补偿度 ρ。$\rho = (I_L - I_C) / I_C \times 100\%$。

2—92 什么是消弧线圈的脱谐度？

消弧线圈的脱谐度 V 表征偏离谐振状态的程度，可以用来描述消弧线圈的补偿程度。$V = (I_C - I_L) / I_C \times 100\%$。一方面，脱谐度的减小不仅能减小单相接地弧道中的残流，还可以降低恢复电压的上升速度。从而可知，脱谐度越小越好。但另一方面，脱谐度的减小会使消弧线圈分接头数量增多，增加设备的复杂程度，还会使有载调节开关频繁动作，降低设备运行的可靠性。运行经验表明，脱谐度不大于 5% 就能很好地灭弧、维持较理想的残余电流和恢复电压的上升速度。

2—93 消弧线圈运行一般有哪些规定？

（1）消弧线圈的投切或分接头的调整应按调度命令或现场规程的规定进行。

（2）消弧线圈应采用过补偿，正常情况下中性点的位移电压应不大于额定相电压的 15%，不允许长期超过 15%，操作过程中的 1 小时内允许值为 30%。

（3）当消弧线圈的端电压超过相电压的 15% 时（操作时除外），消弧线圈已经动作，应按接地故障处理，寻找接地点。

（4）在系统单相接地的情况下，不得停用消弧线圈，应监视其上层油温最高不得超过 95℃，并监视其运行时间不超过铭牌或现场规程规定的允许时间。否则，切除故障线路，停用消弧线圈。

2—94 消弧线圈有什么故障时应立即停用？

（1）温度或温升超极限。

（2）分接开关接触不良。

（3）接地不好。

（4）隔离开关接触不好。

2—95 什么情况下消弧线圈应通过停用主变加以切除？

（1）严重漏油、油位计不见油位。

（2）响声异常或有放电声。

（3）套管破裂放电或接地。

（4）消弧线圈着火或冒烟。

2—96 调节消弧线圈分接开关时有什么要求？

系统有接地现象时不许操作；除有载可调消弧线圈，调整消弧线圈分接头位置时，必须将消弧线圈退出运行，严禁非有载可调消弧线圈在带电运行状态下调整分接头。

2—97 正常巡视消弧线圈有哪些项目？

（1）设备标志正确、清晰。

（2）油温、油位和油色是否正常，有无渗漏油。

（3）内部声响是否正常，有无异味。

（4）吸潮剂无潮解。

（5）套管应清洁无破损和裂纹或放电。

（6）外部各引线接触牢固，接地线良好。

（7）表计指示是否正常。

（8）消弧线圈固定遮栏安全可靠，接地良好。

2—98 消弧线圈投、停操作的原则有哪些？

（1）消弧线圈应根据调度令进行投、停，不可自行投、停或切换。

（2）投、停前要检查系统无接地，防止带接地电流拉、合消弧线圈刀闸。

（3）消弧线圈只能投在一台变压器中性点上，两台变压器中性点不得并列。

（4）测量消弧线圈导通时，应拉开刀闸进行。

（5）系统运行方式变化时，应先调节消弧线圈分接头，防止产生谐振过电压。

2—99 消弧线圈倒分接头的操作步骤如何？

（1）检查系统确无接地现象，消弧电抗电压表指示接近为零。

（2）拉开消弧线圈刀闸。

（3）布置安全措施。

（4）将消弧线圈分接头调到所要求的档位，并将分接开关指针对准倒换后的位置。

（5）用万用表测量，检查消弧线圈分接头已接通。

（6）拆除安全措施。

（7）检查消弧线圈送电范围内系统确无接地现象。

（8）合上消弧线圈刀闸。

2—100 针对消弧线圈动作故障，值班人员应做何处理？

当系统内发生单相接地、串联谐振及中性点位移电压超过整定值时，消弧线圈将动作。此时，消弧线圈动作光字发出信号及警铃响，中性点位移电压表及补偿电流表指示值增大，消弧线圈本体指示灯亮。若为单相接地故障，则绝缘监视电压表指示接地相电压为零，非接地相电压升高至线电压。

（1）确认消弧线圈信号动作正确无误后，立即将接地相接地性质、仪表指示值、继电保护和信号装置及消弧线圈的动作情况向电网值班调度员汇报，并尽快消除故障。

（2）派人巡视母线、配电设备、消弧线圈所连接的变压器，若接地故障持续时间长，应立即派人检查消弧线圈本体情况。

（3）在消弧线圈动作时间内，不得对其隔离开关进行任何操作。

（4）发生单相接地时，消弧线圈可继续运行 2 小时，以便运行人员采取措施，查出故障并及时处理。

68

（5）如消弧线圈本身发生故障，应先断开连接消弧线圈的变压器，然后拉开消弧线圈隔离开关。

（6）值班人员应监视各种仪表指示值的变动情况，并做好详细记录。

2—101　超高压并联电抗器有哪些作用？

超高压并联电抗器有改善电力系统无功功率有关运行状况的多种功能，主要包括：

（1）减轻空载或轻负荷线路上的电容效应，以降低工频暂态过电压。

（2）改善长输电线路上的电压分布。

（3）使轻负荷时线路中的无功功率尽可能就地平衡，防止无功功率不合理流动，同时也减轻了线路上的功率损失。

（4）在大机组与系统并列时，降低高压母线上工频稳态电压，便于发电机同期并列。

（5）防止发电机带长线路可能出现的自励磁谐振现象。

（6）当采用电抗器中性点经小电抗接地装置时，还可用小电抗器补偿线路相间及相地电容，以加速潜供电流自动熄灭，有利重合闸成功。

2—102　电抗器正常巡视项目有哪些？

（1）接头应接触良好，无发热现象。

（2）支持绝缘子应清洁无杂物。

（3）周围应整洁无杂物。

（4）垂直布置的电抗器不应倾斜。

（5）门窗应严密。

（6）电抗器室通风装置运行正常。

2—103　采用分裂电抗器有什么优点？

分裂电抗器是中间带有抽头的电抗器，其两个支路有电、磁联系。正常运行时阻抗值较小，引起的电压损耗值小。发生短路时的阻抗为正常运行阻抗的 4 倍，使限制短路电流的作用得到了加强。

2—104 电抗器局部发热时如何处理?

运行人员在巡视电抗器时发现电抗器局部发热现象,应减少电抗器负荷,加强通风。必要时采取临时措施,采用强力风扇,待有机会停电时,再进行处理。

2—105 电抗器的运行问题有哪些?

油浸铁芯式电抗器的结构与变压器相似,其运行问题主要有线圈绝缘对地、匝间及相间绝缘击穿故障,铁芯漏磁引起过热故障、振动噪音大及渗漏油等。

干式空心电抗器的运行故障主要是由于线圈受潮、局部放电电弧、局部过热绝缘烧损等线圈匝间绝缘击穿,以及漏磁造成周围金属构架、接地网、高压柜内接线端子损耗和发热等。

第五节 母线、电缆及绝缘子

2—106 母线的作用是什么?

在发电厂和变电所的各级电压配电装置中,将发电机、变压器与各种电器连接的导线称为母线。母线是各级电压配电装置的中间环节,它的作用是汇集、分配和传送电能。

2—107 母线为什么要着色?

母线着色可以增加辐射能力,有利散热,因此母线着色后,允许负荷电流可提高 12% ~15%。钢母线着色还能防锈蚀。同时,也便于工作人员识别相序或直流极性。一般母线着色标志为:直流正极红色,负极蓝色;交流 A 相黄色,B 相绿色,C 相红色;中性线不接地紫色,接地的中性线黑色。

2—108 母线着色的方法是什么?

(1)涂有色漆。

(2)使用热缩母排管。使用热缩母排管着色,还有绝缘作用,有效避免了相间短路,小动物或导体搭接故障,提高了供电可靠性。

2—109 常用母线有哪几种?

母线分两类:一类为软母线(多股铜绞线或钢芯铝线),应用于电压较高的户外配电装置;另一类为硬母线,按其母线截面形状分为矩形、圆形、槽形等。按其材质分为铜母线、铝母线、钢母线等,多应用于电压较低的户内外配电装置。

2—110 母线运行时接头发热如何判断?

利用变色漆;测温蜡片;测温仪;下雪或下雨时观察接头处是否有雪融化或冒热气现象。

2—111 500kV 悬挂式管形母线有什么优点?

目前母线主要采用软母线、支持式管母线、悬挂式管母线三种型式。悬挂式管形母线与软母线相比,具有电晕起始电压高,无线电干扰小,架构受力小,节约占地等优点;与支持式管母线相比,具有抗地震,抗"微风"振动性能好,在污秽地区容易加强绝缘等优点。经济上,一般工程悬挂式管母与软母线投资相当,比支持式管母节约投资近一半。

2—112 全连式分相封闭母线有哪些优缺点?

(1)可提高供电的可靠性(杜绝了相间短路事故,绝缘子不受环境影响,接地故障机会很少)。

(2)消除了钢构件的严重发热。

(3)大大减小了母线间的电动力,并改善了其它电气设备的工作条件。

(4)运行安全、维护方便、日常维护工作量少。

(5)散热条件差,有色金属耗量大,以及外壳内的电能损耗较大。

2—113 发电机分相封闭母线为什么采用微正压装置?

微正压装置可提供可靠的干燥气体,防止封闭母线壳外灰尘、潮气进入外壳内部脏污导体及绝缘子,避免外壳内部产生凝露现象,从而确保母线的绝缘水平不致降低。

2—114 母线与刀闸的温度有何规定?

母线与刀闸及各部接头允许极限温度为70℃;封闭母线的导

体最大温升为 65℃（环境温度 40℃），外壳最大温度为 45℃。

2—115　为什么 6～10kV 配电系统中大都采用矩形母线？

同样截面积的矩形母线比圆形母线的周长大，因而矩形母线的散热面积大。而在同一温度下，矩形母线的散热条件好，同时由于交流电集肤效应的影响，同样截面积的矩形母线比圆形母线的交流电有效电阻要小一些。这样，在同样的截面积和相同的允许发热温度下，矩形截面通过的电流要大些。因此，在 6～10kV 的配电系统中，一般都用矩形母线，而在 35kV 以上的配电装置中，为了防止电晕都采用圆形母线。

2—116　电缆的优缺点有哪些？

电力电缆有许多优点：

（1）供电可靠。不受外界的影响，不会像架空线那样，因雷击、风害、挂冰、风筝和鸟害等造成断线、短路或接地等故障。机械碰撞的机会也较少。

（2）不占地面和空间。一般的电力电缆都是地下敷设，不受路面建筑物的影响，适合城市与工厂使用。

（3）地下敷设，有利人身安全。

（4）不使用电杆，节约木材、钢材、水泥。同时，使城市市容整齐美观，交通方便。

（5）运行维护简单，节省线路维护费用。

由于电力电缆有以上优点，因此得到越来越多的地方使用。不过电力电缆的价格贵，线路分支难，故障点较难发现，不便及时处理事故，电缆接头工艺较复杂。

2—117　电缆的基本结构是怎样的？

电缆的基本结构由线芯、绝缘层和保护层三部分组成。线芯导体要有好的导电性，以减少输电时线路上能量的损失；绝缘层的作用是将线芯导体间及保护层相隔离，因此要求绝缘性能、耐热性能良好；保护层又可分为内护层和外护层两部分，用来保护绝缘层使电缆在运输、储存、敷设和运行中，绝缘层不受外力的损伤和防止水分的浸入，故应有一定的机械强度。在油浸纸绝缘电缆中，保护层还具有防止绝缘油外流的作用。

2—118　电力电缆种类有哪些？

根据电压、用途、绝缘材料、线芯数和结构特点等有以下分类：

（1）按电压的高低可分为高压电缆和低压电缆。

（2）按使用环境可分为：直埋、穿管、河底、矿井、船用、空气中、高海拔、潮热区、大高差等。

（3）按线芯数分为单芯、双芯、三芯和四芯等。

（4）按结构特征可分为：统包型、分相型、钢管型、扁平型、自容型等。

（5）按绝缘材料可分为：油浸纸绝缘、塑料绝缘和橡胶绝缘以及近期发展起来的交联聚乙烯绝缘等。此外，还有正在发展的低温电缆和超导电缆。

2—119　电缆线路的允许运行方式是怎样的？

（1）电缆的绝缘电阻不应小于允许最低值。

（2）正常运行中电缆线路的工作电压不应超过其额定电压的15%。

（3）正常运行中，6kV及以下的电缆的最高允许温度为65℃。

（4）电缆不得长期过负荷运行，短时过负荷应在允许时间段内，否则会引起电缆故障。

2—120　低压四芯电缆的中性线起什么作用？

当低压电网采用三相四线制时，四芯电缆的中性线除作为保护接地外，还要通过三相不平衡电流，有时该不平衡电流的数值是比较大的，故中性线的截面积为另外三相线芯每芯截面积的30%～60%。

2—121　为什么摇测电缆线路绝缘时，先要对电缆进行放电？

电缆线路相当于电容器，停电后线路还存在剩余电荷，对地仍有电位差，因此必须充分放电后才可以用手接触，否则有触电危险性。若直接接绝缘电阻表，会损坏绝缘电阻表。

2—122 电力电缆有哪些巡视检查项目？

（1）检查电缆及终端盒有无渗漏油，绝缘胶是否软化溢出。

（2）绝缘子是否清洁完整，是否有裂纹及闪络痕迹，引线接头是否完好不发热。

（3）外露电缆的外皮是否完整，支撑是否牢固。

（4）外皮接地是否良好。

2—123 电缆线路常见的故障有哪些？怎样处理？

电缆线路常见的故障有机械损伤、绝缘损伤、绝缘受潮、绝缘老化变质、过电压、电缆过热故障等。当线路发生上述故障时，应切断故障电缆的电源，寻找故障点，对故障进行检查及分析，然后进行修理和试验，该割除的割除，待故障消除后，方可恢复供电。

2—124 电缆线路着火的处理原则是怎样的？

（1）立即切断电缆电源，通知消防人员。

（2）有自动灭火的地方，自动装置应动作，必要时手动启动；无自动灭火装置时使用二氧化碳灭火器或沙子、石棉被灭火，禁止使用泡沫灭火器或水灭火。

（3）在电缆沟、隧道或室内的灭火人员，必须戴氧气防毒面具、胶皮手套，穿绝缘鞋。

（4）设法隔离火源，防止火蔓延至正常运行的设备，扩大事故。

（5）灭火人员禁止手摸不接地金属，禁止触动电缆托架和移动电缆。

2—125 绝缘子的作用是什么？

绝缘子又名瓷瓶。它被广泛应用于发电厂和变电所的户内外配电装置、变压器、开关电器及输配电线路中，用来支持和固定带电导体，并与地绝缘，或作为带电导体之间的绝缘。因此，要求绝缘子具有足够的机械强度和绝缘性能，并能在恶劣环境（高温、潮湿、多尘埃、污垢等）下安全运行。

2—126　绝缘子有哪些种类?

绝缘子种类繁多, 大致可分为:

（1）按装设地点可分为户内式和户外式两种。户内和户外绝缘子的区别在于户外式具有较多和较大的裙边, 增长了沿面放电距离, 并能在雨天阻断水流, 使绝缘子能在较恶劣环境中可靠工作。在多灰尘和有害气体的地区, 绝缘子应采用特殊结构的防污绝缘子。户内绝缘子表面无裙边。

（2）按用途可分为电站绝缘子、电器绝缘子和线路绝缘子等。电器绝缘子的用途是固定电器的载流部分, 分支柱和套管绝缘子两种。支柱绝缘子用于固定没有封闭外壳的电器的载流部分, 如隔离开关的静、动触头等。套管绝缘子用来使有封闭外壳的电器, 如断路器、变压器等的载流部分引出外壳。

2—127　绝缘子在运行中应巡视检查哪些项目?

瓷质部分是否完整、清洁, 有无裂纹、破损、放电或闪络的现象和痕迹。金具是否有生锈、损坏, 支持绝缘子铁脚螺丝有无松动丢失现象。

2—128　为什么绝缘子运行中会老化损坏?

绝缘子长期处在交变电场的作用下, 致使绝缘性能逐渐降低。当其内部有气隙和杂质时, 绝缘性能下降更快; 在外部应力和内部应力的长期作用下, 造成疲劳损伤; 由于绝缘子的金属、瓷钉及水泥三者膨胀系数不同, 当温度突然变化时, 会使瓷件损坏; 绝缘子制造质量不良, 如瓷质疏松, 瓷件与金属胶合不好, 金属镀锌不好等, 在空气中的水分和污秽气体的作用下, 会降低绝缘子的机械强度及绝缘性能。

2—129　为什么绝缘子表面做成波纹形?

绝缘子表面做成波纹形能起到以下作用:

（1）将绝缘子做成凹凸的波纹形, 延长了爬弧长度, 所以在同样有效的高度下, 增加了电弧的爬弧距离, 而且每一个波纹形又能起到阻断电弧的作用。

（2）在雨天能起到阻止水流的作用, 污水不能直接由绝缘子上部流到下部，形成水柱引起接地短路。

（3）污尘降落到绝缘子上时，凹凸部分使污尘分布不均匀，因此在一定程度上保证了耐压强度。

2—130　如何防止绝缘子的污秽闪络事故?

为了防止绝缘子的污秽闪络事故，一般应采取以下措施：

（1）定期清扫绝缘子。每年在污闪事故多发季节到来之前，必须对绝缘子进行一次普遍清扫。在污秽严重地区，应适当增加清扫次数。

（2）增加爬电距离，提高绝缘水平。如增加污秽地区的绝缘子片数，或采用防尘绝缘子。运行经验表明，在严重污秽地段，采用防尘绝缘子，防污效果较好。

（3）采用防污绝缘子。

（4）加强巡视检查，定期对绝缘子进行测试，及时更换不良的绝缘子。

第六节　熔　断　器

2—131　熔断器的作用是什么?

熔断器是最早被采用的，也是最简单的一种保护电器。它串联在电路中使用。当电路中通过过负荷电流或短路电流时，利用熔体产生的热量使它自身熔断，切断电路，以达到保护的目的。

2—132　熔断器的分类有哪些?

熔断器的种类很多，按电压的高低可分为高压和低压熔断器；按装设地点又可分为户内式和户外式；按结构的不同可分为螺旋式、插片式和管式；按是否有限流作用又可分为限流式和无限流式熔断器等等。目前在电力系统中，使用最为广泛的高压熔断器是跌落式熔断器和限流式熔断器。

2—133　熔断器的安秒特性是怎样的?

熔断器的动作是靠熔体的熔断来实现的，当电流较大时，熔体熔断所需的时间就较短。而电流较小时，熔体熔断所需用的时间就较长，甚至不会熔断。因此对熔体来说，其动作电流和动作时间特性即熔断器的安秒特性，为反时限特性。

2—134 什么叫做熔断器的限流作用？

当流经熔丝的短路电流很大时，熔丝的温度可在电流上升到最大值前达到其熔点，此时被石英砂包围的熔丝立即在全长范围内熔化、蒸发，在狭小的空间中形成很高的压力，迫使金属蒸汽向四周喷溅并深入到石英砂中，使短路电流在达到最大值前被截断，从而引起了过电压。这一过电压作用在熔体熔断后形成的间隙上，使间隙立即击穿形成电弧，电弧燃烧被限制在很小区域中进行，直径很小，再加上石英砂对电弧所起的冷却、去游离作用，使电弧电阻大大增加，限制了短路电流的上升，使短路电流未达到最大值时即被切断，体现出限流熔断器的限流作用。

2—135 为什么动力用的熔断器一般装在隔离开关的负荷侧而不装在电源侧？

如果把熔断器装在刀闸的电源侧，当刀闸拉开时，熔断器没有与电源断开。这时，若要更换或检查熔断器，须带电工作，易出现触电事故。鉴于此项原因，将熔断器装在刀闸的负荷侧。

2—136 熔断器能否作为异步电动机的过载保护？

熔断器不能作为异步电动机的过载保护。为了在电动机启动时不使熔断器熔断，所以选用的熔断器的额定电流要比电动机额定电流大 1.5~2.5 倍，这样即使电动机过负荷 50%，熔断器也不会熔断，但电动机不会到 1 小时就烧坏。所以熔断器只能作为电动机、导线、开关设备的短路保护，而不能起过载保护的作用。只有加装热继电器等设备才能作为电动机的过载保护。

2—137 为什么高压熔断器运行时没有故障也经常熔断？

熔断器保护特性是很不稳定的，因为熔件的熔化时间与熔断器触头及熔件本身的状况有很大关系。如果接触不良，氧化严重时，或者连接螺栓拧得不紧则接触电阻都将增大，这不仅使接触系统过热，而且熔件也要过热。熔件过热就可能使它在通过正常电流情况下非选择性熔断。

2—138 熔断器更换时需要注意的事项有哪些？

（1）更换熔断器，应检查熔断器的额定电流后进行。

（2）对可更换熔件的，更换熔件时，应使用相同额定电流、相同保护特性的熔件，以免引起非选择性熔断，且熔件的额定电流应小于熔管的额定电流。更换熔件时不应任意采用自制的熔件。

（3）对快速一次性熔断器，更换时必须采用同一型号的熔断器。

（4）熔件更换时不得拉、砸、扭折，应进行必要的打磨，检查接触面要严密，连接牢固，以免影响熔断器的选择性。

2—139 带电手动取下或投入三相排列的动力熔断器应按什么顺序操作？

为避免操作时造成相间弧光短路，取下的时候是先中间后两边，投入的时候是先两边后中间。

2—140 熔断器正常巡视检查内容有哪些？

（1）检查熔断器和熔体的额定值与被保护设备是否相配合。

（2）检查熔断器外观有无损伤、变形，瓷绝缘部分有无闪烁放电痕迹。

（3）检查熔断器各接触点是否完好，接触紧密，有无过热现象。

（4）熔断器的熔断信号指示器是否正常。

第七节　低压开关

2—141 低压开关的作用及常用类型有哪些？

低压开关是用来接通或断开 1000V 以下交流和直流电路的开关电器。一般是在空气中拉长电弧或利用灭弧栅将长电弧分为短电弧。常用的低压开关有闸刀开关、接触器、磁力灭弧器和自动空气开关。

2—142 闸刀开关的作用是什么？

闸刀开关是最简单的一种低压开关，用作隔离电源，以确保电路和设备维修的安全；不频繁地接通和分断容量不大的负载。主要应用在不经常操作的交、直流低压电路中，为了能在短路或过负荷时自动切断电路，闸刀开关必须与熔断器配合使用。

2—143 闸刀类型分类有哪些？

（1）按极数分为：单极、双极和三极。

（2）按灭弧结构可分为：带灭弧罩和不带灭弧罩。

（3）按操作方式可分为：直接手柄操作和用杠杆操作。

2—144 接触器的作用是什么？

接触器是用来近距离接通或断开电路中负荷电流的低压开关，广泛用于频繁启动及控制电动机的电路，但不能切断短路电流和过负荷电流。接触器可分为交流接触器和直流接触器。

2—145 交流接触器短路环的作用是什么？

短路环是嵌装在铁芯某一端的铜环，由于交流电磁铁通入交流电，磁场交变，产生的吸力是脉动的，这会引起衔铁振动。加入短路环后，由于在短路环中产生的感应电流，阻碍了穿过它的磁通变化，使磁极的两部分磁通之间出现相位差，因而两部分磁通所产生的吸力不会同时过零，即一部分磁通产生的瞬时力为零时，另一部分磁通产生的瞬时力不会是零，其合力始终不会出现零值，这样就可减少振动及噪声。

2—146 自动空气开关的作用是什么？

自动空气开关是低压开关中性能最完善的开关，它不仅可以切断电路的负荷电流，而且可以断开短路电流，常用在低压大功率电路中作主要控制电器，如低压配电中变电所的总开关，大负荷电路和大功率电动机的控制等。当电路内发生过负荷、短路、电压降低或失压时，自动开关都能自动地切断电路，但不适用于频繁操作的电路。分为开启式（框架式或万能式）和装置式（塑料壳式）两种。

2—147 施耐德 MT 框操作架式断路器操作的要点有哪些？

（1）开关移入、出仓位使用摇手柄。

（2）将脱扣杆推入，打开横移窗口并插入摇手柄。

（3）顺时针方向旋转摇手柄，开关可以移入试验位置或运行位置。

（4）逆时针方向旋转摇手柄，开关可以移到试验位置或检修位置。

（5）在开关移入、移出时，如联锁装置杆不与机壳的位置孔啮合，开关将处于"脱扣"位置而不能合闸。

（6）400 V 抽屉式开关，虽有可靠的机械闭锁装置，但停送电操作开关之前，必须检查开关在分闸位置。

2—148 MNS 柜 8E/4、8E/2 抽屉式开关机械连锁操作手柄有几个不同的位置？

（1）"工作位置"：抽屉锁定，主开关闭锁解除，可以进行分合闸操作，开关合闸后，机械联锁操作手柄锁定。

（2）"试验位置"：主开关分闸，二次回路接通。

（3）"进出位置"：主开关和控制回路断开，抽屉可以插入和抽出。

（4）"检修位置"：抽出一定距离后，抽屉锁定在该位置，一二次触头均断开。

2—149 简述交流接触器的基本结构和工作原理是什么？

由触头系统、电磁系统和灭弧系统三部分组成。当吸引线圈两端加上额定电压时，动、静铁芯间产生大于反作用弹簧弹力的电磁吸力，动、静铁芯吸合，带动动铁芯上的触头动作，即常闭触头断开，常开触头闭合；当吸引线圈端电压消失后，电磁吸力消失，触头在反弹力作用下恢复常态。

2—150 交流接触器频繁操作时为什么过热？

交流接触器启动时，由于铁芯和衔铁之间的空隙大，电抗小，可以通过线圈的激磁电流很大，往往大于工作电流的十几倍。如频繁启动，使激磁线圈通过很大的启动电流，因而引起线圈产生过热现象，严重时会将线圈烧毁。

2—151　自动空气开关有哪些脱扣装置？各起什么作用？

空气开关的脱扣机构包括：

（1）过电流脱扣器。当线路发生短路或严重过载时，电磁脱扣器的电磁吸力增大，将衔铁吸合，向上撞击杠杆，使上下搭钩脱离，实现自动跳闸，达到切断电源的目的。

（2）失压脱扣器。用于电动机的失压保护。

（3）热脱扣器。当电路过载时，过载电流流过发热元件，双金属片受热弯曲，撞击杠杆，搭钩分离，主触头断开，起过载保护作用。

（4）分励脱扣器。当需要断开电路时按下跳闸按钮，分离电磁铁线圈通入电流，产生电磁吸力吸合衔铁，使开关跳闸。

2—152　运行中的空气开关巡视检查项目有哪些？

（1）负荷电流是否超过额定值。

（2）接触点和连接处有无过热现象。

（3）分、合闸状态是否与辅助接点所串接的指示信号相符合。

（4）检查框架式断路器储能机构正常，无异常声响。

（5）检查脱扣器工作状态，如整定值指示位置是否变动，电磁铁表面及间隙是否清洁正常，弹簧的外观有无锈蚀，线圈有无过热现象及异常声响等。

（6）检查灭弧罩的工作位置未移位或脱落，外观完整，有无电弧痕迹。

（7）检查保护整定值是否与实际相符。

2—153　低压开关灭弧罩受潮有何危害？为什么？

受潮会使低压开关绝缘性能降低，使触头严重烧损，损坏整个开关。因为灭弧罩是用来熄灭电弧的重要部件，灭弧罩一般用石棉水泥、耐弧塑料、陶土或玻璃丝布板等材料制成，这些材料制成的灭弧罩如果受潮严重，不但影响绝缘性能，而且使灭弧作用大大降低。在电弧的高温作用下，灭弧罩里的水分被汽化，造成灭弧罩上部的压力增大，电弧不容易进入灭弧罩，燃烧时间加长，使触头严重烧坏，以致整个开关报废不能再用。

2—154　什么是继电器，分类有哪些？

继电器是根据某种输入信号的变化，接通或断开控制电路，实现自动控制和保护电力装置的自动电器。继电器的种类很多，按输入信号的性质分为：电压继电器、电流继电器、时间继电器、温度继电器、速度继电器、压力继电器等；按工作原理可分为：电磁式继电器、感应式继电器、电动式继电器、热继电器和电子式继电器等；按输出形式可分为：有触点和无触点两类，按用途可分为：控制用与保护用继电器等。

2—155　热继电器的动作原理是什么？

热继电器是电流通过发热元件产生热量，使检测元件受热弯曲而推动机构动作的一种继电器。热继电器的感测元件，一般采用双金属片。所谓双金属片，就是将两种线膨胀系数不同的金属片以机械辗压方式使之形成一体。膨胀系数大的称为主动层，膨胀系数小的称为被动层。双金属片受热后产生线膨胀，由于两层金属的线膨胀系数不同，且两层金属又紧密地贴合在一起。因此，使得双金属片向被动层一侧弯曲，由双金属片弯曲产生的机械力便带动触点动作，起到防止过载的作用。

第三章　变电运行技术

第一节　电力系统和变电站运行

3—1　什么叫系统枢纽变电站、开关站、地区枢纽变电站、终端变电站？

变电站是变换、补偿和调整电压，集中和分配电能，控制电能流向的电网组成部分。变电站通过输电线路相连构成电力网，电网、发电厂和配电网构成电力系统。按变电站在电力系统中的地位和作用不同，变电站主要分为四类：

（1）系统枢纽变电站：在系统中处于枢纽地位，汇集多个大电源和大容量联络线，电压等级高，变电容量大，出线回路数多的变电站。

（2）开关站：将长距离输电线路分段，降低工频过电压，提高系统稳定性，提高供电能力和电能质量而设的变电站。

（3）地区枢纽变电站：区域电网中处于枢纽地位的变电站。

（4）终端变电站：处于电网靠近负荷，为负荷供电的变电站，接线形式简单，电压等级较低。

3—2　为什么不同的变电站采用不同的电气主接线？主接线运行方式安排的原则是什么？

在系统总体接线方式下，各发电厂、变电站及用户的电气设备都有自己的连接方式，称为电气主接线。由于不同的变电站在电网中所处的地位、作用不同，可靠性要求不同，所采用的电气主接线方式也不一样。枢纽变电站一般采用可靠性高，运行方式灵活的主接线形式（如3/2接线、双母接线等），终端变电站则可采用形式相对简单的主接线（如单母、单母分段、内桥、外桥接线）。

所谓运行方式，系指电气主接线中各电气元件实际所处的工作状态（运行、备用、检修）及其相连接的方式。安排电气主接线的运行方式时应遵守以下原则：①合理安排电源和负荷。②满足变压器中性点接地要求。③站用电安全可靠。④运行方式便于记忆。

3—3　为什么不同电压等级的电网采用不同的中性点接地方式？

中性点直接接地系统在发生单相接地故障时，接地短路电流很大，称为大电流接地系统。采用中性点不接地或经消弧线圈接地的系统发生单相接地故障时，接地电流只有线路和母线对地的容性电流，电流很小，不影响对负荷的正常供电，称为小电流接地系统。大电流接地系统在系统出现过电压时，其幅值大大低于小电流接地系统，出于经济性和安全性的考虑，在电压等级较高的电网（110kV 及以上）中，采用中性点直接接地方式，在电压等级较低的电网（35kV 及以下）中通常采用不接地或经消弧线圈接地方式。

3—4　大电流接地系统中，变压器中性点接地方式安排的原则是什么？

变压器中性点接地方式的安排应兼顾电气设备的安全和零序保护的灵敏性要求。即在保证系统安全性的前提下（中性点接地系统），尽量保持变电站零序阻抗基本不变。遇到运行方式变化（如变压器检修）致使零序阻抗有较大变化时，应按上述原则进行调整。

3—5　一个变电站的一次系统中应装设几组电压互感器？

在单母、双母接线的变电站中，电压互感器是按母线组数设置的，即每一组主母线装设一组互感器，接在同一母线所有元件的测量仪表、继电保护和自动装置，都是由同一组电压互感器的二次侧取得电压。在 3/2 接线或环形接线的变电站中，在馈线及母线上均装设电压互感器。

3—6　为什么 110kV 及以上电压互感器的二次侧装设快速电磁开关，而不装设熔断器？

当电压互感器二次回路短路时，距离保护由于电压降低要动作，且动作较快，而熔断器熔断时间较长，断线闭锁装置须等熔丝熔断后才动作，不能可靠地起闭锁作用。改用快速电磁开关后，电压互感器二次短路时，能保证快速跳开，使断线闭锁装置迅速闭锁保护。快速电磁开关在跳开的同时，切断距离保护的出口回路，防止距离保护误动作。

3—7 综合自动化变电站与常规变电站有何不同？

变电站综合自动化系统是将变电站的二次设备（包括控制、信号、测量、保护、自动装置、远动等）利用计算机技术、现代通信技术，通过功能组合和优化设计，对变电站执行自动监视、测量、控制和调整的一种综合性的自动化系统。与传统常规变电站相比具有监控、保护等功能一体化、操作及监视微机化、结构分层分布化、通讯网络光纤化，运行管理智能化的特点。

第二节　电气设备运行和维护

3—8 变电站的运行监视方式有哪些？

变电站运行监视根据变电站控制方式不同采用的方式也不同。对于常规变电站，运行人员通过控制盘表计、光字牌和信号灯进行监视。综合自动化变电站通过监控系统计算机画面、综合自动化报警进行监视。对无人值班变电站，则通过集控站、监控中心进行远方监视和控制。综合自动化变电站具有完善的遥控、遥信、遥测和遥调功能，既可在变电站通过后台机监控，也可远方监控中心集中监控，使得监控自动化水平大大提高。

3—9 变电站的运行监控内容是什么？

变电站运行监视内容是监视变电站一次接线及运行方式、电气一次设备、二次回路、保护装置、通信、自动化系统、直流系统、站用电系统等设备运行状态和运行参数。重点监视变电站主接线、母线电压、变压器负荷和温度、线路电流和功率潮流，以及各系统设备是否处于正常运行状态。

3—10　变电站的运行维护工作有哪些？

变电站运行维护工作主要包括设备的定期清扫、检查和更换、带电测温，安全工器具的检查和修正，蓄电池日常检测，小动物防范，充油设备更换矽胶，故障录波器的检查、读取和报送，以及其它辅助设备的维护工作等。

3—11　电气设备巡视检查分几种？要求是什么？

电气设备巡视分日常巡视、定期巡视和特殊巡视三种。日常巡视每天三次，即交接班巡视、负荷高峰巡视和夜间闭灯巡视。定期巡视是对设备进行完整的巡视检查，按规定的时间和要求进行。特殊巡视是根据实际情况增加的巡视，是有针对性的巡视。

3—12　传统的设备巡视方法有何优缺点？

传统的巡视方法主要是通过运行人员的看、听、嗅、摸来分析和判断设备的运行情况。目测检查设备外观，判断设备是否破裂、断线、变形、连接松动、漏水、漏油、污秽、腐蚀、磨损、变色、冒烟、接头发热、放电火花、杂物及一些明显异常情况。用耳听方法可以判断设备运行声音是否正常。鼻嗅法可以发现设备过热的异常气味。触试法可以检查设备过热情况。传统巡视法充分发挥了人的主观能动性，但只能观察事物的表面。随着先进的监测手段（如红外监测、测温仪表等）的大量应用，将取代人力，成为设备监测的主要手段。

3—13　变电站防误闭锁装置有哪些方式？各有何特点？

变电站防误闭锁装置主要分为三类，即机械闭锁、电气闭锁和微机防误闭锁。机械闭锁是利用机械联动部件来实现互相闭锁的功能，如接地刀闸与隔离刀闸之间的机械闭锁。机械闭锁具有结构简单、可靠、操作方便的特点。电气闭锁装置是利用一次设备（如断路器、隔离刀闸、接地刀闸等）的位置辅助触点组成电气闭锁逻辑控制回路，接入需要闭锁的设备的控制回路中。电气闭锁回路设计较为复杂。微机防误闭锁装置通过微机智能判断操作的顺序正误，对整个操作过程实施防误，功能强大，现广泛使用在电力系统中。

3—14 变电运行中的"两票三制"内容是什么？

两票是指倒闸操作票和电气工作票。操作票是操作人员对电气设备进行操作的书面依据。工作票是在电气设备上工作，保证安全的重要组织措施。三制是指交接班制度、巡回检查制度和设备定期试验轮换制度。

3—15 三绕组变压器停一侧，其它侧能否继续运行？应注意什么？

三绕组变压器任何一侧停止运行，其它两侧均可继续运行，但应注意：

（1）若低压侧为三角形接线，停止运行后应投入避雷器。

（2）高压侧停止运行，中性点接地刀闸必须投入。

（3）应根据运行方式考虑继电保护的运行方式和整定值。

此外，还应注意容量比，在运行中监视负荷情况。

3—16 互感器的哪些部位必须有良好的接地？

互感器的下列部位必须有良好的接地：

（1）分级绝缘的电磁式电压互感器一次绕组的接地引出端子、电容式电压互感器，应按制造厂的规定执行。

（2）电容式电压互感器的一次绕组末屏引出端子，铁芯引出接地端子。

（3）互感器的外壳。

（4）备用的电流互感器二次绕组端子，应短路后接地。

（5）倒装式电流互感器二次绕组的金属导管。

3—17 预防开关设备绝缘闪络、爆炸的措施有哪些？

（1）根据设备现场的污秽程度，采取有针对性的防污措施，防止套管、支持绝缘子和绝缘提升杆闪络爆炸。

（2）断路器断口外绝缘应满足不小于 1.15 倍相对地外绝缘爬电距离的要求，否则应加强清扫工作或采取其它防污闪措施。

（3）新装、大修的 72.5kV 及以上电压等级断路器，绝缘拉杆在安装前必须进行外观检查，不得有开裂、起皱、接头松动和超过允许限度的变形。如发现运行断路器绝缘拉杆受潮，应及时进行处理或更换。应保证末屏接地良好，防止由于接地不良造成套管放电、爆炸。

3—18 互感器存在哪些问题时，应进行更新改造？

（1）电气试验不合格，存在严重缺陷的设备。

（2）防污等级不能满足运行环境要求的设备。

（3）二次绕组容量、个数、精度不能满足运行要求的设备。

（4）运行时间较长（30 年以上）、绝缘严重老化的设备。

3—19 在电力系统无功不足的情况下，为什么不宜采用调整变压器分头的办法来提高电压？

当某一地区的电压由于变压器分头的改变而升高时，该地区所需的无功功率也增大了，这就可能扩大系统的无功缺额，从而导致整个系统的电压水平更加下降，因此不宜采用调整变压器分头的办法来提高电压。

3—20 电力网电能损耗中的理论线损由哪几部分组成？

（1）可变损耗，其大小随着负荷的变动而变化。它与通过电力网各元件中的负荷功率或电流的二次方成正比。包括各级电压的架空输、配电线路和电缆导线的铜损，变压器铜损，调相机、调压器、电抗器、阻波器和消弧线圈等设备的铜损。

（2）固定损耗。它与通过元件的负荷功率的电流无关。而与电力网元件上所加的电压有关。它包括输、配电变压器的铁损、调相机、调压器、电抗器、消弧线圈等设备的铁损，110kV 及以上电压架空输电线路的电晕损耗；电缆电容器的绝缘介质损耗，绝缘子漏电损耗，电流、电压互感器的铁损；用户电能表电压绕组及其它附件的损耗。

3—21 降低线损的具体措施有哪些？

（1）减少变压器的台数。

（2）合理调整运行变压器台数。

（3）调整不合理的线路布局。

（4）提高负荷的功率因数，尽量使无功功率就地平衡。

（5）实行合理的运行调度，及时掌握有功、无功负荷潮流，以做到经济运行。

（6）采取措施减少无功损失。

3—22　电力系统保持稳定运行"三道防线"的内容及其相应的主要措施是什么?

第一道防线：在电网发生单相故障，不采取措施（水电厂可切机）要保持系统稳定。快速切除故障，改善电网结构，优化运行方式。第二道防线：在电网发生三相故障（不重合），可以采取措施，如切机、切负荷、快关汽门、电气制动、快速切除故障等方式。第三道防线：在电网发生多重故障或保护拒动，要确保系统不崩溃。振荡及其它原因的解列，低频、低电压切负荷，自动开机加负荷。

第三节　电气设备倒闸操作

3—23　什么是倒闸操作? 倒闸操作的内容有哪些?

发电厂、变电站的电气设备，常需进行检修、试验，有时还会遇到事故处理，故需改变设备的运行状态和改变系统的运行方式，这些都需通过倒闸操作来完成。一次设备的变更，将设备由一种状态转换到另一种状态的操作称为倒闸操作。倒闸操作有一次设备的操作，也有二次设备的操作。其操作内容如下：

（1）拉开或合上某些断路器（又称开关）和隔离开关（常称刀闸）。

（2）拉开或合上接地开关（拆除或挂上接地线）。

（3）装上或取下某些控制回路、合闸回路、电压互感器回路的熔断器（常称保险）。

（4）投入或停用某些继电保护和自动装置及改变其整定值。

（5）改变变压器或消弧线圈的分接头。

3—24　断路器操作应具备哪些闭锁功能?

（1）断路器操作时，应闭锁自动重合闸。

（2）就地进行操作和远方控制操作要互相闭锁，保证只有一处操作。

（3）根据实时信息，自动实现断路器与隔离开关间的闭锁操作。

（4）无论就地操作或远方操作，都应有防误操作的闭锁措施，即要在收到返校信号后，才执行下一项，必须有对象校核、操作性质校核和命令执行等三步骤，以保证操作正确性。

3—25　在运行中操作隔离刀闸，应注意哪些事项？

（1）隔离刀闸操作前应检查断路器在分闸位置；送电前应检查送电范围内的接地刀闸或接地线已拆除。

（2）手动操作刀闸过程采用慢—快—稳，开始慢是调整操作位置，中间快是能量爆发，最后稳是避免到位时冲击过大，损坏刀闸。拉刀闸在开始时发现有较大放电声音应立即停止，再次验电。

（3）电动操作刀闸（含地刀）时按下分（合）按钮后，及时观察刀闸的动作情况，发现电流声响大，有机械卡涩时，应马上按停止按钮，查明原因，再进行操作，操作前要作好急停准备。

3—26　隔离刀闸可以进行哪些操作？

（1）推/拉电压互感器和避雷器（无雷雨、无故障时）。

（2）推/拉变压器中性接地点（正常运行时）。

（3）推/拉经开关或刀闸闭合的旁路电流（在推/拉经开关闭合的旁路电流时，先将开关操作电源退出）；推拉一个半开关接线方式的母线环流。

（4）推/拉空载短引线或空载母线。一般情况下不进行500kV刀闸推拉短线和母线操作，如需进行此类操作须请示上级部门同意。严禁用刀闸推、拉运行中的500kV线路并联电抗器、空载变压器、空载线路。

3—27　严禁用隔离开关进行操作的项目有哪些？

（1）带负荷分、合操作。

（2）配电线路的停送电操作。

（3）雷电时，拉合避雷器。

（4）系统有接地（中性点不接地系统）或电压互感器内部故障时，拉合电压互感器。

（5）系统有接地时，拉合消弧线圈。

3—28 刀闸允许切断的最大电感电流值和允许切断的最大电容电流值是否一样？为什么？

是不一样的。由于刀闸没有特殊装设灭弧设施，刀闸断流是靠电极距离加大而实现的，故所能切断的电流值是不能建弧的最小电流数。由于电感电流是感性电路中发生的，要切断它，就是切断带有电感的电路。由电工原理得知，电感的磁场能量不能突变，亦即电路中的电弧比其它性质电路（阻性和容性）电弧要难以切断，刀闸若允许切断电容电流 5A，则它只允许切断 2A 的电感电流。

3—29 操作中发生带负荷拉、合隔离开关时如何处理？

（1）带负荷合隔离开关时，即使发现合错，也不准将隔离开关再拉开。因为带负荷拉隔离开关，将造成三相弧光短路事故。

（2）带负荷错拉隔离开关时，在刀片刚离开固定触头时，便发生电弧，这时应立即合上，可以消除电弧，避免事故。但如隔离开关已全部拉开，则不许将误拉隔离开关再合上。

3—30 电气设备停送电操作的顺序是什么？为什么？

电气设备停送电操作的原则顺序是：停电操作时，先停一次设备，后停继电保护。送电操作时，先投继电保护，后操作一次设备。设备停前，先退出相应稳定措施（切机、切负荷等），设备送电后，再按有关规定投入相应稳定措施。

3—31 为什么输电线路停电操作时，断开断路器后要先拉负荷侧隔离刀闸？

输电线路停电时，断路器两侧刀闸拉开的顺序通常有两种说法：一是先拉负荷侧隔离刀闸，再拉电源侧隔离刀闸；另一种说法是先拉线路侧隔离刀闸，再拉母线侧隔离刀闸。两种操作顺序，核心是要考虑万一断路器未断开时，形成带负荷拉刀闸时保护动作的影响范围。如果带负荷拉刀闸发生在靠负荷侧对电网影响最小，就先拉负荷侧刀闸。

3—32 双母线接线中如何进行倒母线操作？

（1）首先必须检查母联回路接通。——这是倒母线的先决条件。

（2）双母线改为单母运行时，先将母差保护的非选择开关合上（或压板加用）。

（3）再将母联开关的控制保险取下；（单母线改为双母运行时，与（2）、（3）相反）——这是倒母线的安全措施。

（4）隔离刀闸倒换一个，均应检查隔离开关辅助接点是否到位。倒换顺序是"先合后拉"。

（5）拉母联开关之前应检查母联开关上电流表指示为零，防止漏倒设备。

3—33 变压器停送电操作时，其中性点为什么一定要接地？

这主要是为了防止过电压损坏被投退变压器而采取的一种措施。

（1）对于一侧有电源的受电变压器，当其断路器非全相断、合时，若其中性点不接地有以下危害：①变压器电源侧中性点对地电压最大可达相电压，这可能损坏变压器绝缘；②变压器的高、低绕组之间有电容，这种电容会造成高压对低压的"传递过电压"；③当变压器高低压绕组之间有电容耦合，低压侧会有电压达到谐振条件时，可能会出现谐振过电压，损坏绝缘。

（2）对于低压侧有电源的送电变压器：①由于低压侧有电源，在并入系统前，变压器高压侧发生单相接地，若中性点未接地，则其中性点对地电压将是相电压，这可能损坏变压器绝缘；②非全相并入系统时，在一相与系统相连时，由于发电机和系统的频率不同，变压器中性点又未接地，该变压器中性点对地电压最高将是二倍相电压，未合相的电压最高可达 2.73 倍相电压，将造成绝缘损坏。

3—34 新设备投产时，母差保护应如何操作？

新投元件，必须接入母差回路。在新元件充电试验时，母差保护只投新元件和与之串带开关的跳闸连接片，母差保护跳其它元件的连接片全部断开。充电完毕后，新元件带负荷前，断开母差保护的所有跳闸连接片，然后利用负荷电流侧量母差保护相位，确认相位正确之后，母差保护方可投入运行。

3—35 防误装置应实现哪"五防"功能？

（1）防止误分、误合开关。

（2）防止带负荷拉、合隔离刀闸。

（3）防止带电挂（合）接地线（接地刀闸）。

（4）防止带接地线（接地刀闸）合开关（隔离刀闸）。

（5）防止误入带电间隔。

第四节 电气设备异常及事故处理

3—36 什么是设备缺陷，什么是事故？

运行（或备用）电气设备，因自身或相关功能而影响系统正常运行的异常现象称为设备缺陷。按其对运行影响的程度分为紧急、重大和一般缺陷三类。事故是指电力系统运行中因故引起电气设备停运，电网运行异常或电气设备损坏及人身伤害等统称为事故。

3—37 如何发现设备缺陷？

（1）运行人员在巡视设备中认真检查设备，及时、准确发现设备缺陷。

（2）在进行倒闸操作过程中发现设备存在的缺陷。

（3）值班人员在监视设备运行过程中，通过各种监视发现设备缺陷。

（4）从设备定期修试校和日常测试过程中发现设备缺陷。

（5）从定期安全大检查及设备评级过程中检查出设备缺陷。

（6）各级领导、技术人员进行监督性检查和巡视中发现缺陷。

（7）在新建、扩建、改建的施工、验收中发现设备施工、质量隐患和遗留的问题。

3—38 变压器有哪些常见缺陷?

变压器常见缺陷主要包括铁芯、线圈、分接开关、引线套管、油及绝缘、密封、冷却系统、二次回路保护缺陷，主要体现在声音异常、温度异常、油系统异常、调压装置异常等。较典型缺陷有正常运行时变压器温度急剧上升，油位指示高或低，内部放电和爆炸等异常声音，冒烟着火，瓦斯报警，油化试验不合格及喷油等。

3—39 互感器有哪些常见缺陷?

互感器常见缺陷有电流互感器二次开路，电压互感器二次短路，互感器进水受潮，电晕放电，互感器串联铁磁谐振，引线接头发热或脱落，内部放电声，试验项目不合格等。

3—40 发生全站失压事故主要原因有哪些?

（1）单电源进线变电站，电源进线线路故障，线路对侧（电源侧）跳闸。电源中断或本站设备故障，电源进线对侧（电源侧）跳闸。

（2）本站高压侧母线及其分路故障，越级使各电源进线跳闸。

（3）系统发生事故，造成全站失压。

（4）严重的雷击事故及外力破坏。

3—41 直流电源消失后应如何处理?

运行值班员对直流电源消失，应根据灯光、音响提示信号立即进行处理，步骤如下：

（1）查明直流电源消失原因。

（2）若在运行中突然送上直流电源不会发生不正确动作的装置，应立即重新送上直流电源；若突然送上直流电源会引起装置不正确动作而误跳闸，应先取得调度同意后，停用该装置后再送直流电源，装置工作正常后再投入该装置。

（3）若重新送上直流电源后又立即跳闸（直流快速小开关），应立即通知继电保护人员协助处理。

3—42　电力系统振荡和短路的区别是什么？

（1）振荡时系统各点电压和电流值均作往复性摆动，而短路时电流、电压值是突变的。此外，振荡时电流、电压值的变化速度较慢。而短路时电流、电压值突然变化量很大。

（2）振荡时系统任何一点电流与电压之间的相位角都随功角 δ 的变化而改变；而短路时，电流与电压之间的相位角是基本不变的。

第四章　电力系统继电保护

第一节　继电保护基础

4—1　什么是电力系统继电保护？其任务是什么？对其有哪些基本要求？

电力系统继电保护是反应电力系统故障及不正常工作状态的一种自动装置。它的任务是：当电力系统出现故障时，将故障元件（设备）从电力系统切除，保证无故障部分继续运行；当电力系统出现不正常工作状态时，发出信号，运行人员根据信号及时处理，防止发展成故障。对继电保护的基本要求是：可靠性，选择性，灵敏性和快速性。可靠性指的是：当电力系统出现故障或不正常状态时，继电保护应可靠地动作；当电力系统正常运行时，继电保护应可靠地不动作。选择性指的是：电力系统中的哪个元件（设备）出现故障，继电保护应仅将故障元件（设备）切除，保证无故障部分的正常运行。灵敏性指的是继电保护反应故障的能力，对不同的保护装置的灵敏度有不同的要求。快速性指的是：保护装置切除故障的速度，原则上讲，继电保护切除故障的时间越快越好，国产继电保护的动作速度最快的可达 4ms。

4-2　电力系统继电保护的发展概况如何？

继电保护是一门新学科，从形成继电保护的概念到今天也只不过近百年。但继电保护技术确在飞速发展，从初期的电磁型电流保护发展到今天的微机保护，经历了四代的更新。与其它技术不同的是新技术不能完全取代"老"技术，电力系统中运行的保护装置可以说是"四世同堂"。形成这一特点的原因可用表 4-1 来说明。

表 4-1　　　　　　　不同类型的继电保护装置性能比较

保护类型	优　点	缺点及存在的问题
电磁型	简单，可靠，价廉，技术成熟，耐浪涌性强	动作速度慢，不易实现复杂的保护
晶体管型	动作速度快，可以实现较为复杂原理的保护，比较经济，易于掌握	抗干扰能力差，电子元件多，焊接点及接插件多，易发生特性变化和元件损坏及制造不良等造成保护拒动和误动作
集成电路型	动作速度快，较可靠，易实现复杂原理的保护，线性特性好，调试比较方便，设有自检功能	元器件较多，接线复杂，技术跨度较大，运行、维护人员不太容易掌握，价格高，抗干扰能力较差
微机型	动作速度快，易实现复杂原理的保护，有很好的附加功能（打印、记忆、测距等），调试方便，自检完善	技术跨度大，运行、维护人员不太容易掌握，保护的实现主要由软件完成，厂家对软件保密，用户检修难度大

4-3　什么叫主保护、后备保护和辅助保护？

根据保护对被保护元件所起的作用，继电保护可分为主保护、后备保护和辅助保护。

主保护是指满足系统稳定及设备安全要求，有选择地快速切除被保护设备和全线路故障的保护。例如线路的高频保护、三段保护中的第 1 段保护，变压器的纵差保护等。

后备保护指的是主保护或断路器拒动时，用以切除故障的保护。后备保护可分为远后备和近后备两种方式。近后备指的是当被保护元件的主保护拒绝动作时，由本元件的同一安装处的另一套保护实现后备作用；当断路器拒绝动作时，由断路器失灵保护作后备。远后备指的是上级被保护元件的保护作下级元件的后备，当下级元件的保护或断路器拒动时，上级元件的后备保护切除故障。

辅助保护是为补充主保护和后备保护的不足而增设的简单保护。

4—4　什么是继电特性?

继电保护装置是由继电器组合而成的。继电器的功能可理解为一种自动化的开关。当用来表征外界现象的输入量（即控制量）达到某一定值时，其输出量中的被控量发生预定的阶跃变化（突变），这种特性称为继电特性。

4—5　试简述数字式比相回路中积分比相回路的工作原理是什么?

设被比较的两个量分别为 $\dot{U}_1$ 和 $\dot{U}_2$，如图 4-1 所示。比较式为

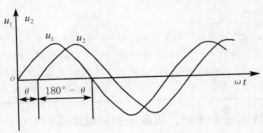

图 4-1　积分比相波形分析

$$-90° \leqslant \arg \frac{\dot{U}_1}{\dot{U}_2} \leqslant 90°$$

当 u_1 与 u_2 的夹角小于 $90°$ 时，它们同时为正或为负的时间就大于 5ms，数字式比相回路如图 4-2 所示。

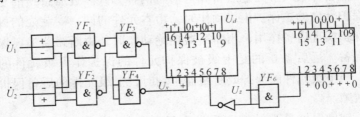

图 4-2　数字式比相回路接线回路

98

图中：40103 为 8 位二进制减法计数器，第一片作比较电路用，第 9 脚受时钟脉冲 U_d 控制，工频每半周输入负脉冲信号，非同步强制将预置数据输入计数器，从新减法计数。即每半周比相一次。第二片作展宽电路用。

$\dot{U}_1$ 与 $\dot{U}_2$ 先形成方波。当 $\dot{U}_1$、$\dot{U}_2$ 反极性时，YF_4 输出为"0"态，允许计数器计数。U_x 是 16kHz/s 时钟脉冲。80 个脉冲对应 5ms，即计数到 80 个脉冲时开放保护。因此，动作条件为

$$-90° \leqslant \arg \frac{\dot{U}_1}{\dot{U}_2} \leqslant 90°$$

第二节　输电线路的阶段式保护

4—6　什么是输电线路的三段式保护？

为满足保护的选择性，不带时限的反应线路一侧电气量的保护不能保护线路的全长，只能保护线路首端的一部分，称此保护为第Ⅰ段保护。作为第Ⅰ段保护的补充，设置带短延时的保护，保护线路的全长，称此保护为第Ⅱ段。作为第Ⅰ、Ⅱ段保护后备的长延时保护称为第Ⅲ段保护。Ⅰ、Ⅱ、Ⅲ段保护的全称为三段式保护。

4—7　三段式保护有哪几种类型？它们的主要差别何在？

有电流三段、方向电流三段、零序电流三段和阻抗三段等四种三段式保护。

电流三段保护是反应被保护线路故障电流增加而动作的保护；方向电流三段保护除完成电流三段保护的任务外，还能判别故障电流的方向，因此可用在两侧都有电源或单电源环网的线路上；零序电流三段保护主要反应故障时零序电流的增加而动作，不能反应对称故障和两相金属短路故障，零序三段保护的灵敏度一般比较高，因此零序三段电流保护广泛应用于中性点直接接地系统的线路上；阻抗三段保护反应被保护线路故障时测量阻抗的

降低而动作，由于故障点到保护安装处的阻抗基本上为常数，故阻抗保护受系统运行方式的影响小，阻抗保护广泛应用于高压、超高压电力线路上。

4—8 什么是继电保护的最大、最小运行方式？

电力系统运行方式的变化，直接影响继电保护的性能。因此，在对继电保护进行整定计算时，首先要分析运行方式。继电保护所指的最大运行方式是指电网在某种连接情况下通过保护的电流值最大；继电保护所指的最小运行方式是指电网在某种连接情况下通过保护的电流最小。因此，系统的最大运行方式不一定就是继电保护的最大运行方式；系统的最小运行方式也不一定就是继电保护的最小运行方式。

在图 4-3 中，系统的最大运行方式为全部设备全部投入运行。对 1QF 的继电保护，最大运行方式： L_2 停，其余全投；最小运行方式： 停一组容量大的发变组，其余全投。由此可见，系统的最大、最小运行方式不一定就是继电保护定值整定时的最大、最小运行方式。

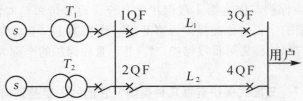

图 4-3 继电保护最大、最小运行方式说明图

4—9 系数 *Krel*、*Kre*、*Kast*、*Ksen*、*Kcon* 等各表示什么意义？在整定计算中起什么作用？

Krel 为可靠系数，在后备保护中考虑可靠系数是为满足保护的可靠性；在其它保护中考虑可靠系数主要是为满足选择性。

Kre 为返回系数，计算中引入返回系数主要是考虑当下级故障时，应由下级的保护动作切除故障，故障切除后，上级的保护能可靠地返回。

$Kast$ 为电动机自启动系数，计算中引入 $Kast$ 是防止电动机自启动时保护误动作。

$Ksen$ 为灵敏系数，用来衡量保护反应故障的能力。

$Kcon$ 为接线系数，$Kcon$ 为流过保护的电流与互感器二次电流之比，考虑 $Kcon$ 主要是为真实反应出通过保护的电流，防止保护误动作。

4—10　满足继电保护选择性的方法有哪几种？结合方向过流保护说明其是如何满足选择性的？

满足继电保护选择性的方法可归纳为三大类：提高动作值（对反应量增加而动作的保护而言），延长动作时间和相互闭锁。

在方向过电流保护中，方向元件判别电流的方向，当电流从母线流向线路时，方向元件动作；电流从线路流向母线时方向元件不动作。电流元件判别电流的大小，只有发生故障时电流元件才动作。方向元件与电流元件接成"与"门，即只有正方向故障，保护才能动作。时间元件与下级的保护配合，满足串联线路的选择性。

4—11　什么是继电保护的动作区、死区、灵敏角和保护的相继动作区？

继电器的动作区：以某一个电气量为参考相量（如 $\dot{U}_m$），另一个或一些电气量（如 $\dot{I}_m$）在某一区域变化，继电器能动作，该区域就叫继电器的动作区。

继电器的死区：发生故障后，保护本应动作，但被判别的量却很小（如 $\dot{U}_m$），使得保护无法动作，该区域叫继电器的死区。

继电器的灵敏角：使继电器的动作量最大，制动量最小所对应的测量角叫灵敏角（即 $\varphi_m = \varphi_{set} = \varphi_{sen}$）。

保护的相继动作区：在被保护线路上发生故障，本侧保护要等对侧保护动作后，短路电流重新分布，本侧保护才能再动作，叫保护的相继动作。

4—12 何谓90°接线? 相间保护中的功率方向元件采用90°接线有什么优点?

设 $\cos\varphi = 1$,接入继电器的电流 $\dot{I}_m$ 超前 $\dot{U}_m$ 90°,为90°接线。

相间保护中的功率方向元件采用90°接线后,可缩小三相短路时的死区,正方向两相短路保护不会出现死区,可以使继电器工作最灵敏,同时还可防止反方向两相短路时保护的误动。

4—13 零序电气量具有哪些特点? 零序功率方向元件是如何利用这些特点来保证保护动作的选择性的?

零序电气量的特点是:故障点的零序电压最高,离故障点越远,零序电压越低;零序电流是由故障点的零序电压产生的,其大小主要决定于输电线路的零序电抗和中性点接地变压器的零序阻抗,基本与电源的数目无关;零序功率的方向与正序功率的方向相反,实际方向是由线路指向母线;保护安装处的零序电压等于中性点接地点到保护安装处的反向压降,与被保护线路的零序阻抗及故障点的位置基本无关。

根据零序电气量的上述特点,零序功率方向元件的最灵敏角应为 $-90° \sim -110°$(电流超前电压),但实际的零序功率方向元件的最灵敏角为 $70° \sim 85°$,为了满足选择性的要求,接线时必须将 $3\dot{I}_0$(或 $3\dot{U}_0$)反极性接入,一般为 $\dot{I}_{m0} = 3\dot{I}_0$,$\dot{U}_{m0} = -3\dot{U}_0$。

4—14 什么是阻抗继电器的测量阻抗 Z_m、整定阻抗 Z_{set} 和动作阻抗 Z_{act}? 它们之间的关系如何?

接入继电器的测量电压 $\dot{U}_m$ 与 $\dot{I}_m$ 之比,即 $Z_m = \dfrac{\dot{U}_m}{\dot{I}_m}$ 叫测量阻抗。

Z_{set} 是人为规定的值,确定保护的最长范围。Z_{act} 的轨迹是阻抗保护的"边界",对圆特性阻抗保护而言为圆周。当 Z_m 落在圆内时保护动作。Z_m 落在圆外时保护不动作。Z_{act} 的最大绝对值为 Z_{set}。

4—15 分别写出方向阻抗、全阻抗、偏移阻抗元件的绝对值比较方程和相位比较方程式，并绘出方向阻抗元件的动作特性？

方向阻抗特性，绝对值比较方程：$\left| \dfrac{1}{2} Z_{set} \right| \geqslant \left| Z_m - \dfrac{1}{2} Z_{set} \right|$

相位比较方程：$-90° \leqslant \arg \dfrac{Z_{set} - Z_m}{Z_m} \leqslant 90°$

式中：arg 表示取分子超前分母的相角。动作特性见图 4 – 4。

全阻抗特性，绝对值比较方程：$\left| Z_{set} \right| \geqslant \left| Z_m \right|$

相位比较方程：$-90° \leqslant \arg \dfrac{Z_{set} - Z_m}{Z_{set} + Z_m} \leqslant 90°$

偏移阻抗特性，绝对值比较方程：

$$\left| \dfrac{1}{2}\ (1 + \alpha)\ Z_{set} \right| \geqslant \left| Z_m - \dfrac{1}{2}\ (1 - \alpha)\ Z_{set} \right|$$

相位比较方程：$-90° \leqslant \arg \dfrac{Z_{set} - Z_m}{Z_m + \alpha Z_z} \leqslant 90°$。式中 α 为偏移度，指偏移特性继电器反应反向故障的程度，一般取 $\alpha = 10\% \sim 20\%$。

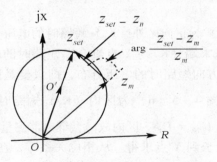

图 4 – 4　圆特性阻抗继电器的动作特性

4—16 何谓阻抗元件的工作电压？试分析工作电压的运行特性是怎样？

绝大多数阻抗继电器是按照故障点的电压边界条件建立其动作判据的。当在保护区末端故障时动作判据处于临界状态。为了

反映此状态，在继电器中要形成或计算出保护区末端的电压，一般称为工作电压 $\dot{U}_{OP}$ ，即

$$\dot{U}_{OP} = \dot{U} - Z_{set}\dot{I}$$

式中：U 为保护安装处的电压；I 为被保护线路流过的电流；Z_{set} 为整定阻抗。

由图 4-5 分析工作电压的运行特性。

$\dot{U}_{OP} = \dot{U} - Z_{set}\dot{I}$ 所描述的工作电压，不仅在正常情况下，而且在振荡、正向区外故障（包括在 Y 点经过渡电阻短路）、反方向故障以及两相运行状态下都成立，唯有在保护区内发生故障时，不再成立。从电路上讲这是因为在母线和保护区末端（Y 点）之间出现了故障支路的缘故，分析如下。

假设系统各元件阻抗角相等，故障相在沿线路各点发生直接短路时，系统各点的电压相位相同。但 $\dot{U}_{OP}$ 的相位可能相反。在不同地点短路时，故障相系统的电压分布如图 4-5 所示。图 4-5 中对接地故障，$\dot{U}$ 为故障相母线对地电压；对相间故障，$\dot{U}$ 为故障相间电压。

图 4-5（b）为正向区外（K_1）短路时的电压分布，图 4-5（c）为在保护区末端（K_2 与 Y 点重合）短路时的电压分布，图 4-5（e）为反方向短路时的电压分布，即只要是区外故障，恒有 $\dot{U}_{OP} = \dot{U}_Y$；图 4-5（d）为区内（K_3）短路时的电压分布，从图中可以看出 $\dot{U}_{OP} \neq \dot{U}_Y$。区内故障，继电器测量到的 $\dot{U}_{OP}$ ，可将电压分布线延长到 Y 点求得。从相位关系看，在区外故障时，$\dot{U}_{OP}$ 的相位不变，而在区内故障时，改变了 180°。绝大多数距离继电器都是反应 $\dot{U}_{OP}$ 的相位变化。为了测量一个交流量的相位，必须以另一个交流量的相位作为参考，后者称为极化量。

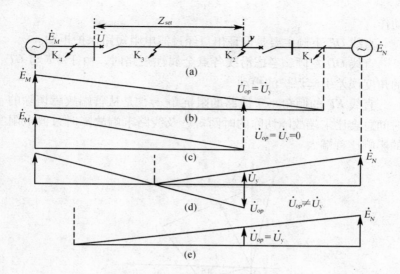

图 4 – 5　工作电压运行特性分析

(a) 一次系统；(b) 正向区外（K_1）短路时的电压分布；

(c) 保护区末端（K_2 与 Y 点重合）短路时的电压分布；

(d) 区内（K_3）短路时的电压分布；

(e) 为反方向短路时的电压分布

4— 17　何谓极化电压 $\dot{U}_{PI}$？对极化电压有哪些基本要求？

消除继电保护中方向元件死区，作为比相式继电器参考向量的电压称为极化量。

对极化电压有如下要求；

(1) $\dot{U}_{PI}$ 与测量 $\dot{U}_m$ 应同相位。

(2) 当 $\dot{U}_m = 0$ 时，$\dot{U}_{PI} \neq 0$。

4—18　试分析实际中的四边形特性的阻抗元件为什么要做成如图 4 – 6 所示的特性？

四边形特性的阻抗继电器抗过渡电阻的能力比圆特性阻抗继电器强。对图 4 – 6 的特性说明如下：

直线 DF 下倾主要是防止下级故障引起上级保护的超范围

动作。

直线 *OE* 下倾主要是保证出口经过渡电阻短路保护拒动。

直线 *OD* 左倾，考虑沿线各点金属性短路时，由于 *PT* 与 *CT* 的角度误差引起保护的拒动。

直线 *EF* 的倾角小于线路的阻抗角 φ_L，是从首端故障切除的时间总会比末端故障切除的时间短，及线路末端故障时过渡电阻的影响比首端大。

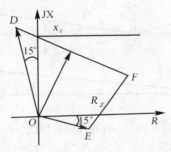

图 4－6　四边形特性阻抗继电器

4—19　消除方向阻抗继电器死区的方法有哪些？

消除方向阻抗继电器死区的方法有：①在继电器的电压回路 TVV 的一次侧并接一 50Hz 谐振的支路，从谐振支路的 *R* 上取出有短时记忆作用的电压来消除死区；②在谐振回路中引入第三相的电压即插入电压来消除死区；③改变继电器的特性，在圆特性继电器中，重合闸之后将方向阻抗圆切换成偏移特性阻抗圆，就可消除重合闸不成功保护第二次动作出现的死区；在微机保护中当测量量小于定值的 $\frac{1}{8}$ 时，迭加一小矩形来消除死区。

4—20　电力系统振荡与短路时的电气量有何区别？系统振荡对距离保护有何影响？怎样克服这种影响？

系统振荡一般是对称的，而短路一般是由不对称引起的，所以振荡时的负序、零序分量很小或为零；而短路瞬间的负序、零序分量很大。系统振荡时的电气量是渐变的；而短路时的电气量

106

是突然变化的。

系统振荡时各点的电压、电流、功率的幅值和相位都将发生周期性的变化。因此，阻抗继电器的测量阻抗 $Z_j = \dfrac{\dot{U}_j}{\dot{I}_j}$ 也要发生变化，当 Z_j 变化的轨迹经过动作区时，阻抗保护就会误动作。

克服的方法有：①利用时间克服。即测量阻抗在动作区内的扫描时间小于保护的动作时间时，保护就不会误动作。所以，第Ⅲ段保护一般不考虑振荡的影响。②判别负序和零序分量的大小。在故障时负序和零序分量很大，开放保护；当测得的负序、零序分量较小时，闭锁保护。③判别电气量的变化率，一般判别 $\dfrac{dU}{dt}$ 或 $\dfrac{dU_{\cos\varphi}}{dt}$。当电气量的变化率超过定值时开放保护，否则不开放保护。

4—21　为什么在距离保护中要装设断线闭锁装置？

距离保护是反映测量阻抗 Z_m 下降而动作的保护。当电压二次回路断线时 $\dot{U}_m = 0$，则 $Z_m = 0$，保护会误动作。为了防止误动作，在距离保护中必须装设电压二次回路断线闭锁装置，及电压二次回路断线时将保护退出运行。

4—22　过渡电阻的物理意义是什么？采用哪些方法可克服过渡电阻对距离保护的影响？

过渡电阻 R_g 是指当相间短路或接地短路时，短路电流从一相流到另一相或从相导线流入大地的途径中所通过的物质电阻，包括电弧电阻、中间植物电阻、导线间及导线与大地的接触电阻等。

克服的方法有：

（1）采用能允许较大的过渡电阻不致拒动的阻抗继电器，如四边形、全阻抗圆特性继电器。

（2）利用故障瞬间过渡电阻较小这一特点，采用瞬时测定装置。

4—23 什么是阻抗继电器的精确工作电流 I_{jg}？为什么要求短路时加于继电器的电流必须大于 I_{jg}？

对应于 $0.9Z_z$ 时继电器的动作电流叫精确工作电流 I_{jg}。若短路时加于继电器的电流小于精确工作电流，则继电器的动作阻抗要下降，保护范围会缩短；当短路电流大于精确工作电流时，可保证保护范围不小于90%的整定范围。

第三节 微机型输电线路保护

4—24 简述工频变化量测量元件的特点是什么？

工频变化量测量元件可利用常规保护中一些行之有效的措施和手段。如：用补偿阻抗法提高电压回路的灵敏度，用模拟阻抗法消除电流回路中的直流分量，用积分比相法提高测量元件的抗干扰能力。工频变化量测量元件具有行波保护的优点，不受系统结构、运行方式、故障类别和测量回路暂态过程的影响，适用面很广。工频变化量测量元件动作速度快，完全能满足系统对继电保护速度的要求。

4—25 简述工频变化量方向元件的工作原理是什么？

工频变化量方向元件的基本原理是：判别工频变化量 ΔU 与 ΔI 的相角大小。故障发生在正方向时，正方向元件动作，开放保护；故障发生在反方向时，反方向元件动作，闭锁保护。图 4—7 为工频变化量方向元件的原理框图。

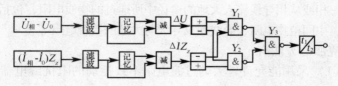

图 4—7 工频变化量方向元件原理框图

首先由带通滤波器滤出输入电压（$\dot{U}_{相}—\dot{U}_0$）和（$\dot{I}_{相}—\dot{I}_0$）Z_z 中的工频分量，其后记忆回路记忆故障以前的电压，与当前电压相减后形成工频变化量 ΔU 和 ΔIZ_z，因此，从电压、电流输入到"减"部分称为工频变化量形成器。工频变化量形成以后，分别由极性形成回路形成极性信号，然后由门电路 Y_1、Y_2、Y_3 得到 ΔU 和 $-\Delta IZ_z$ 的同极性信号，当正向故障时 ΔU 与 $-\Delta IZ_z$ 同极性，测得同极性的时间大于 4ms 时，t_1 开放，经 T_2 展宽（记忆）到 40ms 输出动作信号。

4—26　简述工频变化量阻抗测量元件的工作原理是什么？

工频变化量阻抗测量元件的基本原理是测量工作电压工频变化量的幅值与整定电压比较。动作方程为：$\mid \Delta \dot{U}_{op} \mid \geqslant \mid \dot{U}_{set} \mid$

$$\Delta \dot{U}_{op} = \Delta \dot{U} - \Delta \dot{I} Z_{set}$$

式中　　$\Delta \dot{U}_{op}$——工作电压的工频变化量；

　　　　$\Delta \dot{U}$——保护安装处母线电压的工频变化量；

　　　　$\dot{U}_{set}$——整定电压，取故障前的电压（记忆）；

　　　　$\Delta \dot{I}$——工频变化量电流；

　　　　Z_{set}——整定阻抗。

设网络如图 4-8（a）所示。故障处的电势增量 $\Delta \dot{E}_K$ 与故障前的幅值相同，即 $\mid \Delta \dot{E}_K \mid = U_{set}$，所以动作条件变为：$\mid \Delta \dot{U}_{op} \mid \geqslant \mid \Delta \dot{E}_K \mid$。

只要是正方向保护区内故障，从图 4-8（b）不难看出，能满足动作条件。因为正方向保护区内故障（如 K_1 点）：

$$\Delta \dot{E}_K = -\Delta \dot{I}(Z_s + Z_m)$$

而　　　　$\Delta \dot{U}_{op} = \Delta \dot{U} - \Delta \dot{I} Z_{set} = -\Delta \dot{I}(Z_s + Z_{set})$

区内故障 Z_{set} 总是大于 Z_m 的。

正方向区外故障（如 K_2 点），$Z_m > Z_{set}$，满足不了动作条件，保护有选择地不动作，如图 4-8（c）。

反方向故障（如 K_3 点）：$\Delta \dot{E}_K = \Delta \dot{I}(Z'_s + Z_m)$

而　　　　$\Delta \dot{U}_{op} = \Delta \dot{U} - \Delta \dot{I} Z_{set} = \Delta \dot{I}(Z'_s - Z_{set})$

反方向故障 $Z'_s > Z_{set}$，满足不了动作条件，保护有选择地不动作，如图 4 - 8（d）。

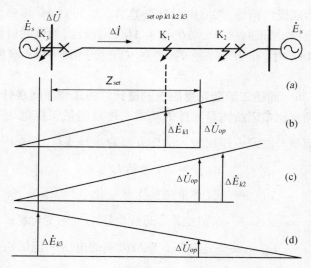

图 4 - 8　工频变化量阻抗原理分析图

（a）系统图；（b）正方向区内故障工频变化量电压分布；
（c）正方向区外故障工频变化量电压分布；
（d）反方向故障工频变化量电压分布图

4—27　简述微机型继电保护的构成原理是什么？

微机型继电保护由硬件和软件两大部分构成。各类微机型继电保护的硬件（CPU 和外围设备）可以通用。不同原理、特性和功能的微机型保护主要取决于软件（程序）。对于传统的继电保护装置，发现某一部件损坏，换一个同样的部件，保护装置就恢复功能；而微机型保护装置若发生装有软件的部件损坏，换一个市场购置的同样部件，保护仍不能恢复功能。

微机保护的硬件原理框图如图 4 - 9 所示。微机保护的输入量仍与传统的保护相同，从电压互感器 TV 和电流互感器 TA 引入二次电压和电流，经变换器 1、2 变为适合于保护所要求的电压，再由输入滤波器 3 滤去直流分量、低次及高次谐波和各种干扰信号后，进入模/数（A/D）转换器（早期的微机型保护产品，为节省 A/D 转换器，往往在 A/D 换器前接入多路器，信号经多路器后再传到共用的 A/D 转换器），变换成数字量，微处理机即对输入的数字量进行运算和判别后，输出信号决定保护是否作用于跳闸。

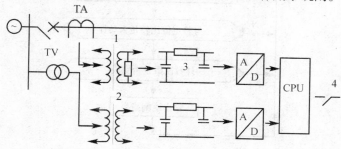

图 4 - 9　微机保护硬件框图

4—28　输入给微处理机的继电保护信号为什么要进行预处理？简述微机保护的工作过程是怎样？

微机型保护的输入量是反映电力系统电量变化的模拟量信号，其中包括各种高次谐波和暂态干扰信号，而保护的功能处理程序是由实时的数字信号来实现的。因此，必须对取自被保护元件的连续模拟量信号，进行必要的处理并将其离散化，最后转换为数字量，输入给微处理机。通常把这一过程称为输入信号的预处理。微机型继电保护的工作过程如图 4 - 10 所示。

4—29　什么是采样与采样定理？采样后为什么要进行采样保持？

采样就是周期性地抽取连续信号。把连续的模拟信号 A 变为数字量 D，首先必须进行采样。每隔时间 ΔT 采样一次，ΔT 为采样周期，$1/\Delta T$ 为采样频率 f_s。连续时间信号的离散化与采样所需要的最低采样频率有一定的关系。为了能根据采样信号完全重现原来的信号，采样频率 f_s 必须大于输入连续信号最高频率的 2 倍，即 $f_s > 2f_{\max}$，这就是对连续信号进行数字处理必须遵守的采

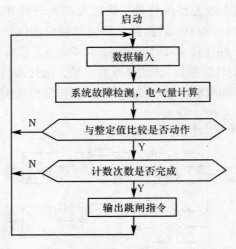

图 4 - 10 微机保护的工作过程图

样定理。目前，微机型保护采用的采样频率约在 240～2000Hz 之间。如国产 WXH(B) -1A 的 $f_s = 50 \times 20 = 1000Hz$ （即工频每周采样 20 次），WXH（B） -11 采用工频周采样 12 次。把在采样时刻上的瞬时幅度完整地记录下来，并按后续电路的需要准确地保持一段时间叫采样保持。若不进行采样保持，则采样信号有可能丢失。

4—30 在微机型继电保护中采用的 A/D 转换器有哪几种类别？哪一种类别的 A/D 转换器使用得最多？

微机型继电保护中采用的 A/D 转换器有：逐次逼近式 ADC、斜坡式 ADC 和电压—频率式 VFC 等几种类别。使用最多的首推 VFC。VFC 转换器的特点是：工作稳定，精度高，同 CPU 的接口简单，调试方便等。VFC 的基本原理：将被转换的电压变换为与之成正比的脉冲频率，然后在固定的时间间隔内对具有此频率的脉冲进行计数。通过变换后，用频率的大小代替电压的高低。

4—31　何谓数字滤波？为什么在微机型继电保护中广泛采用数字滤波？

数字滤波可以理解为一个计算程序或算法，将代表输入信号的数字时间序列转换成为代表输出信号的数字时间序列，并在转换过程中使信号按照预定的形式变化。

数字滤波的精度高，加长字长可以很容易地提高精度。

数字滤波的可靠性高。受环境和温度的影响小。

数字滤波灵活性高。要改变性能只要改变算法或某些系数即可。

数字滤波器便于时分复用。采用一套硬件系统就可完成各个通道的滤波任务。

微机是处理数字的能手，为微机型继电保护采用数字滤波创造了先天条件。因此，在微机型继电保护中广泛使用数字滤波。

4—32　什么是微机型继电保护的算法？

微机型继电保护的算法是保护的数学模型，是微机保护工作原理的数学表达式，也是编制微机保护计算程序的依据。不同的算法可以实现不同的保护功能。

微机保护的算法分基本算法和继电器的算法两类。

基本算法是根据不断变化的离散量，计算出电压和电流的基波幅值及其比值、相位差，以及它们的谐波分量和相序分量等，然后再进行分析、比较、判断，完成各种继电保护功能的计算。

继电器的算法是根据继电器的动作特性拟定的算法，完成继电保护的功能。

4—33　简述微机阻抗保护采用的解微分方程法的算法？

微机阻抗保护算法依据的方程为

$$u(t) = Ri(t) + L\frac{\mathrm{d}i(t)}{\mathrm{d}t} \qquad (4-1)$$

根据测量电压 u 和电流 i 求出电阻 R 和电感 L，就可判定是区内还是区外故障，再决定保护是否动作。但是，方程式(4-1)解出两个未知数是不可能的。为此，可将微分方程近似地用差分替代，利用不同时刻可以写出两个方程：

$$\begin{cases} Ri_{n-1} + Li'_{n-1} = u_{n-1} \\ Ri_n + Li'_n = u_n \end{cases} \qquad (4-2)$$

式中　i_{n-1}、u_{n-1}——t_{n-1} 时刻的电流、电压采样值（见图 4-11）；

　　　i_n、u_n——$t_n = t_{n-1} + \Delta T$ 时刻的采样值。

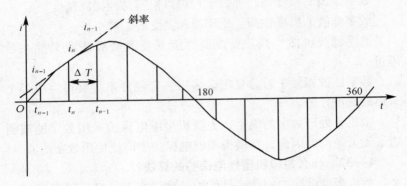

图 4-11　微分算法采样波形图

用差分代微分：

$$\begin{cases} i'_n = \dfrac{i_{n+1} - i_{n-1}}{2\Delta T} \\ i'_{n-1} = \dfrac{i_n - i_{n-2}}{2\Delta T} \end{cases} \qquad (4-3)$$

式中：ΔT 为采样周期。当工频周采样 12 次时 ΔT 为 5/3ms，因此 ΔT 为常数。

将式（4-3）代入式（4-2），可求出 L、R 分别为

$$\begin{cases} L = \dfrac{2\Delta T(i_n u_{n-1} - i_{n-1} u_n)}{i_n(i_n - i_{n-2}) - i_{n-1}(i_{n+1} - i_{n-1})} \\ R = \dfrac{2\Delta T[u_n(i_n - i_{n-2}) - u_{n-1}(i_{n+1} - i_{n-1})]}{i_n(i_n - i_{n-2}) - i_{n-1}(i_{n+1} - i_{n-1})} \end{cases} \qquad (4-4)$$

判别动作条件：$\begin{cases} \omega L < X_s \\ R < R_s \end{cases} \qquad (4-5)$

式中 ω ——工频角频率;

X_s、R_s——分别为整定电抗和整定电阻。

若动作条件满足,保护动作。上述计算中采用于 4 个采样值,4 个采样值对应 $3\Delta T$,$3\Delta T$ 对应工频 $90°$,即计算一次需 5ms,速度是很快的。

4—34 试述微机保护中如何获得负序分量?

以负序电流为例: $i_2 = \dfrac{1}{3}(\dot{I}_A + a^2\dot{I}_B + a\dot{I}_C)$

$$a = e^{j120°} = -\frac{1}{2} + j\frac{\sqrt{3}}{2}$$

$$a^2 = e^{j240°} = e^{-j120°} = -\frac{1}{2} - j\frac{\sqrt{3}}{2}$$

微机保护中负序分量由算法决定:

$$i_2(K) = \frac{1}{2}i_A(K) - \frac{1}{2}i_0(K) + \frac{1}{2\sqrt{3}}[i_B(K - \frac{N}{4}) - i_c(K - \frac{N}{4})]$$

式中 K——当前采样点;

N——工频周采样次数,$N = 20$;

i_o——表示零序分量,取自中性线上的 TA 二次侧。

4—35 何谓微机保护中的控制字 SW? 如何正确选择 SW?

微机型继电保护中的控制字 SW,相当于传统保护中的方式开关及功能连接片的集合。在传统的继电保护中如要投入瞬时加速第Ⅲ段保护这一功能,必须将对应的连接片接上,否则无法实现加速功能。而微机型继电保护中是由选择控制字 SW 来完成的。下面以 WXB(H) – 11 型微机保护中的距离保护为例,来说明 SW 的选择。

在 WXB(H) – 11 型中,距离保护设有一个 16 位控制字($D_{15} \sim D_0$) SW,各位的功用如图 4 – 12 所示。

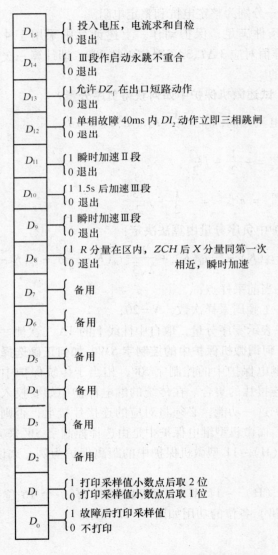

D_{15}	1 投入电压，电流求和自检
	0 退出
D_{14}	1 Ⅲ段作启动永跳不重合
	0 退出
D_{13}	1 允许 DZ_1 在出口短路动作
	0 退出
D_{12}	1 单相故障 40ms 内 DI_2 动作立即三相跳闸
	0 退出
D_{11}	1 瞬时加速Ⅱ段
	0 退出
D_{10}	1 1.5s 后加速Ⅲ段
	0 退出
D_9	1 瞬时加速Ⅲ段
	0 退出
D_8	1 R 分量在区内，ZCH 后 X 分量同第一次相近，瞬时加速
	0 退出
D_7	备用
D_6	备用
D_5	备用
D_4	备用
D_3	备用
D_2	备用
D_1	1 打印采样值小数点后取 2 位
	0 打印采样值小数点后取 1 位
D_0	1 故障后打印采样值
	0 不打印

图 4 - 12　WXB(H) - 11距离保护的控制字

116

各位的功用选定后，按 4 位 16 进制输入整定值，则保护就能完成选定的功用。例如：故障打印采样值，采样值保留 1 位小数，瞬时加速第Ⅱ、Ⅲ段，其它位均选"0"，则二进制数为：0000101000000001 换算成十六进制为 0A01。

4—36 已知某微机保护动作后的打印信息，试说明这些信息所代表的具体含意？

某微机保护动作后的打印信息如下：

QD	11	1	18	11	21	34

15　　10ICK

20　　GBIOCK

21　　1ZKJCK

800　　CHCK

CJ　　$X = 0.94$　　$R = 0.24$　　AN　　$D = 40.25km$

上述打印信息说明：故障发生在 2011 年 1 月 18 日 11 时 21 分 34 秒；故障后 15ms 零序Ⅰ段动作，20ms 高频闭锁零序动作，21ms 阻抗Ⅰ段动作，800ms 自动重合闸动作且重合成功（因保护无第二次跳闸记录）；二次电抗 $x = 0.94\Omega$，$R = 0.24\Omega$，A 相接地故障，故障点到保护安装处的距离为 40.25km。

4—37 微机保护在定值整定上与传统的保护有何不同？

定值的计算（即确定）不管是传统保护，还是微机型继电保护，都是根据被保护的元件的具体要求确定的。但定值整定的实现方法就完全不一样了。如电流元件的动作电流，对电磁型电流继电器是调整反作用弹簧的反作用力；对电子型电流元件是调整门槛电压和输入电压 U_{sr} 的高低；对阻抗元件，传统装置中是选择 TAA 的模拟电抗 $\dot{K}_I$ 和 TVV 的变比 K_U。而在微机型继电保护中只需根据整定科目利用"人机对话"输入计算所得的数据即可。理论上讲，后者不会因为整定而带来误差，而传统继电保护其整定误差肯定是存在的。

第四节　输电线路的高频保护

4—38　简述高频信号的作用？

按高频信号的作用，高频信号可分为如图 4 – 13 所示的闭锁信号、允许信号和跳闸信号三种。

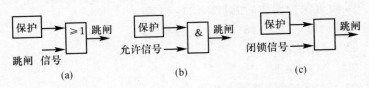

图 4 – 13　高频保护信号作用的逻辑关系图
(a) 跳闸信号；(b) 允许信号；(c) 闭锁信号

(1) 跳闸信号：跳闸信号是线路对端发来的直接使保护动作于跳闸的信号。只要收到对端发来的跳闸信号，保护动作于跳闸，不管本端保护是否启动。跳闸信号与本端继电保护具有"或"逻辑关系。

(2) 允许信号：允许信号是允许保护动作于跳闸的高频信号。收到高频允许信号是保护动作于跳闸的必要条件；允许信号只有继电保护动作，同时又有允许信号时，保护才能动作于跳闸。这一方式在外部故障时不出现因允许信号使保护误动作的问题，不须进行时间配合，因此保护的动作速度可加快。

(3) 闭锁信号：闭锁信号是制止保护动作将保护闭锁的信号。当线路内部故障时，两端保护不发出闭锁信号，通道中无闭锁信号，保护作用于跳闸。因此，无闭锁信号是保护动作于跳闸的必要条件。当线路外部短路故障时，通道中有高频闭锁信号，两端保护不动作。由于这一方式只要求外部故障时通道才传送高频信号，而内部故障时则不传递高频信号。因此，线路故障对传送闭锁信号无影响，通道可靠性高。所以，在输电线路作高频通道时，广泛采用故障启动发信方式。

4—39 简述高频通道中，高频阻波器、偶合电容器、结合滤波器、高频电缆、高频收发信机及放电间隙的作用？

高频阻波器的作用：防止高频信号穿越到相邻线路，将其限制在本线路内；它对工频 50Hz 的阻抗很小，约为 0.4Ω，因此不影响工频电气量的传输，而对高频呈现上千欧的阻抗，阻止高频信号外流。

偶合电容器的作用：将高频讯号传递给输电线路及高频载波通道，同时使高频收、发讯设备与工频高压隔离。

结合滤波器的作用：使输入输出阻抗匹配。

高频电缆的作用：连接收、发信机与结合滤波器。采用高频电缆可大大减少高频讯号的衰耗。

高频收、发信机的作用：发生故障保护控制发信机发信，发信机将保护的信号转变成高频信号，收信机收到高频信号（有对侧发信机发出的信号和本侧发信机发出的信号），再判别是否区内故障，保护决定是否跳闸。

放电间隙的作用：加到高频加工设备上的电压过高时，间隙放电，保护高频加工设备及人身安全。

4—40 相差高频保护为什么要设闭锁角 β？其值如何整定？

理论上在外部故障时，相差高频保护的收信机应该收到连续的高频信号。但实际上，由于保护本身的角度误差在 15° 左右，电流互感器的误差 7° 左右，高频信号从线路的一侧传递到另一端所需要的时间对应的角度误差 $\frac{6°}{100}L$（L 是线路长度，单位是 km），另留 15° 的裕度。因此，为防止保护在外部故障时可能误动作，必须设一闭锁角，只有保护测得的间断角大于闭锁角时保护动作。

闭锁角整定值按下式计算：

$$\beta = 15° + 7° + \frac{6°}{100}L + 15° = 37° + \frac{6°}{100}L$$

4—41 为什么说高频闭锁距离保护具有高频保护和距离保护两者的优点?

高频保护的优点在于其保护区内任何一点发生故障时都能瞬时切除故障,简称全线速动。但是,高频保护不能作相邻线路的后备保护。

距离保护的优点是可作为相邻元件的后备保护,再者距离保护的灵敏度也较高。缺点是不能瞬时切除全线每一点的故障。

高频闭锁距离保护把上述两种保护结合起来,在被保护线路故障时能瞬时切除各点的故障,在被保护线路外部故障时,利用距离保护带时限作后备保护。

第五节 电力系统元件保护

4—42 为什么说瓦斯保护是反应变压器内部故障的一种有效保护方式?

变压器的绕组装在油箱里,并利用变压器油作绝缘和冷却介质。当变压器内部故障时,故障电流产生电弧会使绝缘物和变压器油分解,从而产生大量的气体(气体中含有瓦斯成分),瓦斯继电器安装在变压器油箱与油枕之间的连接管道上,油箱的气体将通过管道冲向油枕,瓦斯保护判别气油流的大小决定是否动作。当变压器发生匝间短路且短路的匝数很少时,反应在外部电路电流的变化很小,其它原理的保护无法反应,而瓦斯保护能正确反应。

另外当变压器的局部绝缘水平降低而出现间隙放电及漏油等不正常运行状态时,轻瓦斯保护动作发信号。

总之,瓦斯保护能反应变压器油箱内的一切故障及不正常运行状态。因此说瓦斯保护是一种变压器的有效保护方式。

4—43 引起变压器纵差保护不平衡电流的因素有哪些? 各是采用什么方法克服的?

引起不平衡电流的因素有:

（1）空载合闸或切除故障时产生的励磁涌流。

（2）变压器绕组接线方式不同引起的不平衡电流。

（3）变压器差动保护用 LH 两侧的型式不同引起不平衡电流。

（4）计算 LH 的变比与实际所选 LH 变比不同引起不平衡电流。

（5）有载调压引起的不平衡电流。

（6）外部故障引起的不平衡电流。

克服方法：

（1）判别电流间断角或二次谐波制动等方法克服（1）。

（2）采用相位补偿法克服（2）。

（3）在微机型变压器差动中采用成比例放大电流小的那一侧的电流克服（4）。

（4）提高整定值来克服（3）和（5）。

（5）采用带制动特性的差动测量元件克服（6）。

4—44　在分析差动保护的工作原理时，应掌握哪几个基本概念?

在分析差动保护基本原理时，要掌握如下几个基本概念：

（1）电流互感器 TA 对其二次侧负载而言，可等效为电流源。在分析差动保护工作原理时 TA 的二次阻抗可看成无穷大，而差动继电器的线圈阻抗可看作零。

（2）要分清：TA 二次电流、差动臂中的电流和差回路的电流。

（3）差的运算可不在差回路中完成。这一概念是新型差动保护与传统的差动保护相比的根本区别。如图 4 - 14 所示：差的运算是

通过电抗变压器将两差动臂的电流分别接入其一次侧的两组线圈，电抗变压器的二次侧输出电压 $\dot{U}_L$ 正比于 $\dot{i}'_2 - \dot{i}_2$。这里的 $\dot{U}_L$ 多用于制动量。

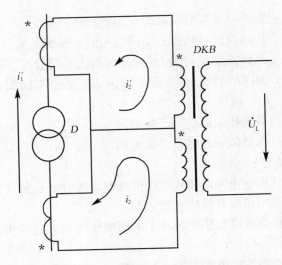

图 4 - 14　差动保护原理说明图

4—45　比较低电压闭锁过电流、复合电压闭锁过电流和负序电流保护的工作特性?

低电压闭锁过电流保护与普通过电流保护相比, 电流元件 KA 的灵敏度提高了自启动系数 $kast$ 倍 ($kast$ = 1.5~3)。但低电压元件 KV 在不对称短路时灵敏度较低。

复合电压闭锁过电流保护与低电压闭锁过电流保护相比, 提高了 KV 反应不对称短路时的灵敏度。

负序电流保护与复合电压闭锁过电流保护相比较, 其电流元件在不对称短路时灵敏度有很大的提高。

三种保护反应对称短路时的灵敏度完全相同。对短路电流与负荷电流之比较小的系统, 其灵敏度可能满足不了要求。

4—46　在 Y, d_{11} 接线的变压器后面发生两相短路时, 采用三相星形接线和两相不完全星形接线的电流保护, 其灵敏性为什么不同? 为什么采用两互感器三继电器接线方式就能使它的灵敏性与三相星形接线相同?

在 Y, d_{11} 接线的变压器后面发生两相 (如 AB 两相) 短路时,

122

星形侧（也可以是△侧）有一相（这里是 B 相）的电流等于其它两相短路电流之和的反号。电流保护若采用两相不完全星形接线，它只能反应 AC 两相的电流；保护如果采用完全星形接线，则能反应三相的电流。因此，不完全星形接线的灵敏度只有完全星形接线的 $\frac{1}{2}$。

若采用两相星形三继电器接线，则接在中性上的继电器正好反应出没有接 LH 那一相的电流，所以它的灵敏度与三相完全星接相同。.

由此可见，变压器的电流保护不能采用两相不完全星形接线。

4—47 分析发电机纵差保护和横差保护的性能，两者保护范围如何？能否相互取代？

纵差保护只能反应发电机的相间短路故障，横差保护主要是反应匝间短路故障。纵差保护在发电机靠近中性点短路时有死区；横差保护的死区则决定于短路匝数的多少，短路匝数少，不平衡量小，横差保护出现死区。

发电机纵差保护与横差保护两者不能相互取代。因为发电机纵差保护不能反应匝间故障，而横差保护反应相间故障时死区范围更大。

4—48 大容量发电机（我国暂定为 20 万 kW 及以上的发电机组）为什么要装 100％保护范围的定子接地保护？

发电机容量大，则定子绕组对地电容也大，发生接地故障后产生的电容电流大，危害严重。通常采用的零序电压保护，由于整定值要躲开最大不平衡电压，保护区一般只能达到定子绕组的85％～95％，接地故障发生在中性点附近时存在死区。随着机组容量的增大，尤其是采用水内冷技术后，使得在中性点附近发生接地故障的可能性增加了。为了消除死区，就必须采用 100％保护范围的定子接地保护。

目前我国采用的定子绕组 100％保护范围的接地保护，大都利用三次谐波作判据，消除零序基波电压保护靠近中性点的死区。

4—49　发电机转子一点接地保护和两点接地保护应动作于发信号，还是动作于跳闸？

发电机转子回路两点接地保护肯定动作于跳闸。因为两点接地保护采用的电桥原理，所以当第二接地点靠近第一接地点时，电桥的平衡破坏得不厉害，因此会出现死区。而发生两点接地后将短接部分励磁绕组，造成励磁磁场不对称，发电机将发生严重的振动。

对 5 万 kW 以下的发电机，转子一点接地保护一般动作于发信号。对大型汽轮发电机组及水轮发电机组转子一点接地，一般动作于跳闸（水轮发电机转速慢，发生转子绕两点接地后振动会更厉害）。

4—50　发电机失磁后对发电机及其所在的系统会带来哪些影响？目前采用的失磁保护有哪几种方案？

大型发电机的励磁系统复杂、环节多，增加了发电机低励磁或失励磁的机会。发电机失磁后，对发电机本身和其所处的电力系统均有不利影响。对发电机本身的影响是：由于出现转差，在发电机转子回路中出现差频电流使转子过热；从电力系统中吸收无功功率，在失磁前所带的有功功率越大，失磁后从电力系统中吸收的无功功率就越大，定子绕组发热就更厉害；定子端部漏磁增加，使端部的部件和边段铁芯过热。对系统的影响是：发电机从系统中吸收无功功率，引起电力系统的电压降低，如果电力系统的无功功率储备不足，严重时会使系统因电压崩溃而瓦解；因系统电压下降，系统中其它发电机的自动调节励磁装置会使其无功输出增加，从而使某些发电机、变压器或线路过电流而使其后备保护动作，扩大故障的波及范围；失磁的发电机有功功率不稳定，以及系统电压的下降，可能使系统发生振荡而甩去大量负荷。

目前失磁保护的方案有：

124

（1）根据发电机失磁后要从电力系统中吸收无功功率的特点，由无功功率方向元件和低电压元件构成的失磁保护。

（2）发电机失磁后，机端测量阻抗将从第 1 象限向第 IV 象限变化，采用专门的阻抗继电器来测量机端阻抗变化构成的失磁保护。

（3）以静态稳定极限为判据的失磁保护等。

4—51　大型发电机的继电保护有何特点？

大型发电机组的造价昂贵，结构复杂，一旦发生故障遭到破坏后，其检修难度很大，检修时间也长，同时对整个电力系统的安全运行也会造成威胁。所以大型机组继电保护要最大限度地保证机组安全，最大限度地缩小事故破坏范围；尽可能避免不必要的突然停机，特别要避免继电保护装置自身的误动和拒动造成的影响。为此必须配置完善、合理的继电保护装置。当然，相应地增加了继电保护的复杂程度。

与中小型发电机相比，大型发电机组要增设逆功率保护、失磁保护、过电压保护、反时限过负荷保护、不对称反时限过负荷保护、非全相运行保护等。对一些用在中小型机组时只需发信号的保护，而用在大机组上时根据情况要求跳闸。如反时限过负荷保护、转子一点接地保护等。除此外，纵差保护还要双重化。

4—52　线路、变压器、发电机及母线完全差动保护有何异同？

它们的基本原理相同。不同之处有：

（1）线路纵差保护其二次线同一次线一样长。因此，只能用于短线路（10km 以内）。

（2）变压器纵差保护在正常运行时差回路中的不平衡电流就很大。

（3）发电机纵差保护在发电机靠近中性点侧短路时有死区。

（4）母线完全差动保护其被差各元件 TA 的变比必须相同，及按分支电流最大的选 TA 的变比。

4—53 为什么要特别注意方向性继电器电流、电压线圈的极性？如果在实际接线中将其中之一的极性接反（对纵差保护为将一侧的极性接反），将会产生什么后果？

方向性继电器的动作方向，是以某一电气量为参考向量，比较另外的电气量所处的相对位置。参考量和比较量只有按正确的接线才能达到预定动作的方向。因此，要特别注意极性。如果将其中之一的极性接反，那么该动作时保护会拒动，不该动作时保护有可能误动。

第五章 发电厂及变电站计算机监控系统

第一节 计算机监控的基本知识

5—1 什么叫计算机监控系统？

计算机监控系统是以微型计算机为核心组成的自动监视和控制系统，是自动控制系统发展到目前阶段的一种崭新的形式。

5—2 计算机监控系统与常规仪表控制系统相比有哪些优点？

与常规仪表控制系统相比，计算机监控系统的优点有：

（1）计算机的运算速度快，且有分时操作功能，所以一台计算机能代替多台常规仪表工作。

（2）计算机的控制方法灵活，对于常规仪表难以达到的控制速度和质量，计算机监控系统却容易实现。

（3）计算机监控系统有丰富的软件系统，因而容易进行任意的控制算法，而常规仪表控制系统难以实现。

（4）计算机有记忆和判断功能，所以在生产过程参数发生变化时，能及时综合各方面的情况作出相应判断，选择合理的控制方案，而常规仪表控制系统则不能胜任。

（5）计算机监控系统有 LCD 屏幕显示功能，可以实现多种参数的集中显示，同时还可显示正常和异常工况下的画面、表格等，给分析问题和操作控制人机联系带来很大方便。

5—3 发电厂变电站为什么要采用计算机监控系统？

从 20 世纪 80 年代初期开始，由于电子计算机的性能和应用技术水平的显著提高，计算机应用于发电厂和变电站监控的技术成熟，计算机监控系统在国内外发电厂变电站中的应用日益普及。

计算机在发电厂变电站运行中监视和控制工作是从 20 世纪

60 年代初期开始的，并以很快的速度发展。据统计，1968 年时美国在电力在线应用的计算机已达 500 台左右，日本在 1970 年时约有 65 台计算机在 40 个火电厂的 80 多台机组上使用，70 年代初期英国也已在许多 500MW 以上的大型火电机组上应用计算机进行生产过程的监视和控制。我国在 20 世纪 60 年代中期开始研制与试验计算机对生产过程的监控工作，于 1975 年圆满完成了对上海南市电厂 12MW 燃油机组进行闭环的直接数字控制试验和对北京高井电厂 100MW 燃煤机组进行闭环的直接数字控制试验，为我国发电厂变电站实现计算机监控奠定了良好的基础。到目前为止，我国新建的大型发电厂变电站都装设了计算机监控系统，并已对部分老厂、站进行了改造，基本实现了计算机监视功能，计算机控制功能在一些发电厂变电站中也已开始应用，变电站绝大多数都已实现计算机监控。

在发电厂和变电站中采用计算机监控系统有以下优点：

（1）可提高发电机组或全厂的运行效率，使机组运行稳定，提高厂、站的经济效益和自动化程度。

（2）使值班人员易于判明事故性质和事故原因，减少和避免重大事故发生。

（3）可节省运行人员，达到减人增效的目的，并可减轻运行人员的劳动强度。

（4）控制方式灵活，控制质量提高。

因此，计算机监控系统被越来越多的应用于发电厂变电站的生产中。

5—4 计算机监控系统的基本构成是怎样的？

计算机监控系统是由硬件系统和软件系统两部分构成。

（1）**硬件系统**：计算机监控系统的硬件系统一般由主机、过程通道、外部设备、总线、接口电路、运行操作台与过程控制仪表及通讯设备等组成，如图 5 - 1 所示。

（2）**软件系统**：软件系统是计算机监控系统中各种程序的总称。它通常分为两大类：一类是系统软件；另一类是应用软件。

系统软件一般包括程序设计系统、诊断系统和操作系统三大系统。程序设计系统是为用户编程而提供的软件，它包括各种语言（如汇编语言、BASIC、FORTRAN、C语言等）的汇编、解释程序及编译程序。操作系统是对计算机监控系统进行管理、调度的程序，它的主要任务是安排监控程序的执行、数据处理和硬件管理等，操作系统应具有良好的实时性和多任务处理能力，才能应用于计算机监控系统中。诊断系统是为计算机调试、检测和故障修复而提供的工具程序。系统软件一般由计算机厂家配套供应。

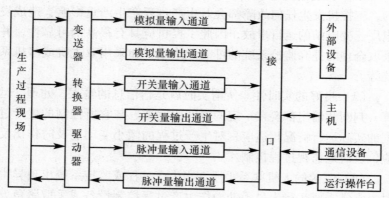

图 5-1　计算机监控系统的硬件系统

　　应用软件主要包括过程的监视程序（如巡回检测、数据处理、上下限检查和越限报警以及操作台服务程序等）、过程控制程序（如过程分析、控制算法程序等）和公用程序（如数据库、服务子程序库、制表、打印、显示等）。

　　5—5　主机（CPU）在计算机监控系统中的作用是什么？对它的基本要求是什么？

　　主机（CPU）是由控制单元、逻辑运算单元和存储单元三大部分构成，是计算机监控系统的核心。其作用是完成程序的存贮，执行应用程序以自动地对发电厂、变电站的运行信息进行计算、分析，作出相应的控制决策，以信息的形式通过输出通道向被控制对象发出控制命令，以实现对过程的控制，或通过接口在显示器中显示过程参数、表格、图形等；通过打印机打印输出等。

用于生产过程监控的计算机通常称为工控机。对发电厂变电站中使用的工控机一般要求是：

（1）对环境的适应能力强。工控机应能够在环境温度为 4～64℃，相对湿度不大于95%，有少量粉尘、有震动、电磁场、噪声、腐蚀性气体等干扰因素的环境下工作。

（2）高度的运行可靠性。计算机监控系统都是长期连续工作的，工控机发生任何故障都会对生产过程产生严重影响，造成发电厂、变电站的运行事故，因此工控机应具有很高的可靠性，并采取合理的提高监控系统的可靠性措施，如采用双主机或多机系统等。

（3）良好的实时性。所谓实时就是指信息的输入、处理、运算、判断和输出都要在一定的时间内完成，与它所控制的生产过程的实际运行情况相适应，对生产过程的微小变动能及时作出反应，及时地监视过程控制。

（4）完善的人机联系手段。当生产过程或监控系统出现异常时，常常需要运行人员手动操作生产过程控制设备或采取紧急处理措施，因此监控系统应有完善的人机联系手段，并且人机联系手段应简单、直观、明确、规范。

（5）应具有丰富的软件。一方面要求计算机制造厂家提供丰富的软件；另一方面用户必须具有与生产过程监控相适应的应用软件，同时在应用软件的开发上应足够重视，才能使计算机监控系统更好地发挥作用。

5—6　什么是外部设备？其作用是什么？

外部设备简称外设，它是构成计算机监控系统的重要组成部分。它主要指输入设备、输出设备和外存贮器。

输入设备主要用来输入程序和数据。常用的输入设备有键盘、光电输入设备等。

输出设备主要用来把主机输出的二进制数据转换为运行人员熟悉的十进制数、曲线、图表等。常用的输出设备有打印机、显示器、绘图仪、记录仪等。

外存贮器主要用来存贮程序和历史数据。常用的外存贮器主要有硬盘、光盘等。

5—7 什么叫模拟量？什么叫开关量？什么叫脉冲量？

模拟量是指时间上和幅值上连续变化的量。如：压力、温度、流量、电压、电流、水位等。

开关量是指仅有两个状态的量。如：某台开关的"闭合"与"断开"，某台水泵的"开"与"停"等。

脉冲量是指随时间离散变化，但可以用数字来表征的量。如：脉冲电能表、蜗轮流量计等所测的信号。

5—8 什么叫过程通道？其作用是什么？

过程通道是指模拟量、开关量、脉冲量输入/输出通道的总称，它是计算机监控系统对生产过程进行在线监控的桥梁和纽带。

输入通道把传感器或变送器造出的过程信息，变换成计算机所能接受和识别的代码供计算机使用。输入通道包括模拟量输入通道、开关量输入通道和脉冲量输入通道。

输出通道把计算机输出的控制命令和数据变换为执行机构能够接受的控制信号，以实现对生产过程的控制。输出通道包括模拟量输出通道、开关量输出通道和脉冲量输出通道。

5—9 什么是接口？它的作用是什么？

接口是过程通道、外部设备与计算机总线的交换部件。接口一般分为串行接口、并行接口和标准接口等几类。

接口的作用是用来扩展系统的输入输出能力，进行数据格式和电子的转换，控制信息的转送，或者作为缓冲器使用。主机不能对外部设备、过程通道进行直接的控制，必须通过接口电路作桥梁。

5—10 主机配置串行接口的目的是什么？

主机配置串行接口的目的是为了适应远距离传送数据和交换信息的需要。串行接口传送信息是按位传送的，它的传送速度虽然不如并行接口快，但可节省通信线，这对远距离通信是十分重要的。

5—11 调制器与解调器的作用是什么？串行通信的通道有哪几种？

在串行通信中，如果把二进制的脉冲信号直接通过传输线传送，由于线路带宽有限，接收端信号将会发生严重畸变，因此在发送端要用调制器把数字信号转换为模拟信号进行传输；在接收端用解调器将模拟信号还原成数字信号。解调是调制的逆过程。

在电力系统中的串行通信的通道有专用线、载波、微波、光纤和卫星等。专用线用于距离不太远（如几十公里）的情况，但投资较大；载波通道用于距离较远的情况，但当传送的信息量增大时，载波通道已逐渐不能适应发展的需要；微波通道、光纤通道是比较先进的通信方式，通道容量大，光纤通道近年来已广泛使用。

5—12 模拟量输入/输出通道由哪些主要部分组成？其基本工作过程如何？

模拟量输入/输出通道是计算机与生产过程联系的桥梁，如图5-2所示。

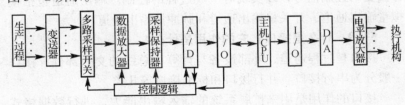

图5-2 模拟量输入/输出通道

由图5-2可见，模拟量输入通道是由变送器或传感器、多路采样开关、数据放大器、采样保持器、A/D转换器等组成。生

132

产过程的各种测量信号，通过相应的变送器变成电流或电压信号（0~5V、4~20mA），再通过两级 RC 低通滤波器，滤去信号中不可控制的高频干扰后，送到多路采样开关，在 CPU 的控制下选择多路中的某一路信号，经数据放大器放大，一方面使各路不同的信号给予不同的放大倍数，以提高 A/D 转换器的转换精度；另一方面通过具有抗共模干扰措施的差动式数据放大器，以克服信号中存在的共模干扰信号，再经采样/保持器的保持，进入 A/D 转换器，将模拟量变成数字量，通过 I/O 接口送入 CPU，存入存贮器中。

模拟量输出通道主要由 D/A 转换器、I/O 接口、电平放大器、执行机构等组成。基本工作过程是：采集的模拟量信号全部输入到主机中工作存贮器以后，CPU 根据指定的控制器算法对所有信号进行运算处理，得到处理信息后，将信息经 I/O 通道、D/A 转换器转化成模拟量信号，该模拟量信号经电平放大器放大后，驱动执行机构对生产过程的控制。

5—13　模拟量信号的预处理包括哪些内容？

计算机监控系统采集的各种参数，在进入计算机计算以前，先要进行可靠性方面的加工，以期达到预想指标，这种加工称为模拟性信号的预处理。它包括：电平变换，标度变换，输入数据的正确性判断，线性化处理，数字滤波等。

（1）电平变换。将不同种类和不同电平的模拟信号进行规格化，如统一变为 0~5V 的电平电压，称为电平变换。如果输入的信号是统一的电流信号，这时只要在输入端并接精密的取样电阻，就可以将电流信号变换为统一的电压信号；如果输入信号是电阻、电容、电感等元件参数的变化量，一般则采用测量电桥来变换等。

（2）标度变换。经过电平变换后，各种不同类型的模拟量都为统一的电平信号，将模拟量转换成数字量后，不同类型的模拟量可能为同一数字量，但两者所代表的原有数值和单位截然不同，所以要由计算机乘以给定的相应系数，把它们恢复到原有的数值和单位，存入数据库中，这种变换称为标度变换。

（3）输入数据的正确性判断。其目的是为了判断输入数据是否有明显的差错，如该次输入数据为不可信时，则应舍弃并重新采样。

（4）线性化处理。大多数变送器的输出电信号与被测参数之间呈非线性关系，为了提高测量的精度，需采取措施将非线性函数线性化。

（5）数字滤波。它是通过一种算法排除可能的随机干扰，提高检测精度的一种手段，又称软件滤波。常用数字滤波的方法有：算术平均值法，系数滤波法，加权平均法，中位值法等。

5—14 什么叫变位？开关量的采集方式有哪些？开关变位如何识别？

变位是指开关量的状态发生了改变，由闭合变为断开或由断开变为闭合。

开关量采集方式一般采用定时查询方式和中断方式。对于重要的开关量一般采用中断方式，如重要的断路器或保护继电器；对于一般的开关量（如隔离开关）则可采用定时查询方式。

开关状态的检测方法可采用表决的方法，用软件实现的表决方法常用"三取二表决"的算法。用"1"表示闭合，用"0"表示断开，则把三次连续采集的开关量用三取二表决的逻辑算式为：

$$(A \cdot B + B \cdot C + C \cdot A)$$

开关变位识别的基本原理为：

（1）（现状⊕原状）若有变位则该位为1，否则为0。

（2）（现状⊕原状）Λ 原状，若为1则该位由1变0。

（3）（现状⊕原状）Λ 现状，若为1则该位由0变1。

5—15 什么叫交流采样？交流采样对 A/D 接口的要求是什么？

计算机交流采样是按一定规律对被测交流电量的瞬时值进行连续采样，然后通过一定的算法，计算出该被测交流电量的有效值的方法。其特点是：来自现场电压互感器、电流互感器二次回路的交流电压、电流信号经过专门绕制的 PT 和 CT 转换为 ±5V（峰值）的交流电压，经多路开关进入双极性的 A/D 转换器，经接口电路进入主机 CPU。这种方法不用变送器，投资省，且速度快、工作可靠、维护简单，但程序设计比较麻烦。

交流采样对 A/D 接口的要求有以下几点：

（1）极性。交流采样要求采用双极性的 A/D 转换器。若用单极性 A/D 转换器，则应采取措施将信号电平抬高，把它变成单向的脉动信号。

（2）转换速度。一般要求每通道转换时间不大于 $50\mu s$。

（3）字长。A/D 接口字长有 8、10、12 位等。8 位字长除去一位符号位，只有 7 位有效值，其转换精度为 1/128，精度难以满足要求，因此最好采用 10 位或 12 位率字长的 A/D 接口。

5—16　什么叫串模干扰？什么叫共模干扰？

串模干扰是指叠加在输入信号上的干扰信号。这种干扰信号的特点是它与输入信号串在同一个回路中，并且全部加在接受被测信号设备的输入端。

共模干扰是由于被控对象很多且分散，必须用很长的引线将被测信号经过程通道送入计算机，所以在被测信号端的地线与主机地线之间就存在一定的电位差，这种干扰同时作用在信号的两个输入端上，称为共模干扰。

5—17　提高计算机监控系统可靠性的技术措施有哪些？

计算机监控系统应用于发电厂、变电站生产过程的监控，对系统的可靠性提出了很高的要求，一旦系统故障，就会造成重大事故，带来严重的经济损失。

由于生产现场存在着各种各样的强烈干扰，如：闪电、大容量设备的启停、电磁场、电火花、电源系统等。因此，提高系统的可靠性除了保证系统自身具有高度的可靠性外，还必须采取措施对现场的各种干扰进行抑制或消除，保证系统的正常工作。提高系统可靠性的技术措施主要有以下几个方面。

（1）提高计算机监控系统自身的可靠性。其基本措施有：选择可靠的硬件，对系统进行周密的设计，充分考虑系统对外界温度、振动等的适应能力，定期对系统进行事故预防性检修和采用自诊断程序，采用可靠性高的系统，如双机或多机系统、分散控制系统等。

（2）采取适当措施抑制和消除干扰。干扰的形成是干扰源通过干扰途径作用于干扰对象。为了抑制和消除干扰，就要从消除或抑制干扰源、破坏干扰进入系统的途径、削弱干扰接受对象对干扰信号的敏感性等方面来考虑。常用的抗干扰措施有：采用滤波器，屏蔽、隔离和浮地技术，光电隔离，电源分组独立供电，直流电源的净化，使用 UPS，地线结构的抗干扰等。

5—18　实时时钟的作用是什么？

在计算机监控系统中，实时时钟一方面可用来定时进行某项操作，如定时进行数据采集，更新显示画面，定时制表打印等；另一方面用来记录某项操作或状态发生变化的时间，如事件顺序记录中用来记录开关动作时间。实时时钟一般采用硬件和软件相结合的方法构成。

5—19　电量变送器的作用是什么？常见的电量变送器有哪些？传感器的作用和类型是怎样的？

电量变送器是一种把被测的交流电量或被测的直流电量变换为适合检测用的直流电量的装置，直流电量的输出值一般做成 $0\sim5V$ 的直流电压或 $4\sim20mA$ 的直流电流。以便与远动装置、巡回检测装置、计算机等设备配套使用。在交流检测方面常用的变送器有：交流电流变送器，交流电压变送器，有功功率变送器、无功功率变送器，频率变送器，功率因数变送器，有功/无功功率变送器，有功/有功电度变送器，无功/无功电度变送器，电流/电压变送器等。此外，随着微处理机技术的发展，目前已生产出了计算机型电量变送器，可获得多种电气量。

在直流检测方面常用的变送器有：直流电流变送器，直流电压变送器，直流毫伏变送器，直流阻抗变送器。

传感器是一种能感受规定的被测量（如光、热、湿度、烟雾浓度、压力等），并按照一定的规律转换成可用信号的器件或装置，通常由敏感元件和转换元件组成。传感器是一种检测装置，能感受到被测量的信息，并能将检测感受到的信息，按一定规律变换成为电信号或其它所需形式的信息输出，以满足信息的传输、处理、存储、显示、记录和控制等要求。可以说，传感器是人类五官的延长，又称之为电五官，它是实现自动检测和自动控制的首要环节。根据传感器工作原理，可分为物理传感器和化学传感器两大类；传感器按照其用途可分为压力敏和力敏传感器、位置传感器、液面传感器、能耗传感器、速度传感器、加速度传感器、射线辐射传感器、热敏传感器、湿敏传感器、真空度传感器等。

5—20　什么叫巡回检测？其作用是什么？

巡回检测是利用计算机对生产过程的各种参数和各类运行设备的状态进行周期性测量和检查。按照运行工况的不同，巡回检测可以分成：正常运行时的巡回检测，异常工况下的巡回检测，机组启停过程的巡回检测，事故状态下的巡回检测等。

通过巡回检测，可使运行人员全面及时掌握正常运行时设备的运行状态；发现参数越限立即报警、显示和打印，及时报告运行人员；事故工况下对一些重要的监控参数快速巡测并存贮其数据，以供运行人员分析事故时使用。

5—21　什么叫事件顺序记录？其作用是什么？

事件顺序记录就是把发电厂或变电站发生的事件（如开关变位或保护动作），按动作的先后顺序及动作发生的确切时间记录下来。

其作用是用来提供时间标记，表明什么事件在何时发生，判别故障原因，检验继电保护时间配合及分清事故责任等安全监视方面有重要作用。

5—22　什么叫事故追忆？其作用是什么？

事故追忆是指在一些重要开关发生事故跳闸时，不仅把事故瞬间及事故后，而且把事故发生前一段时间的有关参数记录下来的功能。一般取事故发生前 30 秒至事故发生后 5 分钟内的有关参数，采样周期为 50ms。

事故追忆通过计算机将故障前后一段时间的参数以一定周期打印出来，可用来分析事故发生的动态过程，使分析事故简单明了并更准确。

5—23　运行操作台的作用是什么？

运行操作台是运行人员与计算机监控系统进行人机联系的工具。它由显示器、键盘、打印机或触摸屏等设备组成。运行操作台上的键盘一般是用于过程控制的专用键盘，键盘上除了有常用的字母、数字键外，还有许多专用的功能键、命令键。运行人员对控制参数的修改，控制命令的发出，对事故的处理，以及对整个生产过程的监视，都要通过运行操作台去实现。运行操作台的作用可归纳为以下几方面：

（1）能正确地实现生产设备的启停操作和倒闸操作。

（2）能对生产过程的有关参数及画面（字符、曲线、表格等）进行显示或设点控制（如机组有功功率设点控制）。

（3）能完成制表、打印及事故记录。

（4）设有数字键、命令键、功能键，以便有效地进行人机联系。

（5）有故障报警、越限报警功能。

5—24　计算机数据采集与处理系统（DAS）的特点是什么？

计算机数据采集与处理系统（DAS），又称计算机安全监视系统，该系统中的计算机不直接控制生产过程。

计算机把输入的信息经过处理和判断，以运行人员易于接受的形式显示或打印出来；如果发现异常工况，则发声光报警信号，运行人员根据计算机提供的信息去调整生产过程，对计算机给出的操作指导信息，运行人员认为不合适也可以不采纳。该系统属于开环监视方式，系统构成见图 5-3。

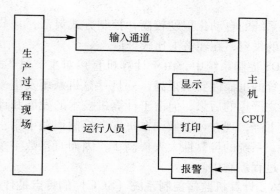

图 5 – 3　计算机数据采集与处理系统

5—25　计算机直接数字控制系统（DDS）的特点是什么？

计算机直接数字控制系统是一种闭环控制系统，如图 5 – 4 所示。

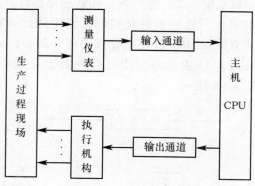

图 5 – 4　计算机直接数字控制系统

生产过程参数经检测仪表和过程通道送入计算机，经过一定的控制规律运算后的结果，再经过程输出通道，把控制信号送往执行机构，作用于被控对象，使被控参数符合要求的性能指标。在该系统中，由计算机取代了常规控制设备，除了能实现常规的 PID 调节规律外，还能进行多回路串级控制等复杂控制规律的控制，因而系统的自动化程度较高，控制方式灵活，且节省了常规仪表方面的投资，在经济上比较合适。

在 DDS 控制系统中，由于计算机直接对生产过程进行控制，因而对系统的可靠性要求很高，一旦计算机系统发生故障，将会给生产带来严重的后果，但由于计算机技术的发展和计算机价格的大幅度下降，现在可以做到在每一个控制回路中用一台计算机进行控制，系统的可靠性大大提高了，因而直接数字控制系统广泛应用于过程控制中。

5—26　计算机监督控制系统（SCC）的特点是什么？

计算机监督控制系统（SCC）也是一个闭环控制系统，但它并不像 DDS 那样直接控制生产过程，它对生产过程的控制是通过改变常规调节器或 DDS 计算机的给定值来实现的，故又称为设定值控制系统 SPC。

监督计算机根据生产过程的参数和数学模型计算出的最佳给定值，以实现对生产过程的最优控制；当监督计算机发生故障时，由模拟调节器或 DDS 能独立完成操作任务，因而 SCC 的可靠性很高，在发电厂变电站生产过程控制中有着广泛的应用。SCC 系统如图 5 - 5 所示。

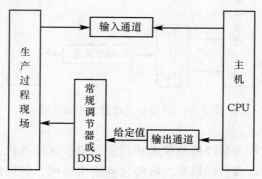

图 5 - 5　计算机监督控制系统

5—27 计算机分散控制系统（DCS）有什么特点？

计算机分散控制系统（DCS）是一种能对生产过程集中监视和管理，分散进行控制的以微处理机为核心，实现位置和功能上分散控制，又通过高速数据通道把它们联系在一起的新型自动控制系统。它一般由现场控制单元 PCU、操作站、接口电路、通信母线等主要部分组成。与常规控制系统和集中式控制系统相比，它具有如下一些明显的特点：

（1）控制功能分散。整个系统由各种现场控制单元 PCU 组成，每一个控制单元只控制少量回路甚至单回路，一旦发生故障，只影响少数控制回路，不像集中型计算机控制系统那样计算机一出故障就影响上百个回路。因而该系统使"危险分散"，提高了系统的安全性。

（2）显示操作集中。采用显示器和键盘操作技术，可以实现多种画面、参数和变量的显示。用带有键盘的显示器替代常规仪表和操作器，运行人员在显示器上既能纵观全局，又能监视和操作任一个回路，从而使人机联系手段更加完善。

（3）通信系统速度高。系统中各控制单元之间的信息传递是通过高速通信母线实现的。

（4）软件可以生成。分散控制系统的软件是一种面向用户的图形语言，通过工程师站的键盘，在显示器上画出控制系统逻辑框图或梯形图的方式，或以填表和问答的方式生成所需要的软件，这一过程称为系统组态设计。应用软件的开发工作量大大减小。

（5）具有冗余度和自诊断功能。

计算机分散控制系统如图 5 – 6 所示。

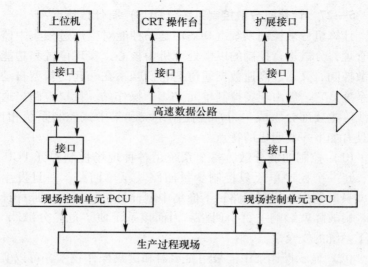

图 5 - 6　计算机分散控制系统（DCS）

5—28　网络-90（N-90）集散控制系统有何特点？

网络-90 是一个可由用户根据生产过程及控制要求，自己组织、综合、可扩展的以计算机为基础的过程控制装置，它适应于工业过程的自动调节、顺序控制、数据采集、信号处理等。该系统以其功能的全面性、运行可靠性和组态、操作的方便性，被广泛应用于电力工业生产过程的控制中。其主要特点有：

（1）模拟量与数字量、逻辑控制与连续调节、控制与采集综合于一体。

（2）具有常规的操作器，以及以显示器为基础的操作键盘。

（3）分散分层的微处理器和先进的数字通信技术，使系统具有较高的可靠性。

（4）由于采用了积木式模件，用户可根据实际使用要求灵活地组合。

（5）通过具有高安全性的通信网络，使系统多层分散。

（6）具有分散操作的功能。

142

（7）备有与外界计算机连接的接口。

（8）具有功能和结构分散的控制器及操作人员接口。

（9）在网络通信回路上，可以与所有的模件、设备、通道及现场信息进行通信。

（10）采用积木式模件，使设计标准化。

5—29 INFI‐90 系统有哪些主要特点？

INFI‐90 系统是在网络‐90 分散控制系统基础上发展起来的，其主要特点如下：

（1）高速可靠的 INFI 通信系统。INFI‐90 系统采用"存储—转发"环状通信方式，纠错能力强，通信速率为 10M 波特率。它采用一个环为中心，能同时接挂多个子环的组合形式。每个环可挂 250 个接点（即过程控制单元 PCU、操作员接口单元 OIS、计算机接口单元 ICI，或与子环的接口等），最多可接 $250 \times 250 = 62500$ 个节点。每个环中两个相邻节点间距离可达 2000m，两个环之间可以是就地连接，也可以是远程连接。通信电缆、通信模件均采用冗余配置，提高了通信系统的可靠性。

（2）分散独立的过程控制单元（PCU）。过程控制单元 PCU 负责过程信号的采集和处理，通过多功能处理器（MFP）和相应的子模件实现。在 PCU 内的通信采用双层结构：

·控制通道   速率 1MHz

·子模件总线   速率 500kHz

多功能处理器模件 MFP 通过控制通道和通信模件，对与 INFI 环进行通信，同时通过子模件总线与子模件通信。一个 PCU 可以挂接 32 个 MFP，一个 MFP 又可带 64 个子模件（数字 I/O、模拟 I/O、控制 I/O 等）。子模件对现场信号进行预处理。MFP 实现应用编程且可采用冗余配置，以提高过程控制的可靠性。

（3）经济有效的模块化电源系统（MPS）。PCU 由分布式的模块化电源系统 MPS 供电，视用电量的大小实现 N +1 冗余，这种电源可以带电插拔、更换，维护方便，不影响过程运行。

（4）功能齐全的操作员接口站（OIS）。INFI‐90 具有一系列不同规模的操作员接口站，它们具有标签显示、趋势图、软操作站（M/A，开关）、动态流程、报警管理、报表、记录、存档等监控功能。OIS 可以是一机多显示器、跟踪球输入方式。操作员通过彩色流程画面，可以在这个窗口上进行过程的一切监视和控制。

（5）丰富实用的过程控制应用软件。PCU 中的 MFP 支持多种控制应用软件，主要有：贝利块状语言功能码程序；间歇过程批处理程序 BATCH - 90；模糊控制程序 EXPERT - 90；BAS1C 语言；C 语言等。

（6）简单易用的编程手段和工具。工程师工作站是 INFI - 90 系统用于软件编程、系统组态、系统调试的主要工具，通过工程师工作站进行软件编程、开发，形成系统的数据库、操作员接口站的各种画面和报表、打印格式等。在工程师工作站可以用于实时过程测试、参数整定，能大大缩短开发、调试时间。

第二节　计算机监控在电力系统中的应用

5—30　计算机监控系统在水电厂的监控功能有哪些？

计算机监控系统在水电厂的作用除了进行大坝的安全监测、水库防洪监测、水利调度功能之外，还有以下几方面主要功能：

1. 厂级计算机监视与控制

厂级计算机监控主要是监视和控制水轮发电机组、主变压器、厂内公用设备、开关站等。其功能如下。

（1）数据采集：数据采集是水电厂实现计算机监控的基础，其任务是从各运行设备采集实时运行数据，以供实现其它功能之用。采集的对象主要包括开关量、模拟量、脉冲量等。

（2）安全监视：安全监视是对水电厂实际运行状态进行在线识别和动态显示，使运行人员能及时掌握整个水电枢纽的全貌。其主要内容如下：①以主接线图等形式显示电厂的运行方式，包括发电机的运行状态，断路器、隔离开关的分、合闸位置，在故障情况下能以闪光或改变颜色等方式，指示故障发生的位置和性质。②以表格或棒图等形式，显示机组、线路的主要运行参数，越限时进行声光报警。③以一些简单的曲线显示运行特性，如负荷曲线、高压母线电压调节曲线等。④利用键盘及显示器作为人机接口设备，向计算机监控系统输入信息、数据和各种命令（如调用画面、执行控制、调整操作以及调用应用程序等）。

（3）电厂控制：①正常集控。通过键盘操作，实现机组启停、并网；发电—调相运行方式的转换；发电—蓄能运行方式的转换；断路器及隔离开关的分合闸；闸门的升降操作等。除了用常规的操作方式外，计算机监控系统能提供操作画面，如机组操作画面、线路操作画面等。操作画面一般分为六个区：被操作设备接线图；被操作设备的 P、Q、U、I 棒图；被操作设备的 P、Q、U、I 的数值表；设备操作的命令提示区（或命令菜单）；操作性质（如开机、合闸等）的键组；信息提示区，如确认、提示同期点等。②紧急控制。系统发生扰动以后，可能仍保持稳定运行，但可能参数越限，或者系统稳定，约束条件均不能满足。紧急控制的目的是迅速采取对策和提高稳定性措施，使系统及时回到安全状态。目前，紧急控制的水平还不高，一般只能进行计算机指导事故处理的功能，其方法是根据经验给出事故识别的数据和判据，据此自动调出相应的操作画面，然后在该操作画面的操作命令提示区，列出事故处理的操作指导建议，操作人员可根据指导内容逐项进行事故处理。③恢复控制。电厂事故后应尽可能缩小事故范围，使之恢复到事故前水平，如调整机组出力以及紧急状态下解列的机组重新并列。

（4）输电线路稳定监视与控制：水电厂一般离负荷中心比较远，送电距离常可达数百公里，因此输电线稳定监视也是一项重要的任务。通常稳定监视是通过在线监测发电厂与系统母线电压之间的功率角来判断。当输电线稳定性破坏时，应采取相应控制措施。

（5）自动发电控制 AGC：根据水电厂在电力系统中的地位，以及在系统调频、调峰和运行中的作用，水电厂自动发电控制功能包括：①按照调度的指令维持系统频率在整定值。②根据调度的指令维持大区电网间联络线交换功率为整定值。③根据给定电厂总功率，确定当前水头下电站最佳运行机组数。④根据各台机组的实际安全和经济状况，确定应运行的机组号数。⑤在应运行机组间经济地分配负荷。

（6）自动电压控制 AVC：自动电压控制是电厂采用计算机进行实时控制的一项重要内容。通过对机组励磁调节器及主变压器分接头的控制，来保证高压母线为给定电压水平。其任务是：①自动维持高压母线电压为实时给定值。②合理分配参与自动调压控制的各台机组应承担的无功功率。③满足各项安全运行的约束条件，如发电机端电压在允许范围内。

（7）通信控制：①计算机监控系统内各子系统之间信息交换。②计算机监控系统与调度计算机系统连接，实现遥测、遥信、遥控、遥调。③系统时钟同步控制。

（8）系统诊断：系统诊断功能包括：①计算机监控系统的硬件系统故障诊断。②计算机监控系统的软件系统故障诊断。

2. 机组级控制终端的功能

机组级控制终端的主要功能如下：

（1）机组级温度、压力、液位等非电量和电压、电流、功率等电量的采集和处理。

（2）机组运行状态的监视。包括断路器、隔离开关、发电机状态等和水力系统的各种状态。

（3）机组开停和各种运行方式切换的控制，能根据机组的实际状态按步进行各种操作，并可按要求实现同期功能。

（4）与上位机的通信功能。可按要求格式上送测量值和状态，下送命令和给定值。必要时可传送相应的时间。

（5）根据需要设置输出设备，如显示器和打印机等。

（6）有功、无功功率的设定及自动调节。

（7）事故记录及追忆，实现趋势分析、事故分析、录波等功能。

（8）机组事故紧急停机。

（9）能对机组辅助设备进行自动/手动启停。

（10）能对主机箱、各模件板及某一通道状态进行自诊断。

可见，机组级控制终端是分级控制系统的一个重要组成部分，当上一级计算机故障时，它仍能完成一些基本监视功能。此外，它还能适用于厂内公用设备、开关站等处，作现场监控单元使用。

5—31　梯级水电厂计算机监控系统的功能是什么？

梯级水电厂计算机监控系统通常采用分级控制方式，分成梯级调度中心、电厂级控制中心、机组级控制终端等，各级的功能简介如下：

（1）梯级控制中心的功能：①综合监视梯级各厂站的安全状态，为调度员提供全梯级电站完全监视的资料。②实现梯级电站的电力调度。③实现梯级电站的水利调度。④库区的水情信息测报及处理。⑤与大区电网或地区电网通信。⑥超高压远距离输电控制。⑦水利枢纽大坝泄洪和冲沙控制。⑧梯级运行情况统计，运行参数计算，以及调度人员培训等。

（2）电厂级控制中心的功能：①厂内数据采集。②厂内安全状态监视。③电站控制（包括电厂的正常集控、紧急控制和恢复控制等）。④发电经济及质量控制（主要包括自动经济发电控制、自动电压调变、输电线稳定控制等）。⑤与厂内各控制终端的通信和与梯级调度中心的通信。⑥全厂运行情况统计和值班员培训。

（3）机组级控制终端的功能：与一般水电厂机组级控制终端的功能相同。

5—32　计算机监控系统在变电站中的作用有哪些？

计算机监控系统在变电站中的主要作用如下：

（1）电网的安全监视：①各断路器、隔离开关、接地刀闸、变压器分接头位置的显示及状态改变的监视。②持续报警信息的监视。③测量量的监视。包括测量量的检查、标度变换、越限报警，以及各测点电压、电流、频率、有功功率、无功功率、功率因数、变压器损耗、负荷曲线、电压调节曲线的显示等。④事件顺序记录。⑤事故追忆。

（2）运行管理：可对变电站、电网各运行设备的状态变化及各监视点的测量值进行实时检测、处理，通过显示器或打印机输出各种画面，如：电气主接线图、自动电压控制和无功功率调整AVQC控制索引表、变电站恢复指导索引表、文件索引表、负荷曲线表、事故追忆记录表、各种报表（如时报、班报等）。

（3）运行设备控制功能：对变电站各种可控设备（如断路器、隔离开关、有载调压变压器分接头、静止补偿装置等）进行控制，如控制断路器、隔离开关的断开与闭合；控制电容器、电抗器自动投入与切除、改变变压器分接头位置、完成误操作闭锁（指断路器、隔离开关、接地开关之间）等。

（4）自动电压控制和无功功率补偿：通过改变变压器分接头位置、控制电容器的自动投切等，以保持电网电压恒定、调整无功功率。

（5）时钟同步功能：实现计算机监控系统与 SCADA 系统和事件顺序记录装置的时钟同步。

（6）远程通信功能：实现计算机监控系统与各级调度所的计算机系统之间的连接和通信。

（7）实时数据库功能：能进行数据的访问、生成和修改。

（8）双机切换功能：此功能仅对采用双主机的计算机监控系统适应，该系统设计了双机切换逻辑，配备了双机系统管理软件，双机可同时运行，或一机工作，另一主机采用热备用方式。

（9）故障定位（测距）：线路发生故障时，自动测定故障距离。

（10）选线：当小接地电流系统发生接地故障时，可判断并打印出接地的线路名称、接地发生的时间及接地故障恢复正常的时间。

（11）诊断功能：对计算机监控系统的硬件系统、软件系统进行诊断。

5—33　计算机监控系统在火电厂中的作用是什么？

计算机监控系统在火电厂中的主要作用有如下几方面。

（1）运行的安全监视：①巡回检测功能。计算机监控系统对生产过程的大量参数（如汽压、汽温、水位、振动、电压、电流等）和各类运行设备的状态，进行巡回的和周期的检查。②参数处理，包括一次参数处理和二次参数处理。一次参数处理指对模拟量巡回检测、开关量巡回检测以及运行控制台输入数据的处理。二次参数处理是在一次参数的基础上进行的进一步计算、如差值、变化率计算等。③越限报警。根据机组安全运行的要求，按极限值进行监督，一般有三种形式：上限监督、下限监督、上下限监督。如过热器压力、汽包水位、主蒸汽温度等都应进行上下限报警。④制表打印，包括定时制表打印、随机打印、事故追忆打印、成组打印等。过去每小时的人工抄表工作便可由定时制表打印功能完成，减轻运行人员的劳动强度。⑤显示，包括成组参数显示、参数越限显示、异常工况分析处理显示、选点显示、系统图显示、趋势图显示、棒图显示、表格显示、各种一览表显示等。

（2）正常工况的监控：主要包括火电厂锅炉各常规调节器之间的协调、锅炉与汽机之间的协调、计算机对常规调节器的诊断等。

（3）机组自动启动与停机：由计算机监控系统实现对单元机组启动的控制，主要包括：锅炉点火、升温升压、汽机冲转升速、升压、并列、升负荷等过程；也可实现对单元机组停机的控制，主要包括：锅炉降压降温、降负荷、解列、锅炉灭火等。

（4）事故处理：主要指进行事故报警、事故识别和采取相应的安全对策进行事故处理。

（5）事件顺序记录。

（6）事故追忆。

（7）管理计算：对有关的运行指标进行计算、制表打印，以便及时掌握生产过程情况，寻找最优工况，指导操作。如主蒸汽流量、净发电量、汽机效率、锅炉效率、厂用电量、最大负荷利用小时数等。

5—34　什么叫远动？什么叫"四遥"？

远动就是指应用远程通信技术，对远方（厂、站端）的运行设备进行监视和控制，以实现远程测量、远程信号、远程调节、远程控制等各项功能的技术。

"四遥"即指遥测、遥信、遥控、遥调。遥测是指用远程通信技术传送被测量的测量值，又称远程测量。遥信是指对状态量（如开关的位置、装置的投入或退出）进行远程监视，又称远程信号。遥控是指对于具有两个确定状态的运行设备发出的远程命令，又称远程控制。遥调是指对于具有两个以上状态的运行设备发出的远程命令，又称远程调节。

"四遥"是远动装置的四项基本功能，但作为具体的远动装置，并非都具有四遥功能，有的只有遥测和遥信；有的则兼有遥控、遥调功能，应视需要而定。

5—35　什么叫 RTU？它的作用是什么？怎样判断 RTU 是否收到主站遥控命令？

RTU 是 Remote Terminal Unit 的缩写，即称为远动终端单元。它是发电厂、变电站内按规约完成运动数据采集、处理、发送、接收以及输出执行等功能的设备。

厂站端远动终端装置的主要作用是采集、处理和发送遥测、遥信等数据；接收并执行遥控、遥调等命令。

RTU 目前主要采用两种通信制式，即循环式（CDT）和问答式（Polling）。

监视 RTU 的 MODEM 接收信号指示灯，在主站发送遥控命令时，该灯不亮，则说明下行通道故障。指示灯闪亮时如能听到 RTU 内继电器动作声音，证明该命令已被正确接收，在下达"执行"命令时，还能看到遥控模板上的分/合闸指示灯亮。

5—36 什么是无人值班变电站？

无人值班是指一种管理方式。无人值班变电站是指一种没有变电运行人员的变电站。目前对变电站实行的无人值班管理模式是远方监控加操巡队。变电站的运行监视、抄表记录、开关操作、有载调压变压器分接头调节等，是通过地区调度所或集控中心远方监控实现的；而设备的巡视、运行维护、刀闸操作、安全措施、事故处理部分则由操巡队到现场实施。

5—37 实现变电站无人值班方式的基本条件是什么？

实现变电站无人值班方式的基本条件主要有：

（1）一次设备应满足对无人值班站的监控要求。对新建或改建的无人值班变电站应采用或更换为 SF_6 开关或真空开关，以提高运行的可靠性；变压器也应采用有载调压式变压器，能实现远方调节等。

（2）调度自动化系统应满足对无人值班站的监控要求。首先，应注意变送器、RTU、过程输入/输出通道应满足要求，以保证遥测数据的准确、遥信及其变位的正确性、遥控与遥调功能的可靠性。另外，必须对原有调度系统作某些必要的改进和再次开发，以保证远方监控功能的顺利实施。

（3）对二次回路作必要改造。如更换一些信号继电器；遥控操作时，闭锁重合闸回路；遥控断路器时，因控制开关 *KK* 把手与实际设备运行状态不符，误发事故音响等，都应作适当改进。

（4）设置必要的消防措施。主要采用由烟感、温感探测器联动控制箱，以及气体消防设备组成的自动灭火系统，如卤代烷1211灭火系统。

（5）采用变电站综合自动化系统或智能变电站。

5—38 为什么要采用变电站综合自动化系统？变电站综合自动化系统有哪些功能？

采用变电站综合自动化系统，可更好地实施无人值班，达到减人增效的目的；可解决各专业在技术上保持相对独立而造成的各行其事，重复投资的问题，提高运行的可靠性。以往主要存在以下主要问题：

（1）远动、当地监控系统、计量系统所用的变送器各自设置，加大了 CT 和 PT 的负载，投资增加，还造成测量数据的不一致。

（2）远动装置和计算机监控系统功能重复，一个受制于调度所，一个服务于当地监测，过程通道重复，没有做到资源共享，且接线复杂化。

（3）变电站内传统二次系统与计算机监控系统功能重复，计算机监控系统的优点被人忽视，认为可有可无，造成计算机监控系统在变电站的应用不广。

变电站综合自动化系统集传统的测量、保护、控制、信号、远动等功能于一身，完全能代替传统的二次系统。变电站综合自动化系统的功能如下：

（1）计算机保护功能。包括线路、变压器、母线、电容器等的计算机保护，其计算机存贮有多套定值，且能与计算机监控系统通信，将保护动作信息、开关量信息、保护测量值信息、装置故障信息送至计算机监控系统。同时，监控系统也可向计算机保护下达远方跳合闸、远方修改定值、远方查询信息、远方时钟对时等命令。

（2）数据采集与处理功能。

（3）控制与操作闭锁功能。操作员可通过键盘或触摸屏实现对断路器、隔离开关、变压器分接头、电容器组、变压器冷却风扇的控制。在计算机监控操作时，可设置按事先确定的操作顺序和闭锁条件编制的软件进行操作闭锁，达到防止误操作的目的。

（4）电压与无功功率的就地控制。通过调整变压器分接头、电容器组、电抗器、同步调相机实现。

（5）数据记录功能。包括断路器动作次数、断路器开断电流的累计数；输电线路有功、无功；变压器有功、无功；母线电压及电压的最高值、最低值；保护定值等的记录。

（6）与调度通信功能。能实现四遥动能，并能完成远方修改保护定值、事件顺序记录和事故追忆的功能，并能与调度端对时、统一时针的功能等。

（7）人机联系功能。当变电站综合自动化系统用于有人值班站时，则在当地进行；当用于无人值班站时，则由调度所或集控中心的主机或工作站上进行。

（8）事件顺序记录与故障录波功能。变电站综合自动化系统能够记录各事件的时标，为分析事故提供依据。为了保证在计算机监控系统或远方监控系统通信中断时不丢失事件信息，要求计算机保护或当地监控系统应有足够内存，能存放足够的事件顺序记录。故障录波一般采用计算机保护兼作记录和测距计算，并由计算机监控系统存贮与打印波形。

（9）自诊断功能。

5—39 数字化变电站自动化系统的特点？

（1）智能化的一次设备。一次设备被检测的信号回路和被控制的操作驱动回路采用微处理器和光电技术设计，简化了常规机电式继电器及控制回路的结构，使之数字程控器及数字公共信号网络取代传统的导线连接。

（2）网络化的二次设备。变电站内常规的二次设备，已改变了传统二次设备的模式，为简化系统，信息共享，减少电缆，减少占地面积，降低造价等方面，已改变了变电站运行的面貌。使得设备之间的连接全部采用高速的网络通信，二次设备不再出现常规功能装置重复的 I/O 现场接口，通过网络真正实现数据共享、资源共享、常规的功能装置在这里变成了逻辑的功能模块。

（3）自动化的运行管理系统。变电站运行管理自动化系统应包括电力生产运行数据、状态记录统计无纸化；数据信息分层、分流交换自动化；变电站运行发生故障时能即时提供故障原因，提出故障处理意见；系统能自动发出变电站设备检修报告，即常规的变电站设备"定期检修"改变为"状态检修"。

5—40　电网调度自动化系统的基本构成和基本功能是怎样的?

电网调度自动化系统由三大部分组成,即调度主站端、厂站端、通道。

调度自动化系统的基本功能如下:

(1) 数据采集与安全监视和控制 (SCADA)。它主要包括:通过远动系统采集厂站端的实时数据;经过调度主站的计算机系统进行数据处理与存贮,通过显示器与动态调度模拟屏,实现对电网运行工况的在线监视,并具有制表打印、越限报警、模拟量记录、事件顺序记录、事故追忆、画面拷贝、系统自检及远动通道质量监测等功能。在实现监视功能的基础上,通过调度主站端计算机系统、远动系统或厂站端综合自动化系统,对发电机组与调相机组、断路器、有载调压变压器分接头、无功补偿设备等实现遥控或遥调,并进行时钟对时。

(2) 自动发电控制 (AGC) 和经济调度 (EDC)。AGC 和 EDC 是对电网安全经济运行实现闭环控制的重要功能。在调整电网频率的同时,实现经济调度控制。对于各调频厂,按互联电网联络线净功率与频率偏移进行控制;对于非调频厂,则按日负荷曲线运行,对于有条件的电厂还可实现自动电压和无功功率的控制。

(3) 安全分析和对策 (SA)。在实现网络结构分析和状态估计的条件下,进行的实时潮流计算和安全状态分析,目前还只具备实现静态安全分析的条件,即按 (N-1) 原则进行事故预想,并提出对策,用于提高调度人员处理事故的应变能力,并通过约束条件和紧急控制等手段,解除线路的过负荷,保证电网的正常运行。

5—41　什么是智能电网? 其有哪些特征?

智能电网是利用传感器对发电、输电、配电、供电等关键设备的运行状况进行全面的实时监控,然后把获得的数据通过网络系统进行收集、整合,最后通过对数据的分析、挖掘,实现对整个电力系统运行的优化管理。智能电网特征如下:

（1）数字化：对电网更加快速可靠地感知和控制。

（2）智能自愈：融合智能技术和人的知识，提高电网自我抗扰动能力，事故时动态重构、快速自愈。

（3）环保：环境友好，关注可再生能源和储能技术发展。

（4）延伸：电网的概念延伸至终端用户，影响用户行为，挖掘需求侧的安全和经济潜力。

（5）互动：方便实现客户定制，体现电网更大的价值。

（6）适应性强：适应多种发电技术，变电站和控制中心的智能化协调。

5—42 智能电网将给人们的生活带来哪些好处？

坚强智能电网的建设，将推动智能小区、智能城市的发展，提升人们的生活品质。

（1）让生活更便捷。家庭智能用电系统既可以实现对空调、热水器等智能家电的实时控制和远程控制，又可以为电信网、互联网、广播电视网等提供接入服务，还能够通过智能电能表实现自动抄表和自动转账交费等功能。

（2）让生活更低碳。智能电网可以接入小型家庭风力发电和屋顶光伏发电等装置，并推动电动汽车的大规模应用，从而提高清洁能源消费比重，减少城市污染。

（3）让生活更经济。智能电网可以促进电力用户角色转变，使其兼有用电和售电两重属性；能够为用户搭建一个家庭用电综合服务平台，帮助用户合理选择用电方式，节约能源，有效降低用能费用支出。

5—43 智能电表的基本构成是怎样的？有何主要特点？

智能电表的基本结构如图 5 – 7 所示。

智能电表由于采用了电子集成电路的设计，再加上具有远传通信功能，可以与电脑联网，并采用软件进行控制。因此，与感应式电表相比，智能电表无论在性能上，还是在操作功能上，都具有很大的优势。具体表现在如下方面：

（1）功耗：由于智能电表采用电子元件设计方式，因此一般每块表的功耗仅有 0.16～0.17W 左右，对于多用户集中式的智能电表，其平均到每户的功率则更小。而一般每只感应式电表的功耗为 117W 左右。

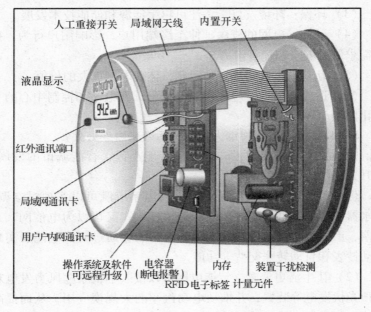

图 5-7 智能电表的基本结构

（2）精度：就表的误差范围而言，210 级电子式电能表在 5%～400% 标定电流范围内测量的误差为 ±2%，而且目前普遍应用的都是精确等级为 110 级，误差更小。感应式电表的误差范围则为 +0186%～-517%，而且由于机械磨损的缺陷，导致感应式电能表越走越慢，最终误差越来越大。国家电网曾对感应式电表进行抽查，结果发现 50% 以上的感应式电表在用了 5 年以后，其误差就超过了允许的范围。

（3）过载、工频范围：智能电表的过载倍数一般能达到 6～8 倍，有较宽的量程。目前 8～10 倍率的表正成为越来越多用户的选择，有的甚至可以达到 20 倍率的宽量程。工作频率也较宽，

156

在 40Hz~1000Hz 范围。而感应式电表的过载倍数一般仅为 4 倍，且工作频率范围仅为 45~55Hz 之间。

（4）功能：智能电表由于采用了电子表技术，可以通过相关的通信协议与计算机进行联网，通过编程软件实现对硬件的控制管理。因此，智能电表不仅有体积小的特点，还具有了远传控制（远程抄表、远程断送电）、复费率、识别恶性负载、反窃电、预付费用电等功能，而且可以通过对控制软件中不同参数的修改，来满足对控制功能的不同要求，而这些功能对于传统的感应式电表来说都是很难或不可能实现的。

5—44 什么是微电网？

微电网（Microgrid）是一组微能（电）源、负荷与储能及其连接网络的可控集合。微电网可并网运行，也可孤网运行。微电网不是旧式孤立电网的重复，它是未来电网实现高效、环保、优质供电的一个重要手段，是对大电网的有益和必要的补充，并非对大电网的挑战。

微电网示意图如图 5-8 所示。

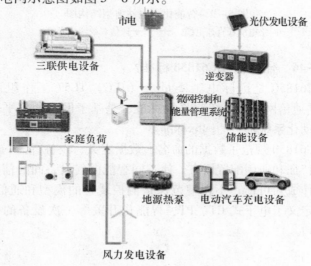

图 5-8　微电网示意图

5—45 智能化变电站的基本结构是怎样的？

智能化变电站由站控层、间隔层和过程层组成。智能化变电站的基本结构如图 5-9 所示。

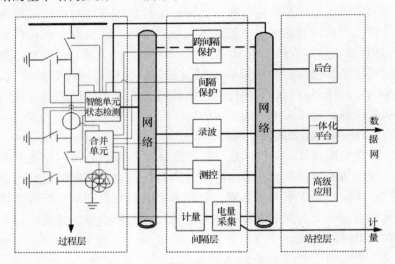

图 5-9 智能化变电站典型结构图

----------回路电缆或直连电缆；————通信双绞线或光缆

5—46 什么是 IEC61850 标准？

IEC61850 是国际电工委员会（IEC）TC57 工作组制定的《变电站通信网络和系统》系列标准，是基于网络通信平台的变电站自动化系统唯一的国际标准。

IEC61850 规范了数据的命名、数据定义、设备行为、设备的自描述特征和通用配置语言，使不同智能电气设备间的信息共享和互操作成为可能。不仅规范保护测控装置的模型和通信接口，而且还定义了电子式 CT、PT、智能化开关等一次设备的模型和通信接口。

第六章 电力变压器与同步发电机

第一节 电力变压器

6—1 电力变压器型号是如何表示的?

电力变压器型号由字母和数字两部分组成:

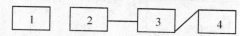

1—变压器的分类型号,由多个拼音字母组成;

2—设计序号;

3—额定容量,kVA;

4—高压绕组电压等级,kV。

分类型号最多由 8 个字母构成,即绕组耦合方式 + 相数 + 绕组外绝缘介质 + 冷却种类 + 油循环方式 + 绕组数 + 调压方式 + 绕组材质,具体意义见表 6-1。

表 6-1 分类型号拼音字母意义表

序 号	分 类	类 别	代表符号
1	绕组耦合方式	普通	不表示
		自耦	O
2	相数	单相	D
		三相	S
3	绕组外绝缘介质	变压器油	不表示
		空气	G
		成型固体	C
4	冷却种类	自冷	不表示
		风冷	F
		水冷	S

序 号	分 类	类 别	代表符号
5	油循环方式	自然循环 强迫油循环	不表示 P
6	绕组数	双绕组 三绕组 分裂绕组	不表示 S F
7	调压方式	无励磁调压 有载调压	不表示 Z
8	绕组材质	铜 铝 半铜半铝	不表示 L Lb

由于某些类别不需表示，所以最少的变压器型号只有一个字母，如 S9—630/10。

再列几个型号供参阅：

SG—100/10，三相干式空气自冷电力变压器，额定容量 100kVA，高压侧额定线电压为 10kV；

SFFZ7—40000/220，三相风冷分裂有载调压变压器，额定容量 40000kVA，高压侧额定线电压为 220kV；

OSFPSZ—250000/220，自耦三相强迫油循环风冷三绕组有载调压变压器，额定容量 250000kVA，高压侧额定线电压为 220kV。

6—2 变压器的额定容量、额定电压、额定电流三者关系如何？

变压器的额定容量是指视在功率，额定电压、额定电流分别指线电压、线电流，所以三者对应关系式为

单相变压器：$S_N = U_{1N}I_{1N} = U_{2N}I_{2N}$

三相变压器：$S_N = \sqrt{3}U_{1N}I_{1N} = \sqrt{3}U_{2N}I_{2N}$

6—3 油浸式变压器冷却方式标志的意义是什么?

油浸式变压器冷却方式用四个字母表示,其意义见表6-2。

表6-2 冷却方式字母意义表

冷却方式	标志方法	标志字母及意义			
		变压器内部绕组和铁芯冷却方式		变压器外部冷却装置冷却方式	
		第一字母(冷却介质)	第二字母(循环方式)	第三字母(冷却介质)	第四字母(循环方式)
油浸自冷	ONAN	油	热虹吸自然循环	空气	自然对流循环
油浸风冷	ONAF	油	热虹吸自然循环	空气	风扇吹风强迫空气循环
强油风冷	OFAF	油	油泵强迫非导向油循环	空气	风扇吹风强迫空气循环
强油水冷	OFWF	油	油泵强迫非导向油循环	水	水泵强迫冷却水循环
强油导向风冷	ODAF	油	油泵强迫油按导向结构进入绕组内部循环	空气	风扇吹风强迫空气循环

6—4 什么是变压器的联结组标号?

变压器高低压侧对应线电压的相位关系连同绕组的联结方法,称为变压器的联结组标号。它由联结组和联结组号两部分组成。

因为变压器高、低压绕组对应的线电压之间的相位关系总是相差为30°的倍数,所以通常用"时钟法"来表示相位关系。即把高压绕组的线电压相量作为时钟的长针,且固定指向"0"或曰"12"点的位置,对应的低压绕组的线电压相量作为时钟的短针,其所指的钟点数就是变压器联结组标号的联结组号。

如联结组标号 Yd11，表示三相变压器的高压绕组为星形联结，低压绕组为三角形联结；联结组号为 11，表示低压绕组线电压比高压绕组对应的线压落后 $30° \times 11 = 330°$，或者说低压绕组线电压比高压绕组对应的线电压超前 $30°$。

变压器联结组标号的种类很多，为了使用和制造上的方便，我国国家标准规定三相电力变压器只有五种联结组标号，即 Yd11、YNd11、Yn0、YN0、Yy0；单相电力变压器联结组标号则只有 Ii0 一种。

6—5 什么是变压器的短路阻抗百分数？

变压器的短路阻抗由绕组的漏电抗与电阻构成。而铭牌中的短路阻抗的数值是指短路阻抗百分数。短路阻抗百分数 =（短路阻抗÷阻抗基值）×100%。

摄氏 75°时的短路阻抗 $z_{k75℃}$ 与一次侧额定相电流 I_{1Nph} 的乘积称为短路电压，即 $U_k = I_{1Nph}z_{k75℃}$，它与额定相电压之比的百分值称为短路电压的百分数。

短路阻抗百分数在数量上与短路电压百分数相等，故在工程实际中，经常在称呼上未对两者加以严格区分。

短路阻抗百分数是变压器的一个很重要的参数。如果其值较小，则变压器正常运行时，其输出电压随负载波动的程度就小；但当变压器发生短路故障时，其短路电流又会较大；如果其值较大，则反之。因此，变压器应根据运行的要求选择适当的短路阻抗百分数值。一般中小型电力变压器的短路阻抗百分数在 $(4 \sim 10)$% 之间，大型电力变压器的短路阻抗百分数在 $(12 \sim 18)$% 之间。

6—6 铭牌中的"绝缘水平"的意义是什么？

"绝缘水平"是指变压器绕组的额定耐受电压值，其拼音字母的含义是：

LI—雷电冲击耐受电压；SI—操作冲击耐受电压；AC—工频耐受电压。拼音字母后面的数值为电压值，单位为 kV。

6—7　电力变压器运行时的损耗有哪些？

变压器的损耗包括铁芯损耗和铜损耗两大类，简称铁耗和铜耗。铁耗主要由铁芯中的涡流、磁滞现象产生，其大小近似与电源电压的平方成正比。由于电源电压基本不变，所以铁耗基本不变，与变压器电流大小无关，故铁耗又被称为不变损耗。铜耗主要是由电流流过一、二次绕组的电阻产生，铜耗大小与电流的平方成正比，即随负荷大小的变化而变化，所以铜耗又被称为可变损耗。

6—8　变压器的铁芯需要接地吗？

为了提高磁路的导磁性能，减少涡流和磁滞损耗，变压器的铁芯用表面涂有很薄绝缘层的硅钢片叠制而成。由于变压器的铁芯位于变压器内部电磁场中，运行时在铁芯及其它金属附件中会感应出电动势，当电动势的值超过一定值时，则会在铁芯与接地油箱之间发生击穿或局部放电现象。为避免这种内部放电，铁芯必须接地，且只允许有一点接地。小型变压器的铁芯从油箱内接到油箱上，经油箱接地点接地；部分大型变压器的铁芯连接到油箱顶部接地小套管上，通过小套管从油箱壁外侧接地。互相绝缘的铁芯片是通过片之间的电容接地的。

6—9　变压器油有什么要求？

变压器油的作用是散热和绝缘。变压器油是一种矿物油，要求十分纯净。其外观，应清澈透明，无悬浮物和底部沉淀物，一般是淡黄色。

变压器油长期与含有水分的空气接触及受热，会使油发生老化。一是会降低其绝缘性能；二是产生杂质，堵塞油道，影响散热。所以要定期对运行中使用的变压器油进行去潮、去杂处理，并进行全面的色谱分析和油质检验。

选用变压器油还要考虑在当地低温时节是否会凝固。例如牌号为 DB – 10、DB – 25、DB – 45 的变压器油，分别表示在 – 10、– 25、– 45℃才会凝固。

6—10 变压器的储油柜起什么作用?

储油柜又叫油枕。变压器油一般充到储油柜的一半左右,储油柜上有标尺显示油位。储油柜的作用有两个:一是减小油与空气的接触面,减缓油受潮及老化的速度;二是当油温变化时调节油量,保证油箱内始终充满油。大型变压器还使用胶囊式或隔膜式储油柜,利用胶囊或橡胶隔膜将油与空气更好地隔离,胶囊底部或隔膜贴附在油面上,可随着油面的变化而上下浮动。

在储油柜上装设有吸湿器(亦称呼吸器),储油柜通过它与外部空气相连,吸湿器中装有能吸潮的硅胶,可以吸收进入储油柜中空气的水分和过滤杂质。

6—11 变压器的气体继电器起什么作用?

气体继电器又称为瓦斯继电器,是变压器的一种保护装置,它安装在油箱和油枕之间的连通管中。当变压器内部故障(如绝缘击穿、匝间短路、铁芯事故等)时产生的气体和油流,迫使气体继电器动作。轻者发出信号,以便运行人员及时处理,重者使断路器跳闸,以达到保护变压器的目的。

6—12 防爆管(压力释放阀)起什么作用?

防爆管的上端口装有一定厚度的玻璃或酚醛纸膜片,下端口与油箱连接。当变压器内部严重故障而气体继电器又失灵时,箱内压力剧增,当一定限度时,防爆管口膜片破碎,油及气体由此喷出,防止油箱爆炸或变形。由于膜片厚薄可能不均匀,或有伤痕,其爆破压力大小随机性很大。现代电力变压器已较多采用压力释放阀,当油箱内压力过大时,气体顶开阀内的重力锤释放气体及油流,压力正常后自动恢复原状。

6—13 电气绝缘材料分为几个级别?

常用的电气绝缘材料分为 A、E、B、F、H、C 六级,其具体情况见表 6 - 3。

表 6－3　　　　　　　　　　　　　　絶縁材料的等级

等级	绝　缘　材　料	允许温度（℃）
A	经过浸渍处理的棉、丝、纸版、木材等，普通绝缘漆，变压器油	105
E	环氧树脂、聚脂薄膜、青壳纸、三醋酸纤维薄膜高强度绝缘漆	120
B	用提高了耐热性能的有机漆作粘合剂的云母、石棉和玻璃纤维组合物	130
F	用耐热优良的环氧树脂粘合或浸渍的云母、石棉和玻璃纤维组合物	155
H	用硅有机树脂粘合或浸渍的云母、石棉和玻璃纤维组合物，硅有机橡胶	180
C	天然云母、玻璃、瓷料	＞180

6—14　什么是变压器的油面温升？

温升，就是物体温度与周围介质温度之差。油面即油箱中变压器油的顶层。

在分析物体发热和冷却过程中，物体的实际温度除了与发热量、散热情况等有关外，还与周围介质的温度有关，为了排除环境温度的影响，采用温升这个概念。

变压器和其它电机使用的绝缘材料允许温度是由材料的等级决定的，是个常数，因此绝缘材料的允许温升则由环境温度决定。而环境温度受昼夜、季节、地点等多因数影响变化很大。因此，我国规定环境最高温度取为40℃，以此来讨论变压器、电机的温升。如 A 级绝缘的油浸变压器，其绕组的长期运行最高允许温升规定为 105－40＝65℃，顶层油温（油面）的允许温升规定为55℃。当周围空气温度高于40℃时，散热困难，变压器不能满负荷运行，须保证它的顶层油温不超过85℃；当周围空气温度低于40℃，虽然外壳的散热能力增大，但本体内部的散热能力提高不多，故也不允许变压器过负荷运行。也就是说在实际的运行中，顶层油的绝对温度值和温升，两者均不得超过允许值。

例如，一台油浸式自冷变压器，当周围空气温度为35℃，上层油温为80℃时，则上层油温的温升为80℃ - 35℃ = 45℃，温升和绝对油温均未超过允许值，运行正常。若周围空气温度为0℃，上层油温为60℃，温升为60℃。油温虽未超出允许值85℃，但温升超过规定值，运行属非正常状态，应减负荷或改善通风条件，使温升降到允许值以内。

6—15 变压器的空载电流为何种性质？其值多大为正常？

变压器空载运行时，二次侧无电流，一次侧的电流称为空载电流。

根据空载电流的作用，它可看成由两个分量组成：一个是无功分量，其作用是在变压器铁芯中建立磁场，用于传递电能；另一个是有功分量，其作用是提供空载时的有功损耗，即铁芯损耗和铜耗，其中铜耗可忽略不计。而空载电流中无功分量远远大于其有功分量，空载电流基本为感性无功性质，故常常称为励磁电流。空载运行的变压器使电网的功率因数减低，因此不允许变压器长时间接在电网上空载运行。

人们希望空载电流越小越好，其大小常用空载电流占额定电流的百分数来表示。由于变压器采用了高导磁性能的硅钢片做铁芯，故电力变压器空载电流百分数大约在 (1 ~ 10)% 之间，容量越大，比例越小。例如，某台型号为"SZ10—50000/110"的电力变压器，其空载电流百分数为 0.6%。如果一台变压器投入运行后，发现空载电流比例过大，则说明变压器有故障。

6—16 变压器的输出电压为什么会随负载变化而变化？

由于变压器有短路阻抗存在，带负荷时其电流会在短路阻抗上产生电压降，即使电源电压不变，二次侧的输出端电压将随负载的变动而变化。

电压变化的程度与变压器的短路阻抗百分数的大小、负载的大小和负载的性质等三个因素相关。例如，对同一台变压器，当负载电流从空载增长到额定值的过程中，输出端电压的变化程度是感性负载大于阻性负载，即当负载电流为额定值时，带感性负载时的端电压比带阻性负载时要比额定电压低得更多一些；负载为容性时，当负载电流变化时，输出端电压可能还会高于额定电压。

6—17 负载率为多大时变压器的效率达最高？

变压器在进行能量传递过程中会产生铁耗和铜耗，因此其输出的有功功率小于从电网输入的有功功率，将输出有功功率与输入有功功率的比值称为变压器的效率。变压器的效率与负载的大小（负载率）和负载的性质两个因素相关。

设负载的功率因数不变，则变压器输出有功功率的大小与其负载电流成正比。变压器空载运行时，没有输出有功功率，效率最低；随着负载电流的增大，效率逐渐提高，当变压器的铜耗等于铁耗时效率达到最高；当负载电流再进一步增大，但未超过额定值时，效率又略有降低；当负载电流超过额定值时，效率则会下降的较多，因为铜耗与电流成平方倍的关系增大。

因为电力变压器不能保证总是在额定负载状况下运行，因此将铁耗设计为额定铜耗（1/4～1/3），对应的效率最高时的负载率则为（0.5～0.6）左右。因此，变压器的负荷应该经常保持在额定值的（50～100）%之间，以利于提高全年的运行效率。

6—18 有载调压变压器与无励磁调压变压器有什么不同？

无励磁调压变压器的分接开关需在变压器一、二次侧均与电网开断的情况下调节。它一般根据季节、运行电压的高低，停电后来改变分接头位置。由于不可能经常停电，所以输出电压质量很难保证。特别是在10kV供电线路较长，负荷变动较大的情况下，更是难以达到电压质量要求。此外，还影响电力电容器的调压作用。在高峰负荷期间，电压较低，电容器容量降低，而后半夜低谷负荷时，电压较高，电容器有时又要被迫退出运行，这样就影响了电容器作用的充分发挥。

有载调压变压器的分接开关可在变压器负载运行中，不停电改变绕组的分接头进行调压，可以减少或避免电压大幅度波动，减少高峰、低谷电压差，有利于发挥电容器的调压作用。它还可以加装自动调压和检测控制部分，在电压超过规定范围时自动调整电压，因此用于对电压质量要求较高的地方。但比同容量的无励磁变压器结构复杂、体积大、造价高、维护运行也复杂一些。目前，农村电网 35kV 电压等级的变电站中使用低耗有载变压器越来越广泛，"十一五"期间已达该电压等级变压器总数的 70% 左右。

6—19 什么是变压器的励磁涌流？

在变压器二次侧开路的情况下，将一次侧开关投入到电网上称为空载合闸。当变压器空载合闸时，可能会出现较大而很短暂的冲击电流。此电流大大超过正常运行时的励磁电流，可达到 (5~8) 倍的额定电流（即几十到几百倍的空载电流）。由于时间很短，故该励磁电流也称为励磁涌流。

出现励磁涌流的原因是，由于合闸时电感线圈要保持与其交链的磁通不能突变，导致铁芯中出现磁通自由分量，使铁芯磁路深度饱和，于是产生励磁涌流。

励磁涌流随时间衰减的速度取决于一次绕组的时间常数。一般小型变压器的电阻较大，衰减较快，1s 之内可达到稳态，但巨型变压器的电阻较小，衰减较慢，有的变压器要达到 20s 左右才能进入稳态运行。

空载合闸出现的励磁涌流数值不是很大，衰减也较快，对变压器本身没有直接的危害。但励磁涌流有可能使变压器的过流保护误动作而引起跳闸，因此应采用能识别或躲开励磁涌流影响的保护装置。

如遇变压器空载合闸时跳闸，可先对变压器及线路进行检查（如变压器检修后未拆除接地线而出现短路故障等），查明原因经处理后，再重复进行合闸。

6—20 变压器日常巡视应检查哪些内容？

变压器在运行中，工作人员应定期巡视，了解变压器的运行情况，发现问题及时解决，力争把故障消灭在初始状态。巡视检查的主要项目如下。

（1）变压器的油温和温度计应正常，油色应正常，储油柜的油位应与温度相对应，各部位无渗油、漏油。上层油温一般应在85℃以下，对强迫油循环水冷却的变压器应为75℃以下。

（2）套管油位应正常，套管外部无破损裂纹，无严重油污，无放电痕迹及其它异常现象；

（3）变压器音响正常。

（4）各冷却器手感温度应相近，风扇、油泵、水泵运行正常，油流继电器工作正常，水冷却器的油压应大于水压。

（5）呼吸器完好，吸附剂干燥（硅胶颜色应不呈粉红色）。

（6）引线接头、电缆、母线应无过热变色现象。

（7）压力释放阀或安全气道及防爆膜应完好无损。

（8）气体继电器内应无气体。

（9）外壳接地良好。

（10）控制箱和二次端子箱应关严，无受潮。

（11）干式变压器的外部表面应无积污。

（12）变压器室的门、窗、照明应完好，房屋不漏水，温度正常。

6—21 变压器运行中出现异常响声如何处理？

变压器在加上电源后，由于电流及磁通的变化，铁芯、绕组会振动而发出连续均匀的嗡嗡声时，习惯称为交流声。若出现异常响声则应进行分析与处理。举例如下：

当听到变压器有较大而均一的响声时，可能是外加电压过高，检查属实后，应设法降低电压。当声音大而嘈杂，说明变压器内部的振动变大或结构松动，必须严密监视，必要时，减小负荷，甚至停电检修。当听到滋滋声时，说明有放电现象，要检查套管是否太脏或有裂纹，若套管无闪络，则可能是变压器内部出现问题，需进一步检查处理。当音响特大，而且不均匀或有爆裂声时，表明有击穿现象，如绕组绝缘损坏等，此时应立即停电修理。

6—22　发现变压器的油面不正常时应如何处理?

发现变压器油面下降,可能是油箱等部件渗漏油或天气变冷收缩而致。如属前者,则应考虑停电修理。若属后者,应按有关规定补油。

发现油面上升,一般来说是温度上升而引起的,针对引起温度上升的原因进行处理。如因为环境温度太高,则应改善通风条件。因为过负荷运行,当油面上升高出规定油面时,应放油至适当高度,降低负荷,以免溢油。

6—23　变压器在运行时,出现油位过高或有油从油枕中溢出时,应如何处理?

应首先检查变压器的负荷和温度是否正常,如果负荷和温度均正常,则可以判定是因呼吸器或油标管堵塞造成的假油位。此时,应经主管人员同意后,先将重瓦斯保护改接于信号,然后疏通呼吸器或油标管。如因环境温度过高引起油枕溢油时,则应放油处理,使油位降至与当时油温相对应的高度为止。

6—24　变压器出现假油位,是由哪些原因引起的?

(1) 油标管堵塞。

(2) 呼吸器堵塞。

(3) 安全通道气孔堵塞。

(4) 薄膜保护式油枕在加油时未将空气排尽。

6—25　运行中的变压器补油应注意哪些事项?

(1) 35kV 及以上的变压器应补入相同牌号的油,但应做耐压实验。

(2) 10kV 及以下的变压器可补入不同牌号的油,但应做混油耐压实验。

(3) 补油前应将重瓦斯保护改接在信号回路,补油后要检查瓦斯继电器,并及时放出气体,若在 24 小时后无问题,可重新将重瓦斯保护接入跳闸回路。

(4) 补油量要适当,油位要和油温相适应。

（5）禁止从变压器下部截门处补油，以防止变压器底部的沉淀物被冲入绕组内，影响变压器的散热和绝缘。

6—26　什么是变压器油的"老化"和"受潮"？如何处理？

变压器油在运行中易于氧化，发生化学变化，产生酸性物质和油泥，这个过程称为"老化"。油质的老化速度不仅取决于空气中的氧气，还取决于温度，试验证明，油氧化的起始温度是60~70℃。低于此温度时，油很少发生氧化。当温度达120℃时氧化较激烈，温度达到160℃时，氧化更激烈，油质迅速变坏。衡量油是否老化，主要看三个指标，即安定度、表面张力值、介质损耗值，它们分别反映了油的化学、物理和电气性能。

变压器油容易吸收水分和脏物，使其绝缘程度下降，通常称为"受潮"。一般认为氧化的油比新鲜油更易受潮，而受潮的油与干燥的油相比，其老化速度要快2~4倍。新鲜的变压器油为浅黄色，运行一段时间后为浅红色，氧化（老化）较严重的油为暗红色，经短路、绝缘击穿和电弧高温作用的油中含有碳质，油色发黑。

发现油色异常，应取油样进行试验。对运行中的变压器油和备用变压器油要作定期的取样试验，大修后和新安装的变压器也要取油样试验。试验结果达不到标准的，要作过滤和再生处理，再不合格则须更换。

通过压力滤油机把变压油过滤，称为"净化"处理，主要用来除掉油中的水分和杂质。通过吸附剂除掉氧化产生的酸性物质，称为"再生"处理。经过"净化"和"再生"处理后，可以使变压器油恢复良好的性能。

6—27　变压器气体继电器的巡视项目有哪些？

（1）气体继电器连接管上的阀门应在打开位置。

（2）变压器的呼吸器应在正常工作状态。

（3）瓦斯保护连接片投入正确。

（4）油枕的油位应在合适位置，气体继电器应充满油。

（5）气体继电器防水罩应牢固。

6—28　变压器气体继电器动作后如何判断故障原因和处理？

气体继电器在轻瓦斯时动作发出信号，在重瓦斯时使断路器跳闸。

轻瓦斯动作的原因可能有以下几个方面：

（1）因滤油、加油、更换硅胶或检修潜油泵等现场工作致使空气进入变压器。

（2）冷却系统不严密，致使空气进入变压器。

（3）温度下降和漏油致使油位缓慢降低。

（4）变压器内部故障，产生少量气体。

（5）保护装置二次回路故障。

因此，当发现变压器轻瓦斯动作发信号后，应立即向领导报告，尽可能减负荷，然后分析原因。例如，现场有检修、维护等工作时，可判定是气体进入变压器内部，应进行放气。如果变压器现场无检修、维护等工作时，一方面应严密注视变压器运行情况，如电流、电压变化情况。另一方面立即对变压器本体进行外部检查，如油位、油温、音响是否正常，有无漏油喷油情况。当外部检查未发现有异常现象时，应立即收集气体继电器中的气体及油样进行分析和鉴别后，再决定如何处理。

重瓦斯动作跳闸后，应立即进行外部检查，取气体样、油样分析后，再决定如何处理。在查明原因消除故障前，不得将变压器投入运行。

6—29　运行中的变压器，取瓦斯气体样时应注意哪些安全事项？

（1）取瓦斯气体必须由两人进行，其中一人操作，一人监护。

（2）攀登变压器取气时应保持安全距离，防止从高处摔下。

（3）防止误碰探针。

6—30　气体继电器动作后如何根据气体样判断故障性质？

根据气体颜色和性质可分析判断是否出现异常情况。

（1）无色、无臭、不可燃：变压器的气体是空气，允许继续运行。

（2）灰色、有强烈臭味、可燃烧：纸、麻类绝缘材料有损坏，应停电处理。

（3）微黄色、不易燃烧：木质绝缘损坏，应停电处理。

（4）灰黄色、黑色、可燃烧：油内发生闪络或因过热而分解，应停电处理。

6—31　新装、大修、事故检修或换油后的变压器，为什么规定在施加电压前应静止放置一段时间？

《电力变压器运行规程》中规定了，对不同电压等级的变压器，新装、大修、事故检修或换油后静止放置的时间，如对110kV 及以下电压等级的变压器静止时间不应少于 24 小时，这是为了排除混在油中的气体。

6—32　当运行中变压器发出过负荷信号时，应如何处理？

运行中的变压器发出过负荷信号时，工作人员应检查变压器的各侧电流是否超过规定值，并将变压器过负荷数量报告主管人员。然后检查变压器的油位、油温是否正常，同时将冷却器全部投入运行，对过负荷数字值及时间按现场规程中规定的执行，并按规定时间巡视检查，必要时拉闸减负荷或投入备用变压器。

6—33　变压器运行时发现三相电压不平衡应如何处理？

如果三相电压不平衡时，应先检查三相负荷情况。对 Yd 接线的三相变压器，如三相电压不平衡，电压超过 5V 以上则可能是变压器有匝间短路，需停电处理。对 Yy 接线的变压器，在轻负荷时允许三相对地电压相差 10%，在重负荷的情况下要尽量使三相电压平衡。

6—34　变压器三相负载不平衡时，应如何处理？

变压器三相负载不平衡时，应监视最大一相的电流不超过额定值，同时应观察中性线电流。接线为 Yyn0（或 YNyn0）和 YNd11 的配电变压器，中性线电流的允许值分别为额定电流的 25% 和 40%，或按制造厂规定。若超过规定值，则应请示主管人员后，减负荷。

6—35　如何切换无励磁调压变压器的分接开关?

切换无励磁调压变压器的分接开关应在变压器停电后进行,并在各侧装设接地线后,方可切换分接开关。切换前先拧下分接开关的两个定位螺钉,再扳动分接开关的把手,并正反向各转动4~5周后,再固定在所需调整的位置上,然后装上拧紧定位螺钉,测试三相直流电阻合格后,方可将变压器投入运行,并作好记录。

6—36　无励磁调压变压器在变换分接开关时,为什么要作多次转动?

无励磁分接开关,在变换时要求多次转动,是为了消除触头上的氧化膜和油污,避免变换分接开关后接触不良。在确认变换分接正确并锁紧后,测量绕组的直流电阻。

6—37　无励磁调压变压器在变换分接开关后,为什么要测量三相直流电阻?

因为分接开关的接触部分在运行中可能被烧伤,长期未用的分接头有可能产生氧化膜或沾有油灰等污物,造成切换分接头后接触不良,所以必须测量直流电阻。一般容量的变压器可使用惠斯顿电桥测量,容量大的变压器由于绕组的直流电阻较小,为保证测量的准确性,应使用双臂凯尔文电桥进行测量。测得的三相电阻应平衡,相差不得超过2%,并参考历次测试数据。电阻不平衡值的计算公式为 $(R_大 － R_小)/R_{平均} \times 100\%$。

测量电阻前应将变压器各侧的引线和地线拆除,测试的导线截面应尽量大一些,接触必须良好。测定后应先停检流计后断电源开关,拆动测试线时,需将变压器线圈放电。

6—38　无励磁调压变压器三相直流电阻不平衡的原因有哪些?

(1)分接开关接触不良,如接点烧伤、不清洁、电镀层脱落、弹簧压力不够等。

(2)分接开关引出线焊接不良或多股导线有部分未焊好或断股。

（3）三角形接法的三相绕组中一相断线，未断线的两相电阻值为正常值的 1.5 倍，断线相的电阻值为正常值的 3 倍。

（4）变压器套管的导电杆与引线接触不良。

6—39　如何调整变压器的有载调压开关？

调整变压器的有载调压开关时应注意以下事项：

（1）分接开关档位的调整根据调度规定执行。

（2）检查有载调压装置电动机动力保险是否良好。

（3）检查有载调压装置抽头位置指示器电源是否良好。

（4）检查有载调压装置机构箱内档位指示与控制室内控制屏上的档位指示是否一致。

（5）按预定的调压目标按一下升压或降压调节操作按钮，每次只允许调节一个电压档位，同时观察档位指示灯的变化及电压表指示值的变化，等电压稳定后再进行下一个档位的调节。不允许一次调节数档，防止有载调压开关的触点烧坏。

（6）调整结束后再次检查有载调压装置机构箱内档位指示与控制室内控制屏上的档位指示是否一致。

（7）对变压器及有载调压装置进行全面检查，应无异常现象。

（8）做好调整记录。

6—40　自耦电力变压器有什么特点？一般用在什么场合？

一、二次绕组有共同部分的变压器称为自耦变压器。只属于一次侧的线圈称为串联绕组，同属于一、二次侧的线圈称为公共绕组。

普通变压器一、二次绕组之间只有磁的耦合，而自耦变压器的一、二次绕组之间不仅有磁的耦合，还有电的直接联系。当变压器负载运行时，自耦变压器传递给负载的容量由两部分组成。一部分是通过电磁感应作用从一次侧传递到二次侧的容量，称为电磁容量，这与双绕组变压器传递方式相同；另一部分是由电源经串联绕组直接传递到负载的容量，称为传导容量。由于传导容量的存在，自耦变压器的绕组容量可小于其额定容量。变比愈小，绕组容量就可小的愈多。从而相对于同容量的普通变压器，减少了硅钢片和铜材料的使用，节省了材料，减小了变压器的体积和重量，便于运输与安装，从而可以降低投资成本。同时，由于材料减少，使其损耗降低、效率提高。

所以自耦变压器常用在小变比、大容量、高电压等级的场合，例如，500/220kV 的变电站常常采用自耦变压器。

6—41　变压器并联运行有什么好处？

将两台或两台以上的变压器的原绕组并联接到公共电源上，副绕组并联接在一起共同向负载供电的运行方式，称做变压器的并联运行。

并联运行的优点是：

（1）当某一台变压器故障或检修时，其它几台变压器可继续向用户供电，从而保证了供电的可靠性。

（2）可根据负载变化的情况，随时调整投入并联运行变压器的台数，保证每台变压器均处于高效率状态下运行，达到经济运行的目的。

（3）可减少变压器的备用容量及减少一次性投资。

6—42　变压器并联运行的理想条件是什么？

希望多台变压器并联后达到的理想状况是：空载运行时与单台空载一样，二次侧没有电流；负载运行时，各变压器的输出电流相位相同，且各台变压器所分担的负载，与其额定容量成正比，以确保设备容量能得到充分利用。

为此并联运行的变压器需满足下述条件：

（1）各台变压器一、二次侧额定电压相等。

（2）各台变压器的联结组号应相同。

（3）各台变压器短路阻抗百分数相等，且短路阻抗角相等。

从理论上来说，一台 Yd 联结组的变压器和另一台 Dy 联结组的变压器满足上述条件也可以并联运行，但工程实际中并联运行的变压器都取相同的联结组，故第（1）个条件可表述为变比相等，第（2）个条件可表述为联结组标号相同。

第（1）个和第（2）个条件是为了保证各变压器并联运行时，不会产生环流，以免烧坏绕组，或占据绕组容量和引起附加损耗。第（3）个条件中的短路阻抗百分数相等是为了保证各台变压器的负载率相等，短路阻抗角相等是为了保证各台变压器二次侧电流同相位，这样就可以使设备容量得到充分利用。

其中第（1）、（3）个条件允许有较小的误差，第（2）个条件则要绝对保证，否则会出现极大环流，烧坏变压器。

6—43 为什么规定短路阻抗标幺值不相等的变压器并联运行时，可适当提高短路阻抗标幺值大的变压器的二次电压？

因为并联运行变压器的负载率 β 与其短路阻抗的标幺值 z_k^* 成反比。若短路阻抗的标幺值相等，则两台变压器的负载率相同，它们同时满载或同时欠载。若短路阻抗的标幺值不相等，则 z_k^* 大的变压器 β 较小，z_k^* 小的变压器 β 较大。当令 z_k^* 大的变压器满载运行（$\beta=1$）时，则 z_k^* 小的变压器将处于过载状态（$\beta>1$），不允许长时间运行；当令 z_k^* 小的变压器满载时，则 z_k^* 大的变压器将处于欠载状态（$\beta<1$），使变压器的容量不能得到充分利用。

《电力变压器运行规程》（DL/T572—1995）中规定对短路阻抗标幺值不相等的变压器并联运行时，可适当提高短路阻抗标幺值大的变压器的二次电压，则可使变压器的容量不能得到充分利用的现象得到改善。

6—44 为什么要求并联运行的变压器的额定容量之间的比例不超过（3:1）？

并联运行需要保证各台变压器短路阻抗的阻抗角相等，是为了保证各台变压器二次侧的输出电流同相位，使设备容量得到充分利用。实践表明，当两台变压器的额定容量之间的比例不超过（3:1）时，其短路阻抗的阻抗角基本相等，满足并联运行的要求。

6—45 并联运行的两台有载调压变压器，升压时，要求先升负荷较小的一台，后升负荷较大的一台；降压时，反之。为什么？

满足并联运行条件的两台有载调压变压器，其变比相等。当先对某一台变压器升压时，则两台变压器的变比就不相等了，升压后的变压器变比变得较小。因为两台变压器的一次侧接在同一电源上，变比小的那台变压器的二次空载电压较高，在两台变压器之间产生环流，变比小的变压器的负载率变大，容易过载，另外一台负载率变小。

如果升压时，先升负荷较小的一台，后升负荷较大的一台，就能避免使先升压的变压器过负荷。同理，降压时先降负荷较大的一台，后降负荷较小的一台，也是为了避免使先降压的变压器过负荷。

6—46 处理电力变压器事故及异常运行的原则是什么？

变压器的事故处理，可分为异常运行处理、紧急停运处理和故障处理。进行事故处理应遵循以下基本原则：

（1）事故时保证变电站用电或厂用电系统的可靠供电。

（2）准确判断事故性质和影响范围，并及时向调度汇报。

（3）限制事故的发展和扩大。

（4）处理事故严格按《运行规程》中有关规定执行。

（5）恢复送电时防止误操作。

（6）详细记录发生事故的现象、原因及处理经过。

6—47 电力变压器着火应如何处理？

（1）停电：如未自动跳闸，应将变压器停电，拉开各侧开关刀闸，并切除冷却器电源，将有关通风机停止运行。如危及邻近设备的安全运行，也应及时联系停止邻近设备的运行。

（2）排油：若油溢出在变压器顶盖上着火，应打开变压器下部排油阀将油排至事故油池，使变压器油面低于着火面，并往变压器外壳浇水降温。若是变压器内部故障引起着火时，则不能放油，以防止发生爆炸。如属变压器外壳破裂着火时，则应将变压器内的油全部排至事故油池。

（3）灭火：启动消防水泵，打开消防水阀门向变压器喷雾灭火，或用干式灭火器、气体灭火器进行灭火；当变压器油流到地面燃烧时，可用沙子灭火；对于干式变压器，则严禁用沙子灭火。灭火人员应带好防毒面具。

（4）灭火时须有专人指挥，防止扩大事故或引起人员中毒、烧伤、触电等。

6—48 电力变压器检修的目的是什么？大小修周期一般为多长？

对电力变压器进行检修是为了达到以下目的：

（1）保持或恢复变压器的额定传输能力，延长其使用寿命。

（2）消除变压器的缺陷，排除隐患，保证设备安全运行。

检修的分类：①大修和小修；②维护性和恢复性检修。

电力系统变压器的大修期限一般可按下列情况确定：

（1）发电厂、变电站的主变及主要的厂用变一般在投入运行后的 5 年内应大修一次，以后每隔 10 年大修一次。其它变压器大修期限可适当延长。

（2）运行中的主变当承受出口短路后，经综合诊断分析后，可考虑提前大修。

（3）运行中的主变发生异常状况或判明有内部故障时，应提前大修。

（4）对密封式的变压器，经过试验和运行情况判定确有故障时，才大修。

小修的周期：根据变压器的重要程度、运行环境、运行条件等因素，为了了解和及时防止变压器出现故障而进行的短期间隔的检修工作。

电力变压器一般一年小修一次，对地位重要或运行环境恶劣变压器的小修期限可缩短。

第二节 同步发电机

6—49 同步发电机常用的励磁方式有哪些类型？

同步发电机励磁系统主要由两个部分组成：一是励磁功率单元，它是向同步发电机的励磁绕组提供直流电流的励磁电源部分；二是励磁调节器，它根据发电机电压及运行工况的变化，自动调节励磁功率单元输出的励磁电流的大小，以满足系统运行的要求。由励磁调节器、励磁功率单元及其发电机共同组成的闭环反馈控制系统称为励磁控制系统。

同步发电机的励磁方式按励磁电源的不同分为三种方式：一是直流励磁机励磁方式，多用于中、小型发电机组，由于半导体整流装置可靠性的提高，本励磁方式正逐步减少。二是交流励磁机励磁方式，其中按功率整流器是否旋转，又可分为交流励磁机静止整流器励磁方式和交流励磁机旋转整流器励磁方式（无刷励磁）两种。三是静止励磁方式，它有多种型式，其中应用较多的是自并励励磁方式。自并励励磁方式，励磁电源取自发电机本身。发电机的励磁电流，由并接在发电机端的励磁整流变压器经由晶闸管整流器、电刷、集电环供给。由于取消了主、副励磁机，整个励磁装置无转动部件。

6—50　为什么交流发电机的三相绕组均采用星形连接，而不用三角形连接？

发电机电动势中除基波外，还存在着一系列高次谐波，其中一个原因是由于发电机气隙磁通密度沿气隙空间分布的波形不是理想的正弦波所致。发电机的电动势中存在高次谐波，会使电动势波形变坏，产生许多不利影响。例如，发电机的附加损耗增加，效率下降，温升增高；可能引起输电线路谐振而产生过电压；对邻近输电线的通信线路产生干扰；使异步电动机的运行性能变坏等。因此，必须尽可能削弱电动势中的高次谐波。

经过谐波分析可知，气隙磁密非正弦分布引起的高次谐波电动势只含奇数次（3、5、7、9 等）谐波分量，且次数愈高幅值愈小，对电动势波形的影响也愈小，故主要考虑削弱 3、5、7 等次谐波电动势。

三相绕组采用 Y 形接线，就可以消除线电动势中 3 及 3 的倍数次谐波分量。当然三相绕组采用三角形接线，也可消除线电动势中 3 及 3 的倍数次谐波分量，但会在三相绕组中产生 3 及 3 的倍数次谐波环流，增加附加损耗，故交流发电机的三相绕组均采用星形连接，而不用三角形连接。

6—51 交流发电机的阻尼绕组起什么作用？

阻尼绕组是一种短路绕组，有全阻尼和半阻尼之分。全阻尼绕组就是在转子各槽的槽楔下都压着一根通长的铜阻尼条，所有阻尼条在端部用铜导体短接在一起，构成形似鼠笼的短路环。半阻尼绕组只是在转子两端装梳齿状的阻尼环，其梳齿伸入每个槽的槽楔下压紧，其端部连接成一个圆环。

水轮发电机和大型汽轮发电机转子上一般都装有阻尼绕组，中小型汽轮发电机的转子一般不装专门的阻尼绕组，因为其转子是由整块钢锻造而成，本身有阻尼作用。

阻尼绕组的作用是提高发电机承担不对称负载的能力和抑制振荡，当同步发电机对称稳定运行时，阻尼绕组不起任何作用。

6—52 同步发电机并列于大电网有几种方式？各有什么优缺点？

将同步发电机并列于大电网的方法有两种：一种是准同步法；另一种是自同步法。准同步法并列是发电机在并列前就已励磁，建立了空载电压，然后调整到符合条件时并入电网同步运行。自同步法是先不给发电机励磁，当其转速接近于同步速时并入电网，再给励磁将发电机拉入同步运行。现代发电厂在电网运行状况正常时，均采用准同步法将同步发电机并列到电网中。

准同步法并列的优点是可避免过大的冲击电流，但操作复杂，要求有较高的准确性，需要较长的时间进行调整。但在电力系统发生故障时，系统电压和频率均在变化，采用准同步法并列较为困难。此时，可采用自同步法将发电机并入系统。自同步法并列操作简单迅速，不需增加复杂设备，但投入系统的瞬间，会产生较大的冲击电流。

6—53 同步发电机采用准同步法并列于大电网的理想条件是什么？

理想并列条件是：

（1）待并发电机的电压 $\dot{U}_F$ 与电网电压 $\dot{U}$ 大小相等。

（2）待并发电机电压 $\dot{U}_F$ 与电网电压 $\dot{U}$ 的相位相同。

（3）待并发电机的频率 f_F 与电网频率 f 相等。

（4）待并发电机电压相序与电网电压相序相同。

上述条件中，第 4 个条件决定于发电机的旋转方向，发电机制造厂一般已明确标明旋转方向，并在发电机的出线端标明了相序，只要在安装时或大修后按规定调试好，此条件就满足了。因此，实际中，只要调节发电机使其满足前三个条件即可。当理想并列条件全部符合时并列合闸，发电机定子绕组中将不会有冲击电流流过，发电机的并列对电网也不会有任何扰动。

实际的发电机并列操作中，前三个理想条件很难同时满足，也没有这样苛求的必要。只要并列合闸时产生的冲击电流较小，不危及电机及与其相关的电气设备的安全，合闸后发电机能迅速地被拉入同步运行状态，对电网运行无不良影响即可。因此，允许并列的实际条件偏离理想条件时进行并列操作，其偏离允许范围的确定需遵循如下两个原则：一是并列断路器合闸时，冲击电流尽可能小，其瞬时最大值一般不超过 1 ~ 2 倍的定子额定电流；二是发电机并入电网后，应能迅速进入同步运行状态，其暂态过程要短，以减小对电网的扰动。以 300MW 汽轮发电机为例，经过实践总结，实际条件允许偏离理想条件的范围为：

（1）f_F 与 f 的偏差 $\Delta f \leqslant (0.1)$ Hz。

（2）$\dot{U}_F$ 与 $\dot{U}$ 大小的偏差 $\Delta U \leqslant 10\% U_N$。

（3）$\dot{U}_F$ 与 $\dot{U}$ 相位的偏差 $\Delta\varphi \leqslant 10^0$。

6—54　调节什么参数可以改变并列于大电网的同步发电机的输出有功功率和无功功率？

并列于大电网的同步发电机，能够调节的物理量只有两个。一个是通过调节励磁电压的高低，改变励磁电流的大小；另一个是通过调节输入给原动机（汽轮机、水轮机）的进气量或进水量，改变从原动机输入的机械功率。从能量守恒定律可以知道，要调节并列于大电网的同步发电机的输出有功功率的大小，只能是通过调节从原动机输入的机械功率来实现；要调节并列于大电网的同步发电机的输出无功功率的大小和性质，主要通过调节励磁电流来实现。

6—55　并列于大电网的同步发电机有几种励磁状态？一般发电机运行在何种励磁状态？

对于并列于大电网的同步发电机保持其输出的有功功率不变，调节其励磁电流的大小，可出现三种励磁状态。

（1）过励磁状态：发电机既向电网发出有功功率，又向电网发出感性无功功率。由于发电机在此种运行状态下，定子的电流在相位上滞后于电压，功率因数角是滞后的，所以过励磁状态又称为迟相运行状态。

在过励磁状态下，减小励磁电流，会使发动机进入正常励磁状态。

（2）正常励磁状态：发电机只向电网发出有功功率，不发无功功率。由于发电机在此种运行状态下，电流在相位上同于电压，功率因数角为零。

在正常励磁状态下，继续减小励磁电流，会使发动机进入欠励磁状态。

（3）欠励磁状态：发电机既向电网发出有功功率，又向电网发出容性无功功率或称为从电网吸收感性无功功率。由于发电机在此种运行状态下，定子的电流在相位上超前于电压，功率因数角是超前的，所以欠励磁状态又称为进相运行状态。

由于电力系统中大多数负载是感性负载，它们既需要消耗有功功率，又需要感性无功功率，所以发电机一般工作在过励磁状态，这样才能满足负载的需求。

当电力系统的有功功率不足时，表现为系统的频率下降；当电力系统的感性无功功率不足时，表现为系统的电压下降。

6—56　并列于大电网的同步发电机有功功率与无功功率调节时相互有何影响？

并列于大电网的同步发电机，能够调节的物理量只有两个，一个是励磁电流，另一个是原动机的输入功率。保持其中一个量不变，不计发电机组本身的损耗，来讨论有功功率与无功功率调节的相互影响。

当保持原动机的输入功率不变，通过调节励磁电流来调节发电机输出的无功功率时的大小与性质时，不影响其有功功率输出的大小，但会影响发电机的静态稳定性。例如，一台发电机输出的有功功率一定时，过励运行时较正常励磁运行时的静态稳定性较高。

当保持励磁电流不变，调节发电机输出的有功时，则会引起发电机输出的无功功率的大小或性质发生改变。例如，一台发电机原来运行在过励状态，保持励磁电流不变，当增大其输出的有功功率时，其输出的感性无功功率会减少；反之，亦然。所以如果在增加发电机输出的有功功率的同时，要求保持其输出的无功功率的大小和性质不变，则应同时增大励磁电流。当然，这种操作可由励磁装置自动完成。

6—57　对同步发电机的进相运行状态有什么限制？

随着电力系统的不断扩大，输电线路电压等级的提高，输电距离的延长，配电网络使用电缆的增多，因而线间及线对地的电容增大，引起电力系统电容电流和容性无功功率的增长。在节假日、午夜等低负荷时段，线路所产生的容性无功过剩，使得电网电压上升，如果不能有效地吸收剩余的无功，可能会导致电网电压超过容许范围。利用大容量同步发电机进相运行，以吸收剩余的无功并进行电压调整，是我国电力行业正在广泛开展试验研究的课题之一。

同步发电机进相运行，从理论上讲是可行的，但由于发电机的类型、结构、冷却方式及容量不同，容许其输出多少无功或吸收多少无功，理论上的计算还不够精确。因此，1982 年部颁《发电机运行规程》中规定："发电机是否能进相运行应遵守制造厂的规定。制造厂无规定的应通过试验来确定"。例如，某电机制造厂规定其出产的 QFSN－300－2 型汽轮发电机可以长期连续地

在 $\cos\varphi = 0.95$（超前）的情况下进相运行，并同时可带 300MW 的有功功率。

对进相运行限制严格，主要受到两个问题的约束：一个是进相运行时，静态稳定性降低；另一个是进相运行时发电机端部漏磁通引起定子发热。后一个问题产生的原因是，发电机端部漏磁通密度进相运行时比迟相运行时增大，它在定子端部铁芯、压板、转子护环中引起的损耗增大。在功率因数一定的情况下，端部漏磁通大致与发电机的视在功率成正比。因此，要保持一定的静态稳定储备及使端部发热限制在一定范围内，就要限制进相运行的深度。或者说，随着进相运行深度的加大，发电机的有功输出就应相应降低。

6—58　不对称运行对同步发电机有何影响？应采取哪些措施？

三相同步发电机是按照三相负载对称的运行状态来设计制造的，由于实际负载的不对称或发生不对称故障，而使发电机处于三相不对称负载运行状态。例如，大功率的单相负载，断路器或隔离开关一相开合不良，某条输电线路发生两相短路、单相短路事故等，都会造成发电机的不对称运行。此时发电机的三相电流、电压大小不相等，它们的相位差也可能不对称，发电机中会出现正序、负序电流，还可能出现零序电流。

不对称运行对发电机的影响主要有：

（1）引起发电机端电压不对称。

（2）引起转子附加发热。发电机不对称运行时，负序电流产生的负序旋转磁场以两倍的同步速扫过转子，在转子本体中感应出两倍工频的电流。因频率较高，集肤效应较强，在转子的表面薄层中形成环流。环流流经齿、护环与转子本体搭接的区域，这些地方接触电阻较大，将产生局部过热，破坏转子部件的机械强度和绕组绝缘。另负序磁场在励磁绕组和阻尼绕组中也要感应倍频的电流，使附加铜耗增加，这都造成转子温升的提高，影响同步发电机的出力。

（3）引起发电机振动。不对称运行时的负序磁场相对转子以两倍同步速旋转，与转子的正序主极磁场相互作用，在转子上产生100Hz的交变附加电磁转矩，引起机组的振动并产生噪音。

负序电流产生的附加发热及振动，对发电机的危害程度与发电机的类型和结构有关。由于汽轮发电机的转子为细长的整体，绕组置于槽内，散热条件不好，附加发热对其的危害性更大些。水轮发电机由于直轴和交轴磁阻的不同，交变的附加电磁转矩作用使机组振动更为严重些。

不对称运行是绝对的，对称运行是相对的，所以应该允许同步发电机不对称运行，但应限制在一定范围内，具体措施主要有以下几点。

（1）在水轮发电机和大型汽轮发电机的转子上装设阻尼绕组。阻尼绕组可削弱负序磁场，减小负序电抗，从而减轻由不对称运行带来的一系列影响。在中小容量的隐极机中，整体铁芯里所感应的涡流能起到一部分的阻尼作用，一般不专门装设阻尼绕组。

（2）限制运行中的负序电流值。有关国家标准中规定：①长期运行时，要求任一相电流$\leqslant I_N$（定子绕组额定电流），汽轮发电机在额定负荷下，不平衡电流（定子各相电流之差）不超过$10\% I_N$，对水轮发电机及调相机则不应超过$20\% I_N$；在低于额定负荷下运行时，不平衡电流可大一些，但不得超过$20\% I_N$。②长期运行时，任一相电流$\leqslant I_N$，350MVA及以的下直接冷却转子的汽轮发电机及间接冷却的凸极发电机，$I_-/I_N \leqslant 8\%$；间接冷却的凸极电动机及调相机，$I_-/I_N \leqslant 10\%$。

当运行中发电机的三相电流不平衡超过限定值时，应立即降低机组负荷，使不平衡电流降至允许值以下，然后向系统调度报告，等三相电流平衡后，再根据调度命令增加负荷。

6—59 同步发电机过热有何原因？

同步发电机过热可能有以下原因：

（1）过负荷。

（2）三相负荷不平衡。

（3）定子铁芯与转子有摩擦。

（4）轴承发热。

（5）冷却系统运行不正常，例如通风管道堵塞、冷却水量不够、冷却水进水温度过高。

（6）定子绕组端头焊接不良或有短路现象。

（7）铁芯短路。

6—60　同步发电机电压达不到额定值有何原因？

同步发电机电压达不到额定值可能有以下原因：

（1）励磁绕组有短路或断路现象。

（2）励磁绕组接线错误。

（3）励磁电源电压过低。

（4）电刷位置不正或压力太小。

（5）直流励磁机的励磁电阻值过大。

（6）直流励磁机的励磁绕组或电枢绕组接线错误。

（7）直流励磁机的整流子与绕组连接处焊锡溶化。

（8）原动机转速低。

6—61　水一氢一氢冷却方式的汽轮发电机中，为什么要求定子冷却水压＜氢压＜密封油压？

定子绕组的冷却水压＜氢压，可使定子绕组出现漏水时，不出现喷射，降低漏水量或不漏水；定子内氢压＜密封油压，可保证定子内氢气不外漏。

6—62　水一氢一氢冷却方式的汽轮发电机运行中，氢压降低是什么原因？

氢压降低可能有以下原因：

（1）轴封中的油压过低或供油中断。

（2）供氢母管氢压低。

（3）发电机突然甩负荷，引起过冷却而造成氢压降低。

（4）氢管破裂或闸门泄漏。

（5）密封瓦垫片破裂，氢气大量进入油系统、定子引出线套管。

（6）转子密封破坏造成漏氢。

（7）定子空心导线、冷却器铜管在运行中出现裂纹或有砂眼，氢气进入冷却水系统。

（8）运行中误操作造成氢压降低，如错开排氢门等。

6—63 转子绕组发生接地故障应如何处理？

同步发电机转子绕组接地故障是指转子绕组一点或多点接转子铁芯。当转子绕组一点接地时，绕组与地之间并不构成回路，因此故障点没有电流流通，励磁系统仍能保持正常运行状态。但当再出现接地点时，就会形成两点或多点接地，励磁系统主回路电流将会大大超过额定值，不但会烧坏转子绕组，还可能损坏转轴。因此，运行规程中规定，当发电机的转子绕组发生一点接地时，可以继续运行，但应该立即查明故障的地点与性质，如系稳定性金属接地，对于容量较大的机组，应尽快安排停机处理；当发生两点及以上的多点接地时，必须立即解列发电机，并用自动灭磁开关切断励磁电源。

6—64 并列于大电网的同步发电机允许失磁运行吗？

同步发电机的直流励磁电流异常下降或完全消失称为失磁。一般将前者称为部分失磁或低励，将后者称为完全失磁。失磁后，发电机仍然保持与电网并联运行的方式，称为发电机的失磁运行。

失磁后，同步发电机经过振荡进入异步发电机运行状态，以较低的转差率与电网并列运行，从系统吸收无功功率建立磁场，同时向系统输送一定的有功功率。同步发电机失磁后，虽然能过渡到稳定的异步发电机状态，能向系统输送一定的有功功率，并且在进入异步运行后若能及时排除励磁故障、恢复正常励磁，也能很快自动进入同步运行，对系统的安全与稳定有好处。但发电机失磁后能否在短时间内无励磁运行，受到多种因素的限制。发电机失磁后，从送出无功功率转变为从系统大量吸收无功功率。国内外资料表明，发电机吸收的无功功率相当于失磁前它所发出的有功功率的数量，因此对发电机本身及电力系统都会带来不利的影响。

（1）引起发电机的过热。

发电机失磁后变为异步运行，定子旋转磁场在转子表面产生的差频电流，会引起转子槽楔、护环与本体的接触面等处局部过热；发电机失磁后欠励运行，使定子绕组端部漏磁通增大，引起定子端部发热；由于吸收大量无功功率，使定子绕组的电流增大、温度升高。

（2）引起发电机振动。

由于转子直、交轴上结构及参数的不同，异步运行时，会造成发电机输出的有功功率周期性地摆动和引起发电机组的振动。

（3）影响系统的稳定运行。

发电机失磁后，不但不向系统输出感性无功功率，反而从系统吸取感性无功功率，势必造成系统的感性无功功率不足，尤其是大容量的发电机，引起系统电压降低较多。还可能引起其它发电机过电流，降低其它发电机的输送功率的极限，容易导致系统失去稳定。

某一台发电机能否失磁运行，异步运行时间的长短和送出有功功率的多少，只有根据发电机的型式、参数、转子回路连接方式以及系统情况等进行具体分析，经过试验才能确定。

水轮发电机由于是凸极式转子，需要较大的转差才能产生一定的异步转矩，转子有过热的危险，故不允许失磁运行。即失磁后，通过失磁保护动作于跳闸，立即将发电机解列。我国目前对于大型汽轮发电机，例如额定功率为 300MW、600MW 的机组，由于其单机容量大，对系统影响大，也不允许失磁运行。对经过试验允许失磁运行的发电机，失磁后，应在规定时间（如 3 分钟）内将负荷降至 40% 额定值以下，允许运行 10 ~ 30 分钟；同时监视定子电流要 $\leq 110\% I_N$，定子端电压不应 $< 90\% U_N$，各部件温度小于规定值；设法恢复励磁后拉入同步，否则解列。

6—65 发电机允许过负荷运行吗？

正常情况下，发电机的定子和转子电流都不应超过额定值。但是，当系统发生短路故障、发电机失步运行、强行励磁等情况时，发电机的定子和转子电流都可能短时过负荷。电流超过额定值时间过长，会使绕组温度超过允许值，严重时会烧坏绕组。因此，发电机不允许经常过负荷，只有在事故情况下，当系统必须切除部分发电机或线路时，为保证系统的稳定性，才允许发电机作短时的过负荷运行。

当然有些发电机设计时容量的裕量较大，经过试验后证明确实如此，那么也就可以在一定的范围内过负荷运行。例如，有些水电机组，在丰水期就会连续几天或十几天的超额定值 10% 左右运行。

第七章 三相异步电动机

第一节 三相异步电动机的基本知识

7—1 三相异步电动机基本工作原理是什么？

三相异步电动机在结构上与三相同步发电机类似，也有定子、转子两大部分。定子绕组为空间对称布置的三相绕组，转子绕组则是一个自成闭合的绕组回路。当定子三相绕组外接三相对称电压时，就有三相对称电流流过，从而产生一个幅值不变的旋转磁场。在图 7 – 1 中虚线所示的一对磁极表示定子磁场，它在气隙中以 n_1（同步转速）沿逆时针方向旋转，旋转磁场切割转子

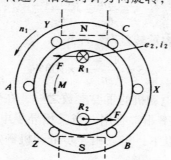

图 7 – 1　三相异步电动机原理图

绕组，因而在其上产生感应电势 e_2。转子绕组现任取两根导体 R_1、R_2 来分析。依据右手定则，在 R_1 导体上产生感应电势的方向为进去的，用 $\otimes$ 表示，R_2 导体感应电势的方向为出来的，用 $\odot$ 表示。由于转子绕组是一个闭合回路，在电势 e_2 的作用下产生电流 i_2，设转子电路是一个纯阻性电路，则电流 i_2 与电势 e_2 同相。根据电磁力定律，载流导体在磁场中将受到电磁力的作用，力的方向用左手定则确定。因而 R_1 导体将受到向左的力 F 的作用，而

R_2 导体则受到向右的力 F 的作用，两个力不作用在一直线上，形成电磁力矩 T，其方向也是逆时针方向。在电磁力矩 T 的作用下，转子拖动着机械负载以 n 速旋转起来，其转向与定子旋转磁场的转向相同。由于转子绕组的电流是感应产生的，所以异步电动机也称感应式电动机。

转子绕组能否产生感应电势，其必要条件是转子与定子旋转磁场之间要有相对运动，即其转速 n 必须小于同步转速 n_1。

7—2　什么是转差率？三相异步电动机的转速应如何计算？

三相异步电动机的转速（转子旋转速度）n 总是略低于旋转磁场的转速（同步转速）n_1，旋转磁场的转速 n_1 与转子转速 n 之差称为转差，用 $\triangle n$ 表示。转差 $\triangle n$ 与同步转速 n_1 的比值称为转差率，用字母 s 表示，即

$$S = \frac{\Delta n}{n_1} = \frac{n_1 - n}{n_1}$$

通常用百分数表示转差率，即

$$S = \frac{n_1 - n}{n_1} \times 100\%$$

转差率是异步电动机的重要参数之一，在分析异步电动机的运行状态时，转差率非常有用。当三相异步电动机空载运行时，转差率约在 0.5% 以下；当三相异步电动机额定运行时，转差率约为 2% ~ 5%。

根据上式可得到 $n = (1 - s) n_s$ 的关系式。所以，只要知道旋转磁场的同步转速 n_s，或者电动机的极数和电源的频率以及转差率，便可估算出电动机的实际转速。

7—3　如何改变三相异步电动机的转动方向？

由 7 - 1 题可知，三相异步电动机转子转动的方向总是与定子旋转磁场的转向相同，因此欲要改变电动机转子的转向，关键是改变定子旋转磁场的转向。定子旋转磁场的转向取决于三相电流的相序，总是由超前相转向滞后相。因此只需要把三相异步电动机接向电源的三根端线任意交换两根，则定子三相绕组流过电

流的相序改变，定子旋转磁场将反向旋转，因而转子的转向也随之改变。

7—4　一台三相异步电动机铭牌上标明额定电压为 380/220V，定子绕组接法为 Y／△，试问：

（1）使用时，如将定子绕组接成△接，接于 380V 的三相电源上，能否空载运行或带额定负载运行？会发生什么现象？为什么？

（2）使用时，如将定子绕组接成 Y 接，接于 220V 的三相电源上，能否空载运行或带额定负载运行？会发生什么现象？为什么？

电动机铭牌上标明"额定电压 380/220V，接法 Y／△"其正确的用法是当电源电压为 380V 时，定子三相绕组应接成 Y 接，如当电源电压为 220V 时，绕组则应接成△接，这样加到定子每相绕组上的电压均是 220V。

（1）若电源电压为 380V，而定子绕组接成△接，由于三角形接法相电压等于线电压，即这时加到定子每相绕组上的电压为 380V，为原设计值的 $\sqrt{3}$ 倍，使气隙每极磁通量大大增加。由于磁路的饱和，将要求励磁电流急骤增大，足可使熔断器熔断，若无任何保护装置，则通电时间一长，电动机绕组将烧毁。因此，△接不能接于 380V 电源。

（2）若电源电压为 220V，而定子绕组接成 Y 接。这时加到定子每相绕组的电压为原设计值的 $\dfrac{1}{\sqrt{3}}$，此时气隙每极磁通量大为减小。若为空载，将使电动机的空载电流大为增加；若电动机额定负载下运行，其电流会超过额定值很多，使定、转子的铜损耗大大增加（铜损与电流的平方成正比），长期运行可能损坏电机。如果电动机为长期带轻载运行，其定、转子的电流又不超过额定值的话，用 Y 接反而由于气隙每极磁通量的减少，使电机的铁芯损耗降低了，对节约电能有好处。因此，对长期轻载下运行的电动机，改为 Y 接不失为一种经济的运行方式。

7—5 三相异步电动机在带恒转矩负载额定运行时，若电网电压下降，对电机内部的各种损耗、转速、功率因数、效率及温升将会产生什么影响？

由于定子漏阻抗压降与外加电压 U_1 相比较总是很小的，因此我们可认为定子侧的感应电势 E_1 基本上等于 U_1。现在由于 U_1 的降低，则电势 E_1 也随之减小，因此气隙每极磁通量 ϕ_1 也减小，由转矩公式 $T = C_{Tj}\phi_1 I_2 \cos\phi_2$ 可见，当 T 不变时（恒转矩负载），ϕ_1 减小，则电流 I_2 必然增大，同时定子电流 I_1 也随之增大，于是

（1）定、转子的铜损耗增大，铁损耗减小。由于转速变化不大，机械损耗基本不变。

（2）由于转子电流 I_2 与转差率 S 有关，只有 S 增大，才能使 I_2 增大，因此电动机的转速将略有下降。

（3）转子功率因数变化不大，$\cos\phi_2$ 仍接近于 1，但因气隙每极磁通量 ϕ_1 减小，因而使励磁电流减小，定子电流的无功分量减小，使定子侧的功率因数 $\cos\phi_1$ 相应提高。

（4）由于铜损耗比铁损耗大，因而使电机的效率降低。

（5）由于铜损耗的增大，电机的温升会升高。

7—6 一台鼠笼式异步电动机，原来转子的鼠笼条为铜条，后因损坏改为铸铝式，在额定电压下如果输出同样大小的额定转矩，那么改换后电机的转速 n 及输出功率 P_2 与原来电机的相应额定数据相比会有怎样的变化？

由于转子铁芯槽形未变，由铜条改为铸铝，则导体的截面积和长度不变，但铝材的电阻率比铜材的电阻率大，因而改为铸铝后，转子回路的电阻增大了，电机的机械特性相应也要变化，如图 7-2 所示，曲线①为原插铜条电机的机械特性，曲线②为改为铸铝后的机械特性。如果在额定电压下输出同样大小的额定转矩 T_N，则工作点由原来的 a 点变为 b 点，故转速下降了。

输出功率等于输出转矩与机械角速度的乘积，即 $P = T\Omega = T \times \dfrac{2\pi n}{60}$，现在转速即机械角速度下降，故电机相应的输出功率

P_2 也下降了。

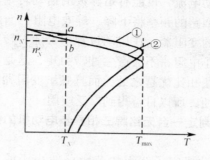

图 7 - 2　机械特性

7—7　频敏变阻器是电感线圈，那么若在绕线式三相异步电动机转子回路中不串频敏变阻器而是串入一个普通三相电力变压器的原绕组（副边开路），能否增大启动转矩？能否降低启动电流？有使用价值吗？为什么？

首先应从原理和结构上了解三相电力变压器和频敏变阻器的不同。变压器的铁芯是用高导磁材料的硅钢片叠成，硅钢片的厚度约为 0.35 ~ 0.5mm 且两面涂有绝缘漆，目的是减小其涡流损耗，并能以较小的励磁电流建立足够大的磁通量。因此，变压器的励磁电抗 X_m 远大于其励磁电阻 R_m，且原边漏阻抗 Z_1 远小于励磁阻抗 Z_m。而频敏变压器正是利用其较大的铁芯涡流损耗来限制启动电流。因此，频敏变阻器的铁芯是用厚 30 ~ 50mm 的钢板叠成，所以它实质上是一个铁耗很大的三相电抗器。

由于变压器的 X_m 值非常大，若把它串入电动机的转子回路中，启动时因 Z_m 很大，使转子电流 I_2 很小，同样 I_1 也很小，虽然把启动电流降低了，但是却下降得过多，致使启动转矩也很小，不能达到我们预期的目的，因此是没有什么使用价值的。而且电力变压器的成本比频敏变阻器也高得多，这样使用是不经济的。

使用频敏变阻器，由于涡流损耗近似与频率的平方成正比，电动机启动时，转子回路频率高，铁耗大，相应的等效电阻 r_m 也大，既可降低启动电流，也能有足够大的启动转矩。随着转子的转速上升，转子回路的频率将下降，等效电阻 r_m 自动减小，相当于是一个无触点的变阻器，在启动过程中，随着转速的升高能够自动、无级地减小电阻，不会产生冲击力矩，这是与在转子回路串启动电阻的方法相比优越之处，而且频敏变阻器价格较低，运行可靠，维护方便，所以日益得到广泛应用。

7—8　如何判定一台无铭牌三相异步电动机的极数？

方法一：

三相异步电动机定子绕组的节距一般小于或等于极距，即 $y \leqslant \tau$，由端线部分选定一个线圈，并数出其节距 y 槽，再数出定子铁芯总槽数 Z，就可算出极数：

当 $y = \tau$ 时　极数　$2p = \dfrac{Z}{y}$；

当 $y < \tau$ 时　极数　$2p \approx \dfrac{Z}{y}$

此时舍去小数，取其接近的整数，即为极数 $2p$。

方法二：

观察电机端部接线，数出其极相组（线圈组）的数目，因为每对极下有六个极相组，因此极相组数除以六，即为该电机的极对数。通常大、中型电机端部接线中，每个极相组的端部都用绝缘材料包扎成一个小线包，因此极相组是比较容易分清楚的。而小型电机当极数较多时，极相组与极相组之间靠得很近，凭表面观察有时难以区分清楚，这时可数有多少片青壳纸，因为此时相邻两个极相组间是用青壳纸隔离开的，因此青壳纸数也就是极相组数。

当知道电机的极数后，电机的额定转速 n_N 也就大致可知道了。因为一般三相异步电动机的额定转差率 $S_N = 0.01 \sim 0.06$，所以 $n_N = n_1 (1 - S_N)$，式中 n_1 为同步转速，取决于极对数：$n_1 = \dfrac{60f}{p}$。

7—9 为什么说绝缘材料的寿命就是电机运行的寿命？绝缘材料的耐热等级有几级？各级允许的最高温度是多少？

绝缘材料（又称电介质）在电机中的主要作用是隔离带电的导体或不同电位的导体，在电气设备中还起机械支撑和灭弧的作用。绝缘材料在电机中占重要地位，其耐热性能和寿命远比导体和铁芯低，在长期使用时其电气强度、机械强度等性能因老化而会逐渐降低，因此绝缘材料成了电机及电气设备的薄弱环节，有80%的故障是由于绝缘材料的损坏所造成的。因此，绝缘材料直接影响和决定了电机的质量、成本和使用寿命。

电机在运行中由于损耗产生热量，使电机的温度升高，电机所能允许达到的最高温度决定于电机所使用的绝缘材料的耐热程度，通常称为耐热等级。不同的材料其最高容许温度是不同的，根据国际电工协会规定，绝缘材料可分为七个等级：Y、A、E、B、F、H 和 C 级。其工作温度见表 7–1。

（1）Y 级绝缘。棉、丝及天然动物、植物纤维，不浸漆也不浸在油中。最高容许温度为 90℃。

（2）A 级绝缘。包括经过绝缘浸渍处理的棉、丝、普通漆包线的绝缘漆等。最高容许温度为 105℃。

（3）E 级绝缘。包括高强度漆包线的绝缘漆、环氧树脂、三醋酸纤维薄膜、层压品等。最高容许温度为 120℃。

（4）B 级绝缘。云母带、云母纸、石棉和绝缘漆处理过的玻璃纤维。最高容许温度为 130℃。

（5）F 级绝缘。与 B 级绝缘相同的材料，但用的粘合剂或浸渍剂不同，如采用硅有机化合物改性的合成树脂漆为粘合剂等。最高容许温度为 155℃。

（6）H 级绝缘。与 B 级绝缘相同的材料，用硅有机漆（胶）粘合或浸渍；硅有机橡胶，无机填料等。最高容许温度为 180℃。

（7）C 级绝缘。生云母、石棉、陶瓷等单独使用或硅氧树脂粘结制成的材料。最高容许温度在 180℃ 以上。

电机中常用 A、E、B、F、H 等五个等级的绝缘材料。目前

我国采用最多的是 E 级绝缘和 B 级绝缘，今后发展趋势将是日益广泛采用 F、H 级绝缘，这样可以在一定的输出功率下减轻电机的重量，缩小体积。

7—10　什么是温升？温升与绝缘等级是什么关系？

电动机在运行时，绕组允许超出周围环境的最高温度，也就是绕组允许上升的最高温度与周围环境温度的差，叫做电动机的温升，见表 7 – 1（在周围环境温度为 40℃ 时）。电动机在运行时绕组绝缘最高允许温度不得超过表 7 – 1 的规定。

表 7 – 1　电动机绕组绝缘等级、最高允许温度及允许温升

绝缘等级	Y	A	E	B	F	H	C
最高允许温度（℃）	90	105	120	130	155	180	>180
允许温升（℃）	50	65	80	90	115	140	>140

7—11　电动机的额定功率是如何确定的？它与什么因素有关？

电动机负载运行时，由于电动机内部有功率损耗，因此会发热，电动机温度会升高，即出现温升。发热过程即温升的过程是按指数规律从起始值变到稳态值，这个过程一般为十几分钟到几十分钟，电动机输出的功率越大，则温升越高。一台制造好的电动机其允许温升 $\tau_{\max}$ 取决于电动机所使用的绝缘材料的等级。绝缘材料已知，则 $\tau_{\max}$ 是确定的。在标准环境温度（我国标准环境温度定为 40℃）下，采用某一标准工作方式，电动机负载运行时实际达到的最高温升 $\tau_{\mathrm{m}} = \tau_{\max}$ 时，电动机的输出功率就定义为该工作方式下的额定功率。

电动机的额定功率与下面三个因素有关。

（1）绝缘材料的等级，材料不同其输出功率不同。如原是 A 级绝缘的电动机，现改为 E 级绝缘，则电动机的输出功率可相应提高。设环境温度按标准规定为 40℃，并设电动机额定负载运行时的效率 η 不变，A 级绝缘时电动机允许温升为 $\tau_{\max} = 105℃ -$ $40℃ = 65℃$；E 级绝缘时 $\tau_{\max} = 120℃ - 40℃ = 80℃$。电动机 A 级绝缘时的额定功率为 P_N，则改为 E 级绝缘时的额定功率为

$$P'_N = \frac{80}{65} \times P_N = 1.23P_N$$，即其额定功率相应提高了。

（2）环境温度。因为允许温升是环境温度规定以40℃为标准而确定的，因此当电动机工作时的环境温度比标准温度低时，电动机的输出功率可相应提高。反之，环境温度升高了，就应该把额定功率降低来使用。

（3）标准工作方式。电动机工作时，负载时间的长短对电动机的发热情况影响很大。电动机的工作方式国家标准分为三大类：连续工作制、短时工作制和断续周期工作制。不同的工作方式下工作的电动机其额定功率是不一样的，因此工作方式改变了，则电动机相应的额定功率也将改变。

第二节　三相异步电动机的启动、运行和制动

7—12　什么叫异步电动机的启动特性？为什么异步电动机的启动电流很大而启动转矩并不大？

异步电动机的启动特性主要涉及到两方面的问题：一是启动电流，二是启动转矩。

当异步电动机接通电源开始启动瞬间，由于转子还是静止的，故旋转磁场的转速和转子绕组有着最大的相对运动，使转子绕组的感应电势最大，因此转子电流也很大。由于异步电动机定子电流是随着转子电流的变化而相应地变化，所以定子电流也很大，一般可达额定电流的4～7倍。

启动转矩恰恰相反，在启动电流很大的情况下，转子感抗也随之增大，所以转子的功率因数 $\cos\phi_N$ 较低。根据启动转矩公式：$T_Q = C_m\phi I_2\cos\phi_2$ 可知，启动转矩较小。为了解决上面的两个问题，电动机在启动时要采取一定措施，设法降低启动电流和增大启动转矩，并使启动设备尽可能简单经济、操作方便。

7—13　为什么要对异步电动机的启动电流加以限制？

异步电动机直接启动，会产生一个过电流，该电流对电动机

是有很大影响的。它会使供电线路产生线路压降，影响电源电压，特别是大功率电动机，电压下降更为明显。由于电动机的转矩与电压的平方成正比，如果电压下降严重，不仅使该台电动机启动困难，而且将使线路上所带的其它电动机因电压过低而转矩过小，影响电动机的出力，甚至使电动机自行停下来。另外，过大的启动电流将使电动机以及线路产生能量损耗。为了将电源电压的波动限制在一定范围内，就要对异步电动机的启动电流加以限制，应根据具体情况采取相应的启动方法。

7—14 三相异步电动机有哪几种启动方法？

三相异步电动机的启动方法大体有以下三种：

（1）直接启动。将电动机接入电源，在额定电压下直接启动。采用这种方法时，启动电流较大，所以只用于小容量电动机的启动。但如果变压器的容量足够大，较大容量的电动机也可以直接启动。

（2）降压启动。将电动机通过一定专用设备，使加到电动机上的电源电压降低，以减小电动机的启动电流。待电动机的转速达到或接近额定转速时，再将电动机通过控制设备换接到额定电压下运行。降压启动虽然可以减小启动电流，但同时也减小了电动机的启动转矩，因此降压启动的方法多用于鼠笼式异步电动机的空载或轻载启动。

（3）在转子回路中串入附加电阻启动。这种方法只适用于线绕式异步电动机。它既可以减小启动电流，又可以使启动转矩增大。

7—15 在选择异步电动机直接启动的控制设备时，应注意什么？

在受设备条件限制的情况下，7.5kW 以下的小容量鼠笼式异步电动机可以用三相闸刀开关来直接启动，30kW 以下的异步电动机可以用铁壳开关来启动。这些开关的额定电流应为电动机额定电流的 3 倍或 3 倍以上，否则容易损坏。75kW 以下 30kW 以上的鼠笼式异步电动机则必须用磁力启动器或交流接触器来启动。

200

40~100kW 的电动机在不频繁操作的情况下，也可以用自动空气开关来直接启动。

在设备条件允许的情况下，所有鼠笼式异步电动机的直接启动都应该采用磁力启动器或交流接触器。

7—16   常见的异步电动机降压启动有哪些方法？

降压启动的目的，是为了降低启动电压，从而达到降低启动电流的结果。根据降压方法不同，启动方法可有：

（1）Y—△转换启动法。正常运行时定子绕组接成△形的电动机，在启动时接成 Y 形，待启动后又改成△形接法，如图 7-3 所示。

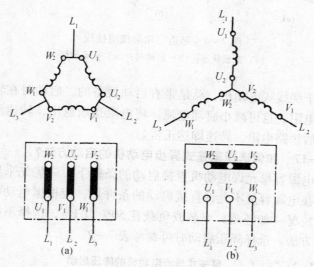

图 7-3   三相异步电动机绕组 Y/△接法
（a）220V 时△接；（b）380V 时 Y 接

（2）用自耦变压器启动法。手柄在"启动"位置时，电动机接到低压分接头上降压启动。启动后手柄推在"运行"位置，电动机即施以全电压。

（3）用电抗器启动法。启动时在定子回路中串接电抗器，启动后短路掉电抗器加全电压。

（4）延边三角形启动法。此法是将定子绕组的一部分接成△形，另一部分由△形的顶点延伸接至电源，如图7-4所示。启动时，把定子绕组的一部分线圈接成Y形，另一部分线圈接成△形。启动结束运行时，再换接成△形直接接入电源。

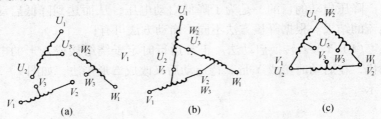

图7-4 延边三角形绕组接线

（a）原始状态；（b）启动时；（c）正确运转

至于绕线式电动机，总是带有启动设备的。启动时在转子回路中加电阻，这可减小启动电流。将电阻逐渐退出，转速逐渐升高，最后短路电阻，转速即达正常。

7—17 如何选择鼠笼式异步电动机的启动方法？

在电源容量允许电动机直接启动的条件下，应优先采用直接启动。在电源容量不允许直接启动的条件下，应根据电动机所带负载的情况（如轻载、空载或负载在50%以上），选择不同的降压启动方法。选择降压启动时可参考表7-2。

表7-2　　　　　鼠笼式异步电动机的降压启动

启动方法	自耦变压器启动	Y—△启动	延边三角形启动
启动电压	$KU_{额}$	$\frac{1}{\sqrt{3}}U_{额}$	$*0.78U_{额}$
启动方法	自耦变压器启动	Y—△启动	延边三角形启动
启动电流	$K^2I_{起额}$	$\frac{1}{3}I_{起额}$	$*0.6I_{起额}$

启动转矩	$K^2 T_{起额}$	$\dfrac{1}{3} T_{起额}$	$* 0.6 T_{起额}$
启动方法的特点	电动机定子绕组经自耦变压器降压启动，启动后切除自耦变压器	电动机定子绕组启动时接成 Y 形，启动后换接成△形	电动机定子绕组启动时接成延边三角形，启动后换接成三角形
优缺点	启动电流小；启动转矩比 Y—△换接启动时大，使用较多设备较贵；不宜频繁启动	启动电流小；可以频繁启动；价格较低；适用于定子绕组为三角形连接的电动机	启动电流较小；启动转矩较大；可以频繁启动；适用于定子绕组有中间抽头的电动机

* 决定于定子绕组抽头电压。

7—18 绕线式异步电动机怎样启动？

绕线式异步电动机的特点是可以在转子回路中串接可变电阻器，如图 7 - 5 所示。转子回路中串入电阻后，不仅可以使启动电流减小，还可以使启动转矩增大，使电动机具有良好的启动性能。

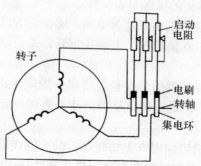

图 7 - 5　绕线式电动机的启动

当电动机启动时，通过电刷和滑环在转子绕组中串入启动变阻器的全部电阻，然后合上电源开关，为了增大电动机在整个启动过程中的转矩，随着转速的升高，将串入的电阻逐段短接，使电阻逐渐减小，启动过程结束时，电阻全部短接。对于有电刷装置的电动机，启动完毕后，还应利用此装置把转子绕组自行短路，并把电刷举起离开滑环，以减少电刷的磨损。电动机停转后，必须将电刷放下，把变阻器恢复到电阻最大的位置，为下一次启动作好准备。

7—19　异步电动机在启动前应进行哪些检查？

（1）新安装或长期停用的电动机，启动前应用兆欧表检查电动机绕组各相之间及其对地的绝缘电阻。对额定电压为 380V 的电动机，其绝缘电阻应大于 0.5MΩ，如果过低则需将绕组进行干燥处理。

（2）检查电动机铭牌所示电压、频率与电源电压、频率是否相等，接线是否正确。

（3）检查电动机轴承是否有油。如轴承缺油，应及时补足。

（4）检查熔丝的额定电流是否符合要求，接触是否良好，有无损坏现象。

（5）检查启动设备的接线是否正确；启动装置是否灵活，有无卡住现象；触头的接触是否良好。

（6）检查电动机基础是否稳固，螺栓是否已拧紧。

（7）检查电动机机座、电源线钢管以及启动设备的金属外壳接地是否可靠。

（8）检查联轴器的连接是否可靠；皮带连接处是否良好，皮带松紧是否合适；机组转动是否灵活，有无摩擦、卡住、窜动等不正常的现象。

（9）检查机组周围有无妨碍运行的杂物或易燃物品等。

7—20　异步电动机在启动时应注意些什么？

（1）电动机接通电源后，如果不转或转速很慢、声音不正常及传动机械不正常等现象，应立即切断电源进行检查，待查明原因排除故障后方可重新启动。

（2）几台电动机共用一台变压器时，应按容量由大到小、有顺序、一台一台地启动电动机。

（3）一台电动机连续启动的次数，一般不宜超过 3~5 次，以防止启动设备和电动机过热，影响电动机的使用寿命。

（4）要严格按照启动设备的操作规程进行启动操作，不得马虎从事或违章操作。

7—21　对运行中的异步电动机应注意哪些问题？

运行中的异步电动机要注意如下几点：

（1）电动机周围应经常保持清洁，不允许有水滴、油滴或杂物落入电动机内部。

（2）正常运行时，电流、电压不应超过允许值。一般电动机电流的最大不平衡值不得超过 10%；允许电压波动为额定电压的 ±5%，三相电压的不平衡值不得超过 5%。

（3）定期检查电动机的温升，应注意温升不得超过最大允许值。

（4）注意电动机气味、振动和音响的变化。电动机绕组温度过高时，会发出较强的绝缘漆气味或绝缘的焦糊味。电动机正常运行时，应音响均匀，无杂音和特殊叫声。如出现振动或异常声响，应立即停车检查和修理。

（5）监听轴承有无异常杂音，密封要良好，并要定期更换润滑油。其换油周期，一般滑动轴承为 1000h，滚动轴承为 500h。

7—22　异步电动机的运行与电源频率间有什么关系？

国家标准规定，我国交流电源频率为 50Hz，并规定当电源电压为额定值时，电源频率与额定频率的偏差不超过 ±10%。也就是说，电源频率可以在 49.5~50.5Hz 之间变动。在满足上述规定的条件下，可保证电动机输出功率维持额定值。如果频率过低，将使电动机的定子总电流增加，功率因数下降，效率降低。所以，频率过低是不允许的。

7—23　假如电源电压不平衡，是否会影响异步电动机的运行？其不平衡值允许在什么范围？

假如电源电压不平衡，会使电动机的电磁转矩减小，出力不够，还会使电动机定、转子绕组电流增加，引起额外发热。另外，电动机的电磁噪音也会增加。所以，在电源电压严重不平衡时，是不允许电动机投入运行的。

异步电动机应在电源电压基本平衡和对称的情况下工作。国家标准规定，一般要求电源电压中任何一相电压与三相电压平均值之差不超过三相电压平均值的5%。

7—24　异步电动机的气隙对电动机的运行有什么影响？

异步电动机的气隙是决定电动机运行的一个重要因素。气隙过大，将使磁阻增大，要产生同样大小的旋转磁场需要的励磁电流也将增大，因而使电动机的功率因数降低，对电力系统会造成不良的影响。为了减小励磁电流，气隙应尽可能小。但气隙太小，将会使铁芯损耗增加，运行时转子铁芯可能与定子铁芯相碰触，发生"扫膛"现象，并给装配带来困难。所以，异步电动机的气隙，不得过大和过小，一般为 0.2～1mm。

7—25　中小容量的异步电动机的保护一般有哪些？

一般中小容量异步电动机有短路保护、失压保护和过载保护。

（1）短路保护。一般熔断器就是短路保护装置。当异步电动机发生短路故障时，很大的短路电流就会把装在熔断器中的熔体或熔丝立即熔断，从而切断了电源，保护了电动机及其电气设备。

（2）失压保护。磁力启动器的电磁线圈在启动电动机控制回路中起失压保护作用。自动空气开关、自耦降压补偿器一般都装有失压脱扣装置。它们的作用是防止电动机在低电压下启动和运行，以及在电源恢复供电后自行启动。

（3）过载保护。电机控制回路中的热继电器就是电动机的过载保护装置。在电动机通过额定电流时，热继电器不动作，当电动机过载20%运行时，热继电器在20分钟内动作，切断控制回路，并通过联锁装置断开电源，保护电动机。

7—26　异步电动机的制动方法有哪几种？各有何优缺点？

异步电动机常用的制动方法有以下四种：

（1）反接制动法。优点：方法简单可靠，制动迅速。适用于

4kW以下、启动不太频繁的场合。缺点：制动时冲击电流大，易使电机发热。

（2）能耗制动法。优点：制动准确可靠，制动转矩的大小可由通入定子绕组的直流电流的大小来调整控制。应用较为广泛。缺点：需要有单独的直流电源或交流电源经整流后获得直流电源，需增装设备。

（3）发电制动法。优点：方法简单。缺点：使用有局限性，必须使转子转速大于同步转速才能使用。一般用于起重机械重物下降和变极调速电动机上。

（4）电容制动法。优点：制动迅速，能量损耗小，设备简单，一般适用于 10kW 以下的小容量电动机，可用于制动频繁的场合。

第三节　异步电动机常见故障原因及检查和处理方法

7—27　异步电动机在启动和运行中的机械故障一般有哪些？
电动机在启动和运行时常易发生以下两方面的机械故障：

（1）小容量电动机常因为机械部分不灵活或被杂物卡住使启动困难，并发出"嗡嗡"声。

（2）中小型异步电动机因长时间没有更换润滑油，使轴承干磨，甚至损坏轴承。另外定、转子相碰、固定螺丝松动、负载过重等都会造成启动困难，甚至无法启动。

7—28　什么原因使得异步电动机启动时保险丝熔断？

（1）保险丝选择不合理，容量较小。

（2）电源缺相或电动机定子绕组断一相。

（3）负载过重或传动部分卡死。

（4）定子绕组接线错误，如误将 Y 形接成△形，或将一相头尾接反。

（5）定子或转子绕组有严重短路或接地故障。

（6）启动控制设备接线错误。

7—29　异步电动机温升过高的原因是什么？

造成异步电动机温升过高的原因主要有以下几方面：

电源方面：

（1）电源电压过高或过低。

（2）两相运行。

电动机本身：

（1）电动机接法错误。

（2）绕组接地或匝间、相间短路。

（3）定、转子铁芯相擦，或装配质量不好而引起卡转。

（4）绕线式转子电动机转子线圈接头松脱或鼠笼转子断条。

负载方面：

（1）负载过重，造成"小马拉大车"。

（2）被带机械部分有故障，造成电动机过负载。

通风散热方面：

（1）电动机工作环境温度过高，散热困难。

（2）电动机绕组灰尘太多，影响散热。

（3）风扇损坏或装反。

（4）进风口被杂物堵塞，进风不畅。

7—30　用什么简单的方法可以测试运行中电动机绕组的温升是否正常？

测试电动机的温升最简单的方法是用手摸。如果手放在电动机外壳上，没有烫得缩手的感觉，说明电动机没有过热；如果把手放上去烫得马上抽回来，说明电动机已经过热。手摸前一定要检查电动机外壳是否漏电。

另一种方法是在电动机外壳上洒 2～3 滴水，如果只看见冒热气但无声音，说明电动机没有过热；如果不但冒热气，还可以听到"咝咝"声，则说明电动机已经过热。

比较准确而简单的方法是用酒精温度计测量。可将温度计插入电动机吊装螺丝孔内进行。所测得的温度再加上 10℃ 就是电动机绕组最热点温度。把电动机的温度减去环境温度就是电动机的温升。

7—31 电动机有异常噪音或振动是什么原因？

（1）机械摩擦或定、转子相擦。

（2）相运行或过负载运行。

（3）轴承缺油或损坏、轴弯曲。

（4）绕组有故障时三相电流不平衡。

（5）鼠笼型转子导条断裂或绕线型转子线圈断开。

（6）转子或皮带盘不平衡。

（7）联轴器连接松动。

（8）安装基础不平或有缺陷。

7—32 异步电动机定子绕组接地故障的原因是什么？如何检查和处理？

绕组受潮、绝缘老化或绕组重绕后嵌入定子铁芯时，若绝缘被擦伤或绝缘未垫好等，都会造成接地故障。

检查绕组是否接地，可采用 500V 兆欧表摇测绕组对机壳的绝缘电阻，也可按图 7-6 所示的串灯法进行检查，如发现兆欧表的电阻为零或灯泡发亮，则绕组接地。然后检查绕组的绝缘，如发现有破裂及烧焦的现象，则该处为接地故障点。

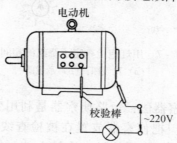

图 7-6　用串联灯泡检查定子绕组的接地故障

如果是绕组端部或引线接地，可重新包好局部绝缘。如果是绕组线圈在线槽内部接地，则需要更换绕组。

7—33 异步电动机定子绕组发生短路故障的原因有哪些?如何检查?

绕组受潮、绕组绝缘损伤或老化,电动机长时间处于过电压、欠电压、过载或两相运行状态时,都会使绕组短路。其形式有绕组匝间短路、相邻线圈间短路、相间短路和绕组引线短路等。

常用的检查绕组短路的方法有:

(1)观察法:仔细观察定子绕组有无烧焦的痕迹,如有烧焦的地方,则该处存在短路故障。

(2)用兆欧表测试定子绕组的相间绝缘电阻,如果两相间绝缘电阻很小,则说明两相绕组间存在短路故障。

(3)灯泡法:按图7-7所示的方法检查定子绕组的相间绝缘电阻。如果灯泡发亮,则说明两相绕组间存在短路故障。

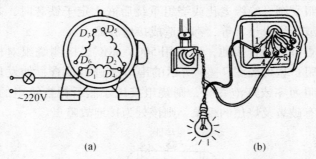

(a)   (b)

图7-7 用灯泡检查定子绕组的相间短路
(a)接线图;(b)示意图

(4)短路侦察器法:短路侦察器是利用变压器原理来检查绕组匝间短路的。把侦察器放置在被检查线圈某一边的槽上,接通电源,在被检查线圈的另一边槽上放一段锯条试验,如果锯条振动起来,并"吱吱"发响,则说明此线圈内有匝间短路。

7—34 怎样判断异步电动机所用的滚动轴承的好坏？

在异步电动机的故障中，滚动轴承的损坏占有很大的比重。判断滚动轴承的好坏可按以下几个方面进行：

（1）听音响：运行正常的滚动轴承，应发出轻微的"嗡嗡"声。如果在电机运行中听到轴承中发出"梗、梗"声，说明内外钢圈或滚珠破裂；如果听到"骨碌、骨碌"的杂音，则说明轴承中缺油。

（2）定期检查轴承的发热情况：轴承因某种原因发生故障，严重时会使轴承部分发热，这时应将轴承拆下根据具体情况处理，并查明发热原因。如轴承发热并有杂音，可能是轴承盖与轴相擦或润滑油脂干涸。

7—35 异步电动机的三相电流不平衡是由哪些因素造成的？

如果异步电动机三相电流中任何一相与三相电流的平均值的偏差超过了10%，则称三相电流不平衡。引起三相电流不平衡的因素有以下几点：

（1）由于某种原因使得线路一相压降太大，导致三相电压不平衡，则三相电流也不平衡。如电源缺相或一相保险丝熔断，造成电动机两相运行，则其它两相绕组中的电流急剧上升，这是三相电流不平衡的最严重情况。

（2）电动机三相绕组中某相断路，造成三相阻抗不一样，因此三相电流不平衡。

（3）电动机绕组中发生相间、匝间或接地短路故障，含有短路故障的绕阻中电流很大，使得三相电流不平衡。

（4）修复后的电动机（重绕电动机定子绕组后），一相接反或绕组中部分线圈接反，也会使三相电流不平衡。

7—36 造成三相异步电动机两相运行的原因有哪些？

（1）供电变压器的低压侧一相断电。

（2）低压线路一相断线。

（3）保险熔断或启动设备触头烧伤损坏、松动、接触不良等造成一相断电。

（4）电动机绕组内一相断线或接线盒内接触不良、过热氧化、铜铝接头电蚀严重等使接头电阻增大，容易烧断。

（5）开关、启动设备个别触头接触不良、烧伤或松脱。

7—37　三相异步电动机电源缺相有什么现象？其后果如何？

三相异步电动机电源断一相时，电动机将无法启动，转子左右摆动，有强烈的"嗡嗡"声。若电动机在运行中电源缺一相时，电动机虽然仍能继续转动，但出力将大大降低。此时如果负载不降低，电动机的定子电流势必增加，引起电动机过热，所以必须停止运行。否则，可能烧毁电动机。

7—38　异步电动机的绝缘电阻下降是何原因？如何恢复？

（1）潮气侵入电动机使得绝缘电阻降低，应烘干处理。

（2）绕组上灰尘、炭化物质及油污太多，应清除灰尘及油污。

（3）电动机长期过载运行后绝缘老化，应重新浸漆或重新绕制。

（4）引出线和接线盒内接头绝缘损坏，应重新包扎。

7—39　异步电动机轴承过热的原因是什么？如何处理？

（1）轴承损坏，应更换轴承。

（2）轴承与转轴配合过松或过紧。如果过松，可在转轴上镶套；若过紧，则需重新加工转轴至标准尺寸。

（3）轴承与端盖配合过松或过紧。过松时在端盖上镶套；过紧时，重新加工端盖至标准尺寸。

（4）润滑脂过少、过多或有杂质。处理方法为：增、减润滑脂或更换润滑脂。

（5）皮带过紧或联轴器安装不合要求。应适当放松皮带或重新安装联轴器。

（6）电动机两侧端盖或轴承未装平。需重新安装端盖或轴承，拧紧螺丝。

第四节　异步电动机的维修与试验

7—40　怎样对电动机进行定期的检修？

定期检修可分为小修及大修两种。小修属于一般检修，一般一年 2～3 次；大修是将电动机全部拆卸，进行彻底的检查和清理，一般一年一次。

小修的主要项目有：

（1）检查电动机的外壳是否有裂纹、破损等现象，并清除灰尘、积垢等，以利散热。

（2）检查接线盒的接线螺栓是否松动、烧损，接线头有无损坏，引线有无断股，并及时加以处理。

（3）拆下轴承外盖，检查润滑脂是否正常。若润滑脂不足应补充；若脏了应换新。对于经常使用的电动机，轴承内的润滑脂应半年更换一次。

（4）检查转轴是否灵活，转子是否擦膛。若发现异常，应更换轴承。

（5）清扫启动设备，检查触头和导线接头处是否有烧伤、腐蚀。检查三相触头是否同时接触、分离，否则应调整检修。

大修的主要项目有：

（1）电动机拆开后，先要用 2～3 个表压力的压缩空气吹扫灰尘，再用干净布擦净油污，擦完后再吹一遍。

（2）清洗轴承旧油，加进新润滑脂。

（3）检查电动机绕组绝缘是否老化，绝缘老化后颜色变成棕色且发脆，发现老化要及时处理。

（4）用 500V 兆欧表摇测电动机绕组相间及各相对机壳的绝缘电阻，若绝缘电阻小于 $0.5M\Omega$ 时，要烘干后再用。

7—41　怎样正确地拆装异步电动机？

在拆修电动机前应做好各种准备工作，如所用工具，拆卸前的检查工作和记录工作。

拆卸电动机的步骤：

（1）拆卸皮带轮或联轴器：在拆卸皮带轮或联轴器前应做好标记，然后将皮带轮或联轴器上的固定螺丝或销子取下，再用专用工具慢慢地把皮带轮或联轴器拉出来。对于难以拆卸的皮带轮，可在皮带轮与转轴配合的部位加些煤油，以便顺利地卸下。

在安装时应先将电动机转轴和皮带轮的内孔清理干净方可复位。

（2）拆卸端盖：在拆卸端盖前应先取下固定轴承盖的螺丝，待取下轴承盖后，再拆端盖。在拆卸前应在端盖和机座间做好标记，并做好前后端盖的标记，以防装配时装错。

安装时应按标记复位，在紧固螺丝时要慢慢用手转动转子，检查转子是否有卡住和不灵活的现象。

（3）拆卸转子：抽出或装入转子时，应注意不要碰坏铁芯和定子绕组。拆卸的步骤是：先拆下风扇罩及端盖螺丝，用手慢慢将后盖、风扇、转子一起抽出。安装的步骤与拆卸的步骤相反。

7—42 定子绕组在重绕之前应记录哪些数据？

在拆除旧绕组时，应详细记录以下各项数据：

（1）铭牌数据：如型号、功率、转速、接法、电压、电流、频率及出厂日期等。

（2）绕组数据：如绕组型式、并绕导线根数、绕组节距、并联支路数、导线直径、每槽导线数、连接方法、绝缘等级及接线图等。

（3）铁芯数据：如铁芯外径、内径、长度、铁芯槽数及槽形尺寸。

拆除绕组时，应保留一只完整的线圈，以供绕制线圈时参考。

7—43 怎样拆除电动机的旧绕组？

拆除定子绕组的方法有冷拆和热拆两种。冷拆的方法是把线圈的一端割断，从另一端用钳子夹住线圈并拉出槽外。热拆的方法是把待拆的绕组加热，使绝缘物软化后再拆。热拆的方法通常有以下三种：

（1）通电加热法：通过调压器控制通入绕组的电流，使其为额定电流的 1.5～2 倍，当绕组发热绝缘变软后即可拆线。

（2）烘箱加热法：利用烘箱加热，注意温度不宜超过200℃，以免烧坏铁芯。

（3）明火加热法：利用煤气、乙炔、喷灯等加热。先将绕组端部剪断，然后明火加热。采用此法时，注意防止烧坏铁芯。

拆除绕组后，应清除槽内残留的绝缘物，修正槽形。不论采取哪种方法，都应注意力求不使铁芯损坏。

7—44　在重新绕制电动机绕组时，为什么不能随意增减线圈的匝数？

因为电动机定子绕组匝数的多少，对电动机的性能影响很大。电动机定子绕组的漏电抗与绕组匝数的平方成正比，而电动机的启动转矩与漏电抗成反比。另一方面，在电压一定时，绕组匝数的多少决定着气隙主磁通的大小。若定子绕组匝数过多，将引起漏电抗增大，使电动机的最大转矩、启动转矩下降，造成过载能力降低和启动困难。其次，势必增长绕组的总长度，使电阻增大，铜损增大，造成电动机温升过高。反之，若匝数过少，将使气隙主磁通增大，空载电流增加，铁耗增大，功率因数降低，温升增高。虽然匝数减少漏电抗会显著减少，启动转矩和最大转矩会随之增加，但启动电流增加很多，对电网不利。

7—45　异步电动机转轴的一般故障如何修理？

电动机转轴的一般常见故障有轴弯曲、轴颈磨损、轴裂纹和断裂等。电动机运行中如果发现轴伸出端有跳动的现象，则说明轴已弯曲。发现轴弯曲后，应将转子取出，并根据具体情况加以校正。轴承拆卸多次，会使轴颈磨损。一般可在轴颈处滚花处理。如果磨损严重，可在轴颈处用电焊堆焊一层，或将磨损处车小 2～3mm，再车一合适的套筒趁热套于其上，最后精车到要求的尺寸。轴裂纹的处理：如果轴的横向裂纹不超过轴直径的10%～15%，纵向裂纹不超过轴长的10%，可用电焊法进行修补后继续使用；如果轴裂纹损坏较严重或断裂，必须更换新轴。

7—46　如何对电动机的轴承进行清洗和换油？

（1）轴承的清洗：先刮去轴承旧油，将轴承浸入汽油或煤油中洗刷干净，再用干净布擦干。同时洗净轴承盖。

（2）轴承的换油：检查轴承可以继续使用后，再加进新的润滑油。对3000r/min的电动机，加油以2/3弱为宜；对1500r/min的电动机，加油至2/3为宜；对1500r/min以上的电动机，一般加钙纳基脂高速黄油；对1000r/min以下的低速电动机，通常加钙基脂黄油。

7—47　异步电动机大修后需进行哪些试验？

异步电动机检修完毕以后，均应作电气试验，才能正常带负载运行。试验项目如下：

测量绕组的直流电阻；测量绕组对地及各相绕组间的绝缘电阻；对全部更换绕组的电动机应进行备相绕组间及绕组对机壳的耐压试验。上述试验及测定值符合要求后，即可进行空载试验和短路试验。

7—48　怎样做电动机的空载试验？

电动机不带负载在三相平衡电压下试运转一小时，检查电动机运转的音响有无杂音，轴承转动是否平稳轻快，温升是否正常，铁芯是否过热等。测量电动机的三相电流是否平衡，空载电流是否正常。一般大容量高转速电动机的空载电流为其额定电流的20%～35%，小容量低转速电动机的空载电流为其额定电流的35%～50%。若空载电流过大，则说明电动机气隙过大或定子绕组匝数偏少；若空载电流过小，则说明定子绕组匝数偏多或误将三角形的连接接成星形等。如发现三相电流不平衡且不稳定时，应立即停机检查。

7—49　怎样做电动机的短路试验？

短路试验是用制动设备，将电动机的转子固定不转，将三相调压器的输出电压由零值逐渐升高，当电流达到电动机额定电流时即停止升压，这时的电压称为短路电压。额定电压为380V的电动机，它的短路电压一般在 75～90V 之间。

短路电压的大小，可反映漏电抗的大小。漏电抗过高或过低，对电动机的正常运行都是不利的。另外，若三相电流不平衡，可慢慢地转动转子，如三相电流的大小轮流摆动，可能是转子断条，应对转子进行检查。

7—50　引起铸铝转子导条断裂的原因是什么？转子断条后有什么现象？

如果铸铝质量不好或使用时经常正反转启动和过载，容易造成转子断条。断条后，电动机虽然能空载运转，但加上负载后，转速就会突然降低，甚至停下来。此时如测量定子三相绕组电流，会发现电流表指针来回摆动。

7—51　怎样拆除断裂的铸铝转子导条？

拆除铸铝转子断条是将铝导条熔化掉，在熔铝前，应车去两面铝端环，再用夹具将铁芯夹紧，然后开始熔铝。熔铝的方法主要有两种：

（1）烧碱熔铝。将转子垂直浸入浓度为 30% 的工业烧碱溶液中，然后将溶液加热到 80～100℃ 左右，直到铝熔化完为止。熔铝后的转子铁芯用水冲洗后，要立即投入到浓度为 0.25% 的冰醋酸溶液内煮沸，中和残余烧碱，取出后再投入开水中煮沸 1～2 小时，取出冲洗干净并烘干。

（2）煤炉熔铝。将转子直接放在炉内加热到 700℃ 左右，可将铝条全部熔掉。用这种方法处理后，粘附在铁芯上的铝渣较难清理。

7—52　怎样修理断裂的铸铝转子导条？

常用的修理方法有以下几种：

（1）焊接法。将导条断裂处挖大，然后将转子加热到 450℃ 左右，再用由锡（63%）、锌（33%）和铝（4%）组成的焊料补焊。

（2）冷接法。在断裂点中间用一个与槽宽相近的钻头钻孔，并攻丝，然后拧上一个铝螺钉，再用车床或铲刀除掉多余部分。

（3）换条法。将原有导条和端环拆除后，理好铁芯，用截面为转子槽面积 70% 左右的铜条插入槽内，铜条两端各向外伸出 20～30mm，再将车好的铜端环按转子槽口位置对应钻孔，套在铜导条上，然后焊接牢固。

7—53　电动机大修后，绕组为什么要进行浸漆处理？浸漆处理对绕组有什么好处？

对电动机绕组进行浸漆处理，是为了让绝缘漆浸透到绝缘材料和电磁导线间，以及绕组和铁芯之间，在其表面形成漆膜，以增强绝缘能力，提高电动机的绝缘质量。

具体地讲，浸漆可以提高绕组的耐潮性，改善电动机的散热能力，增强绕组的绝缘强度和机械强度，还可以提高绕组的电气强度，同时还可使绕组端部比较光滑，减少杂物和油污进入绕组的机会。

7—54　电动机绕组进行浸漆处理时对漆有哪些基本要求？常用的绝缘漆有哪些？

对绝缘漆的基本要求：

（1）粘度要适中，固定物含量要高。

（2）表面固化快，干燥性好，粘结力强，有弹性，固化后能经受电动机运转时所产生的离心力的冲击。

（3）具有较高的电气性能及耐潮性和耐油性。

（4）化学稳定性好，对导体和其它材料相溶性好。

浸漆处理时常用的绝缘漆有：

沥青漆、清漆、醇酸树脂漆、水乳漆、环氧树脂漆等。A 级绝缘绕组常用 1012 号耐油性清漆，E 级、B 级绝缘绕组常用 1032 号三聚氰胺醇酸漆。

7—55　电动机的完好标准是什么？

（1）运行正常。运行正常包括：电流在允许范围以内，出力能达到铭牌要求；定子、转子温升和轴承温度在允许范围以内；滑环、整流子运行时的火花在正常范围内；电动机的振动及轴向窜动不超过规定值。

（2）构造无损、质量符合要求。电动机内无明显积灰和油污；线圈、铁芯、槽楔无老化、松动、变色等现象。

（3）主体完整清洁，零附件齐全好用。该标准包括：外壳上应有符合规定的铭牌；启动、保护和测量装置齐全，选型适当，灵活好用；电缆头不漏油，敷设合乎要求；外观整洁，轴承不漏油，零附件和接地装置齐全。

（4）技术资料齐全准确，应具有：设备履历卡片；检修和试验记录。

7—56　异步电动机运行时日常维护检查哪些项目？为什么？

为保证异步电动机的正常运行，延长使用寿命，日常运行中的监视和维护是很重要的，它可以防微杜渐，把事故消灭在萌芽之中。日常维护检查应包括下述项目：

（1）监视电动机的发热情况：依据电动机的类型和绕组所使用的绝缘材料的等级，制造厂对绕组和铁芯都规定有最高允许温度和最大允许温升。因此，运行时应经常注意监视电动机各部分的温度和温升，不应超过允许值。

（2）监视电动机的负载电流：电动机发生故障时大都会使定子电流剧增，使电动机过热，可能会损坏定子绕组。因此，电动机电流不允许超过铭牌上所规定的电流值。电动机散热一般随气温增高而恶化，气温下降而改善。相应地电动机额定电流随环境温度的变化允许有所变动，详见表7－3。

表7－3　　　　　气温变化时电动机许可电流值

周围空气温度（℃）	额定电流 降低（－）增加（＋）（％）
20 以下	＋8
30	＋5
35	0
40	－5
45	－10
50	－15

（3）监视电源电压的变化：电源电压过高使电流增大，发热增加；电压过低，当电机负荷不变时，也会使电流增大，定子线圈也会增加发热。一般在电动机出力不变的情况下，允许电源电压在 +10% ~ −5% 的范围内变化。

（4）注意三相电压和三相电流的不平衡程度：三相电压不平衡会引起电机的额外发热，且电流也会相应地出现不平衡。一般情况下，三相电流的不平衡表明电动机有故障或定子绕组有层间短路现象。严重的三相电流不平衡一般是由于一相保险丝熔断造成单相运行所致。三相电压不平衡程度在额定功率下允许相间电压差不大于 5%，三相电流不平衡程度不允许大于 10%。

（5）注意电动机的声音和气味：电动机正常运行时声音应均匀，无杂声和特殊声。如声音不正常，可能有下述几种情况：

特大的嗡嗡声，说明电流过大，可能是大负荷或三相电流不平衡引起的，特别是电动机单相运行时，嗡嗡声更大，并伴有不正常的振动；

咕碌咕碌声，可能是轴承滚珠损坏而产生的声音；

不均匀的碰擦声，往往是由于转子与定子相擦发出的声音，即扫膛声，应立即判断处理。

绕组因温度过高就会发出一种特殊的绝缘漆气味。

当发现电动机有异音和异味时，应停机检查，找出原因，消除故障方能继续运行。

（6）注意电动机的振动：当振动过大时，必须详细检查基础是否牢固，地脚螺丝是否松动、皮带轮或联轴器是否松动等。有时振动是由于转子不正常如鼠笼条断条，也有因短路故障等原因引起，应详细查找原因，设法消除。

（7）检查轴承发热、漏油情况，定期更换润滑油，滚动轴承润滑脂不宜超过轴承室容积的 70%。

（8）对绕线式转子电动机还应检查电刷与滑环间的接触、电刷磨损以及火花的情况。如火花严重必须及时清理滑环表面，并校正电刷弹簧压力。

除上述各项外，电动机在运行中还应注意其通风情况和周围环境的清洁，不允许有水滴、油污以及杂物等落入电动机内部，进出风口必须保持畅通无阻。

第五节　三相异步电动机的常用控制电路

7—57　三相交流异步电动机的基本控制线路有哪些？

三相交流异步电动机的控制线路大都是继电接触式有触点控制线路。根据生产机械的要求，有的控制线路很简单，有的很复杂。但任何复杂的控制线路总是由一些简单的、基本的控制线路组成，所以熟悉和掌握这些基本控制线路的工作原理，对分析实际电气线路是十分有利的。

三相交流异步电动机的基本控制线路主要有以下几种：点动控制、连续正转控制、正反转控制、位置控制、自动往复控制、顺序控制、多地控制、降压启动控制、制动控制、调速控制等等。

7—58　直接启动控制电路有哪几种？它们的控制线路是怎样的？如何达到控制目的？

电动机直接启动，又称全电压启动。它的控制电路主要有正转控制电路和正反转控制电路两种。

（1）电动机正转控制线路。该线路如图 7-8 所示，主要控制：

1）电动机的启动。合上刀闸开关 QS，按启动按钮 SB_1，接触器 KM 的吸引线圈带电，其主触点 KM 吸合，电动机启动。由于接触器的辅助触点 KM 并接于启动按钮，因此当松手断开启动按钮后，吸引线圈 KM 继续保持通电，维持其吸合状态。

2）电动机的停止。按停止按钮 SB_2，KM 的吸引线圈失电，其主触点断开，电动机失电停转。

此外，该线路还具有短路保护、过载保护和失压保护环节。短路时，通过熔断器 FU 的熔体熔断切断主电路；过载保护通过

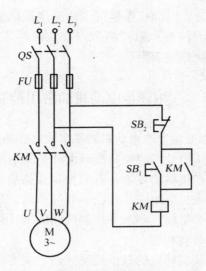

图 7 - 8　正转启动控制线路

热继电器 *FR* 实现。当负载过载或电动机两相运行时，*FR* 动作，其常闭触点将控制电路切断，吸引线圈 *KM* 失电，切断电动机主回路；欠压保护是通过接触器 *KM* 的自锁触点来实现的。当电网停电后由于自锁触点 *KM* 的存在，不重新按启动按钮电动机就不能启动。

（2）正反转控制线路。具有按钮、接触器双重联锁的正反转控制线路，如图 7 - 9 所示。

该控制线路由于采用了复合按钮，在电动机正转过程中，KM_1 线圈通电工作，欲反转，只需直接按下反转按钮 SB_2，先使正转接触器 KM_1 的线圈断电，再使反转接触器 KM_2 的线圈得电，电动机则反转启动，这样既保证了正、反转接触器 KM_1 和 KM_2 不会同时得电，又可不按停止按钮而直接按反转按钮进行反转启动。同样，由反转运行转换为正转运行的情况，也只要直接按正转按钮 SB_1 即可。只有当让电动机停转时才直接按一下停止按钮 SB_3。该线路还采用了接触器联锁，即将 KM_1 的常闭辅助触头串

接在 KM_2 的线圈电路中，将 KM_2 的常闭辅助触头串接在 KM_1 的线圈电路中，使得两线圈不能同时得电。

这种线路集中了按钮联锁和接触器联锁的优点，故具有操作方便、安全可靠等优点。

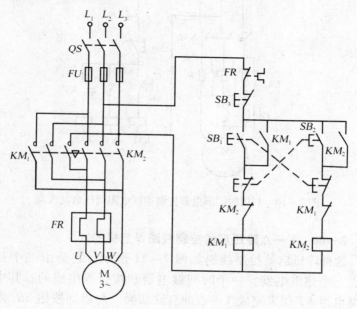

图 7 - 9　具有双重联锁的正反转控制线路

7—59　串联电阻降压启动控制线路是怎样的？

图 7 - 10 为时间继电器控制串联电阻的降压启动控制线路。启动时，只需按下启动按钮 SB_1，由启动过程到全压运行便可自动完成。并且，由于时间继电器触头的动作时间具有可调性，一旦调整好动作时间，则电动机由启动过程切换成运行过程也能准确可靠地完成。

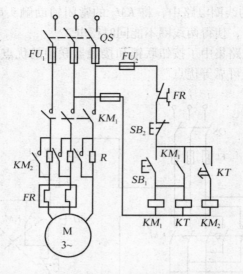

图 7-10 利用时间继电器控制串联电阻降压启动线路

7—60 Y—△降压启动控制线路是怎样的?

这种降压启动控制线路如图 7-11 所示。它是由三个接触器、一个热继电器、一个时间继电器和按钮等组成的。其中时间继电器 KT 用来完成 Y—△的自动切换。与启动按钮 SB_1 串联的接触器 $KM_△$ 的一副常闭触头,可以防止两种意外事故的发生:一种情况是在电动机启动并正常运行以后,接触器 KM_Y 已经断电释放, $KM_△$ 已经得电吸合,如果这时有人误按启动按钮 SB_1,而 $KM_△$ 的常闭触头现已断开,能防止接触器 KM_Y 线圈通电动作,不致造成电源短路;另一种情况是在电动机停车以后,如果由于接触器 $KM_△$ 的主触头焊住或机械故障而没有断开,由于设置了接触器 $KM_△$ 的常闭辅助触头,电动机就不可能第二次启动。

该控制线路中的接触器 KM_Y 只工作于启动阶段,待时间继电器将"启动"切换成"运行"时, KM_Y 不再通电;而接触器 $KM_△$ 是工作于电动机正常运行阶段,接触器 KM 工作于全过程。

224

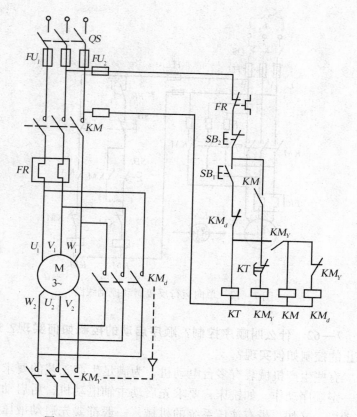

图 7 – 11　时间继电器控制的 Y – △ 降压启动线路

7—61　单向启动反接制动的控制线路是怎样的?

　　单向启动反接制动控制线路如图 7 – 12 所示。它的主电路和正反转控制的主电路相同，只是增加了 3 个限流电阻 R。图中 KM_1 为正转接触器，KM_2 为反转接触器，用点划线和电动机 M 相连的 KA，表示速度继电器 KA 与 M 同轴。

　　启动时，先合上电源开关 QS，再按下启动按钮 SB_1，接触器 KM_1 线圈得电，主触头闭合，电动机接通电源直接启动。若停车时需要制动，要将停止按钮 SB_2 按到底，制动过程便自动完成。

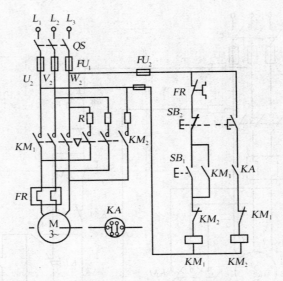

图 7 - 12　单向运行反接制动控制线路

7—62　什么叫顺序控制？顺序启动的控制如何实现？顺序停止的控制如何实现？

　　有些生产机械装有多台电动机，为满足生产工艺的要求，须按一定顺序动作。如铣床，要求先启动主轴电动机，后启动进给电动机。又如，带有液压系统的机械，一般都要先启动液压泵电动机，然后才能启动其它电动机。像这样几台电动机有顺序启动（或顺序停止）动作的控制，就是顺序控制。其相应的电气控制线路就称为顺序控制线路。

　　顺序启动控制的接线特点是：将先得电的接触器的辅助常开触头串在后得电的接触器线圈支路中，如图 7 - 13 所示控制线路中 KM_2 线圈支路中串联的 KM_1 常开触点；顺序停止控制的接线特点是：将先失电的接触器的辅助常开触头并在后失电接触器支路的停止按钮两端，如图 7 - 13 所示控制线路中 SB_1 停止按钮两端并联的 KM_2 常开触点。

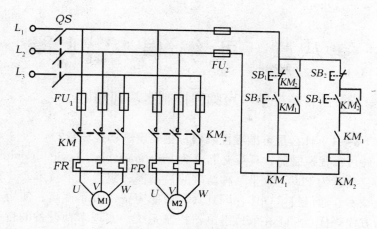

图 7 – 13　顺序控制电路

7—63　什么叫多地控制？多地控制在线路上如何实现？

多地控制就是在两个或两个以上的地点对同一台电动机进行控制。多地控制线路的接线特点是：将几个地点的启动按钮并联，将几个地点的停止按钮串联，如图 7 – 14 所示。SB_{12}、SB_{22}、SB_{32}分别是本地、控制室及操作间的启动按钮，SB_{11}、SB_{21}、SB_{31}分别是本地、控制室及操作间的停止按钮。

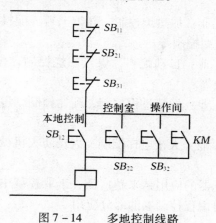

图 7 – 14　　多地控制线路

第八章　可编程控制器

第一节　可编程控制器基础知识

8—1　什么是可编程控制器，主要用于哪些场合？

可编程控制器，其英文名字为 Programmable Logic Controller，简称为 PLC。它是一种新型的控制器，集微电子技术、计算机技术、通信技术一体，因其具有功能完备、可靠性高、使用灵活方便等优点，正在取代继电器控制系统，实现多种设备的自动控制。

可编程控制器主要用于以下场合：

（1）电力工业：输煤系统控制，锅炉燃烧处理，汽轮机和锅炉的启停控制，锅炉缺水报警控制等。

（2）汽车工业：自动焊接控制，装配生产线控制，喷漆流水线控制，铸造控制，移送机械控制等。

（3）交通运输业：交通灯控制，电梯控制，电动轮胎控制等。

（4）钢铁工业：加热炉控制，高炉上料、配料控制，钢板卷取控制，翻砂造型控制等。

（5）化学工业：自动配料，煤气燃烧控制，化工流程控制，化学水净化处理等。

（6）食品工业：发酵过程控制，配比控制，包装机控制，搅拌控制等。

（7）公用事业：大楼电梯控制，大楼防灾机械控制，剧场舞台灯光控制等。

可编程控制器的应用越来越广泛，工业控制中无处不在，以上仅仅列举了可编程控制器的部分应用。

8—2 可编程控制器的组成及其各部分的作用是什么？

一个完整的 PLC 有两部分组成，硬件系统和软件系统。

硬件系统主要由中央处理器 CPU、存储器、输入/输出端口、通信接口和电源组成。中央处理器 CPU 是 PLC 的核心部件，负责协调各部分的工作；存储器由寄存器构成，用来存储程序和数据；输入/输出端口是 CPU 与工业现场装置之间的连接部件，输入端口用于接收操作指令和现场信息；输出端口用于将 CPU 送出的弱电信号通过输出电路的光电隔离和功率放大控制现场设备工作。通信接口的作用是 PLC 与上位机通信。PLC 的工作电源一般为单相交流电源 AC220V/110V.

8—3 PLC 的 I/O 点数是什么意思？

I/O 点数，即为 PLC 输入/输出通道的数量和，输入点数是按系统输入信号的数量来确定的。但在实际应用中，通过合并输入触点将系统的输入信号设置在 PLC 之外，通过适当的编程减少输入点等措施可达到节省 PLC 输入点数的目的。

8—4 常用的 PLC 有哪几个厂家的？

（1）国外：德国的 AEG、西门子公司，日本的三菱、欧姆龙公司，美国的 A–B、GE 公司，法国的施耐德等。

（2）国内：辽宁无线电二厂，无锡华光电子公司，上海香岛电机制造公司，厦门 A–B 公司等。

8—5 PLC 控制系统中的 1 和 0 分别代表什么意思？

PLC 控制系统中，对于输入继电器 1 代表接通，0 代表断开；对于输出继电器、内部辅助继电器和特殊辅助继电器，1 代表线圈得电，其对应的触点动作；0 代表线圈失电，其对应的触点不动作。

8—6 PLC 小型机、中型机和大型机是如何分类的？

PLC 通常按照 I/O 总点数可分为小型、中型和大型三类。

（1）小型 PLC I/O 总点数为 128 及其以下的 PLC，程序容量一般小于 4kB。

（2）中型 PLC I/O 总点数超过 256 点，且在 1024 点以下的

PLC，程序容量一般小于 8kB。

（3）大型 PLC　I/O 总点数为 1024 点及其以上的 PLC。

8—7　PLC 内的电池一般能维持多长时间？

一般能维持 3 ~ 5 年。

8—8　PLC 与单片机的区别是什么？

PLC 与单片机的区别主要体现在以下三个方面：

（1）PLC 是以单片机为基础的可编程的控制器，主要用于工业自动化等领域，大都采用梯形图编程，也可以用组态软件，其特点是非常可靠。单片机是一种集成电路，在一定场合下，配合外围电路，可以用来设计所需要的各种功能，大都用汇编语言、C 语言等来开发嵌入式软件，可应用于各种领域。两者不具有可比性。

（2）单片机可以构成各种各样的应用系统，从微型、小型到中型、大型都可以，PLC 是单片机应用系统的一个特例。

（3）单片机的使用偏重于研发，PLC 的使用偏重于应用。

8—9　PLC 的工作模式有哪几种？

PLC 的 CPU 通常有以下三种工作模式：

（1）编程模式（PROGRAM）编程模式是程序的停止状态，PLC 的初始设定、程序传送、程序检查、强制置位/复位等程序执行前的准备，要在该模式下进行。

（2）监视模式（MONITOR）监视模式是程序的执行状态，可进行联机编辑、强制置位/复位、I/O 存储器的当前值变更等操作，试运行时的调整等可在该模式下进行。

（3）运行模式（RUN）运行模式为程序的执行状态。

通过 PLC 系统设定，在电源为 ON 时，可指定上述三种模式中的任何一个。

第二节　可编程控制器的基本应用

8—10　简述 PLC 工作方式？

PLC 采用扫描循环执行方式，整个执行过程分为三个阶段：检查输入点的状态、执行程序、刷新输出。工作过程如图 8 - 1 所示。用户通过输入端子输入控制信号给输入电路，CPU 检查输入状态，根据输入信号执行程序，将程序执行结果依次通过输出电路输出，改变负载的运行状态。

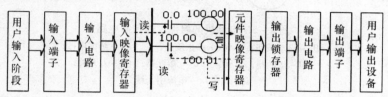

图 8 - 1　可编程控制器工作原理示意图

8—11　与继电 - 接触器控制系统相比较，PLC 的优点表现在哪里？

PLC 的优点表现在以下几个方面：

（1）操作灵活方便，通用性强。

（2）可靠性高，抗干扰能力强。

（3）接线简单，维护方便，设计调试周期短。

（4）体积小，重量轻，功耗低，功能强大，控制精度高。

8—12　通过案例——控制电机的启动和停止，来说明 PLC 控制与继电器控制的方式有何不同？

下面通过电动机的启、保、停控制电路来分析 PLC 控制与继电器 - 接触器控制方式的区别。采用继电器 - 接触器控制电动机的启动和停止的接线图，如图 8 - 2 所示；采用 PLC 控制的接线图和程序，如图 8 - 3 所示。

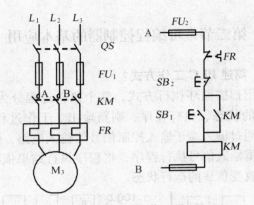

图 8 - 2　电动机的启保、停控制电路

SB_1 - 启动按钮；　　　SB_2 - 停止按钮；　　　FR - 热继电器；

KM - 接触器；　　FU_1、FU_2 - 熔断器；　　QS - 刀开关；

L_1、L_2、L_3 - 电源引入线

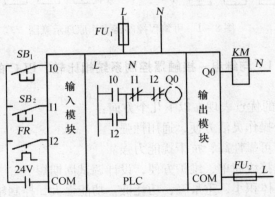

图 8 - 3　电动机启动、停止的 PLC 控制

　　电动机启动和停止的两种控制方法，最大的区别在于：在继电器控制方案中，输入、输出信号间的逻辑关系由实际的布线来实现的。按下启动按钮 SB_1，接触器 KM 线圈得电，主回路接通，电动机启动运行；按下停止按钮，接触器 KM 线圈失电，主回路断开，电动机停止运行，热继电器用于过热保护。若要改变控制

232

系统的功能，需要改变部分元件和大量的接线，工作量大，周期长，成本高等。

在 PLC 控制方案中，输入输出信号间的逻辑关系则是由存储在 PLC 内的用户程序来实现的。采用 PLC 控制的控制电路包括三部分，输入接线部分、输出接线部分、程序部分。若要改变控制功能，只要改变程序，改变少量接线，工作量很小，周期短，成本低等。

8—13 PLC 的实物怎样接线？

PLC 的应用中主要包括两大部分：编写程序和接线。编写程序是在相应的编程软件上实现的，通过传输线下载到 PLC 即可。接线是指输入模块、输出模块和 PLC 的工作电源的接线。以电动机的启动、停止控制系统为例，PLC 的接线如图 8-4 所示。左边空气开关、接触器、热继电器和电动机组成主电路，右边 PLC、按钮和直流电源组成控制电路。

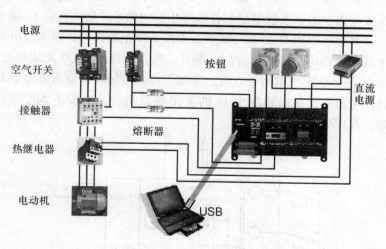

图 8-4   可编程控制器外部接线示意图

8—14 继电控制系统中停止按钮采用常闭触点，为什么在 PLC 控制中停止按钮一般使用常开触点？

因为在继电控制电路中，停止按钮是串接在控制线路中，要实现停止功能必须用常闭触点，当按下停止按钮其常闭点断开，使得控制电路断开，使设备停止运行，起到正确的控制作用。在PLC控制电路中，无论是启动还是停止按钮，通常外部接线是一样的，不同的是内部控制程序的编制，若停止按钮用常开触点，在程序内部用常闭触点可以实现同样的控制功能，当按钮用常闭触点，其PLC输入点在PLC上电后立刻得电，不符合要求，所以在PLC控制中停止按钮一般使用常开触点。但是为安全起见，急停按钮一般使用常闭触点。

8—15　为什么停止按钮接线时用的是常开触头，而编程时用的是常闭触点？

PLC输入回路由外部输入电路、PLC输入接线端子（COM是输入公共端）和输入继电器组成。外部输入信号经PLC输入接线端子驱动输入继电器。如图8-5所示，一个输入端子对应一个等效电路中的输入继电器。若把停止按钮的常开触头接在I1端子上，当程序中用I1的常开触点，未按下停止按钮时，输入继电器I1线圈未得电，I1的常开触点断开，所以使程序中Q0无法得电。当程序中用I1的常闭触点时，未按下停止按钮时，输入继电器I1线圈未得电，所以程序中I1的常闭触点闭合，当按下SB_1按钮时，程序中Q0可以得电。

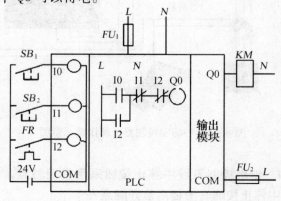

图8-5　PLC控制等效电路图

8—16 采用 PLC 进行控制系统设计，主要包括哪些步骤？

（1）对控制任务进行调研，明确控制任务和控制要求。

（2）确定总体控制方案，进行 PLC 选型及系统硬件配置。

（3）系统 I/O 分配。

（4）设计控制程序。

（5）接线。

（6）调试程序和调试系统。

8—17 梯形图的设计规则是什么？

（1）梯形图中阶梯都是始于左母线，终于右母线，线圈只能接在右母线上，不能直接接在左母线上，并且所有的触点不能放在线圈的右边，如图 8-6 是错误的。

```
    I:0.00   I:0.01   Q:100.00   I:0.03
  ──┤├──────┤├──────(  )──────┤├──
```

图 8-6

（2）多个线路块并联时，应将触点多的支路放在梯形图最上面。多个并联电路块相串联时，应将并联支路多的部分尽量靠近母线，如图 8-7 应该改为图 8-8。

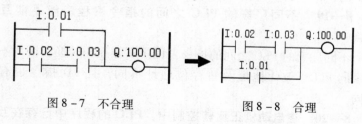

图 8-7 不合理   图 8-8 合理

（3）在每个逻辑行中，并联触点多的电路应放在左方，如图 8-9 应该改为图 8-10。

（4）梯形图中没有实际的电流流动，而所谓"流动"只能从左到右，从上到下单向流动，触点应画在水平线上，不能画在垂直分支线上，应将图 8-11 改为图 8-12。

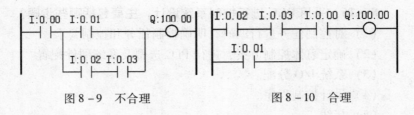

图 8-9 不合理   图 8-10 合理

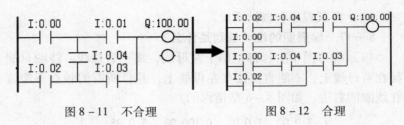

图 8-11 不合理   图 8-12 合理

（5）在梯形图中，不允许同一个触点有双向电流通过。

（6）梯形图中，当多个逻辑行具有相同的条件时，为节省语句数量，常将这些逻辑行合并。

8—18 不同厂家生产的 PLC 编写程序的方法有什么区别？

不同厂家生产的 PLC 编写程序的方法是相似的，因为编程软件不同，指令表示格式和表示方法有些不同。

8—19 不同厂家的 PLC 之间的指令表程序能不能互相转换？

不同厂家的 PLC 之间的指令表程序不能互相转换，因为不同厂家的 PLC I/O 地址及暂存位地址不同，且 LD 指令也有些不同。

8—20 在电动机正反转控制中，PLC 的程序中已存在互锁关系，为什么输出端的接触器还要互锁关系？

程序中采用了互锁，外部接触器也采用了互锁，目的为了保证安全。因为外部接触器是机械设备，有粘连的现象（即失电后不会复位），此时反相接触器如果吸合会造成相间短路。

236

8—21　PLC 程序中已经有中间继电器、时间继电器等元件，为什么还要在外部接线中使用这些元件？不可以省略吗？

外部中间继电器主要有两个作用：一是驱动更大的负载；二是隔离作用，防止操作不当，或者外部短路烧坏 PLC。所以不可以省略。

8—22　PLC 的开关量输出模块的输出形式有哪几种？各有何特点？

PLC 开关量输出模块的输出形式有三种：继电器输出、晶闸管输出和晶体管输出。目前常用的是继电器输出和晶体管输出。

（1）继电器输出模块的负载回路可选用直流电源，也可以选用交流电源。

（2）晶闸管输出模块的负载回路中的电源只能选用交流电源。

（3）晶体管输出模块所带的负载只能使用直流电源。

8—23　举例说明可编程控制器的现场输入元件和执行元件的种类？

现场输入元件：开关、按钮和传感器，被控对象的现场信号以开关量的形式，通过输入单元送入 PLC 的 CPU 进行处理。

现场执行元件：电磁阀、继电器、接触器、指示灯、电热器、电动机等。PLC 的 CPU 输出的控制信号经过输出模块驱动执行元件。

8—24　CP1H 机型为什么要设计时间常数可调的输入滤波器？如何调整设定时间？

PLC 的输入电路设有滤波器，调整其输入时间常数，可减少振动和外部复杂干扰造成的不可靠性，其功能如图 8 – 13 所示。

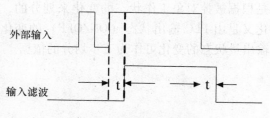

图 8 – 13　输入延时时间 t

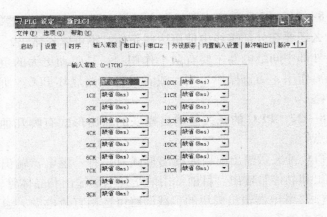

图 8 – 14　"PLC 设定"对话框

设定方法：打开编程软件，选择 CP1H 机型，双击"新工程"/"新 PLC1"中的"设置"，就会出现如图 8 – 14 所示的对话框，在"输入常数"的选项中选择。设置范围有 0.5ms，1ms，2ms，4ms，8ms，16ms 和 32ms，默认设置为 8ms。

8—25　什么是顺序控制？什么是工步？工步如何划分？

顺序控制就是在生产过程中，各执行机构按照生产工艺规定的顺序，在各输入信号的作用下，根据内部状态和时间的顺序，自动、有次序地进行操作。

生产机械的一个工作循环可以分成若干个步骤顺序进行。在每一步中，生产机械进行着特定的机械动作。在控制系统中，把这种进行特定机械动作的步骤称为"工步"。

工步是根据被控对象工作状态的变化来划分的，而被控对象的状态变化又是由 PLC 输出状态（ON/OFF）的变化引起的。因此，PLC 输出量状态的变化可作为工步划分的依据。

第三节　可编程控制器的综合应用

8—26　什么是 PT？它有哪些功能？

PT 俗称触摸屏，可以通过屏幕上设计的功能键或触摸按钮向 PLC 输入数据，改变 PLC 的设定值、当前值，也可以将 PLC 继电器区、数据区的内容及 PLC 的状态信息，以数据、图像的形式实时地显示出来。PT 不仅为控制系统提供了十分友好的人机界面，还可以节省大量的 I/O 点，是一种很好的人机对话设备。欧姆龙的 CP1H 系列的 PLC 则要加装 RS－232 选件板 CP1W－CIF01，才能和 PT 连接通信。

8—27　以松下 PLC 为例，PLC 与变频器之间如何通信？

这里以电动机的正反转为例来说明。PLC 控制电动机的正、反转电路接线图，如图 8－15 所示。完成接线之后，需要编写相应的程序，如图 8－16。

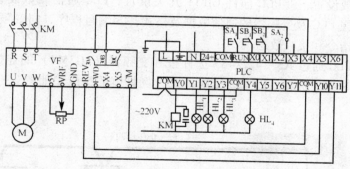

图 8－15　可编程控制器与变频器的接线

8—28　以欧姆龙 3G3MV 变频器为例，CP1H 系列的 PLC 如何与变频器连接和通信？

PLC 与变频器通信来控制电动机的运行，主要完成以下五个步骤：

①PLC 和变频器之间的接线；②变频器开关设置，变频器通

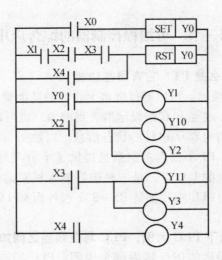

图 8 - 16　控制程序

信参数设置；③PLC 插件 CIF11 开关设置、PLC 通信参数设置；④掌握 PLC 及变频器的通信数据及格式；⑤编写程序，向变频器发送指令和接收数据

PLC 通过 RS - 422/485 选件板和变频器（3G3MZ）的连接，如图 8 - 17 所示。以 422 接线方式为例具体的接线，如图 8 - 18 所示。

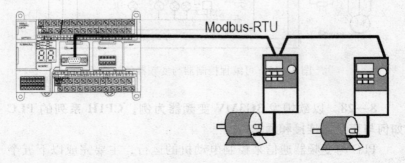

图 8 - 17　PLC 和变频器（3G3MZ）连接

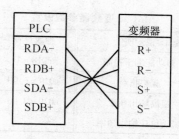

图 8 – 18　PLC 和变频器之间接线方式

8—29　举例分析 PLC 如何实现对变频器输出频率的控制？

变频器的频率控制有面板控制、多功能端子控制和通信控制三种方式。下面只介绍一种利用多功能端子控制变频器输出频率的方式。

控制要求：如图 8 – 19 所示，按下启动按钮 SB_1，变频器驱动的电动机转动，当转速达到 2400r/min，即 40Hz，保持不变，加速时间为 6s；按下停止按钮 SB_3，电动机开始减速，直到停止，减速时间为 3s。

第一步：完成 PLC 和变频器的接线，如图 8 – 19 所示。

第二步：完成变频器参数设置，如表 8 – 1 所示。

第三步：编程，如图 8 – 20 所示。

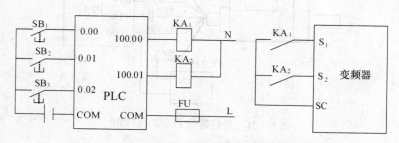

图 8 – 19　PLC 的 I/O 端和变频器的多功能端接线图

表 8 - 1　　　　　　　　　　变频器参数设置

参数设置	说　明	参数设置	说　明
n003 = 1	多功能端子控制	n018 = 1	时间精度 0.01s
n004 = 1	频率指令	n019 = 6.00	加速时间 6s
n011 = 40.0	最高输出频率	n020 = 3.00	减速时间 3s
n013 = 40.0	最大电压输出频率		

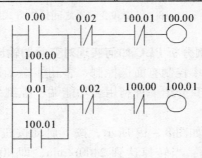

图 8 - 20　电动机正反转梯形图程序

8—30　PLC 与带有 A、B、Z 相的编码器如何连接?

接线方法如图 8 - 21 所示。

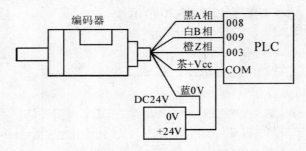

图 8 - 21　编码器与 PLC 的接线图

8 - 31　PLC 控制系统设计中,为什么 PLC 的输入/输出点要留有余量?

242

在 PLC 控制系统设计中，PLC 的 I/O 点数要留有一定的余量。因为当现场生产过程需要修改控制方案时，可使用备用的输入/输出点；当输入/输出模块中某一点损坏时，也可使用备用点，并在程序中修改即可。

8—32 模拟信号电缆应该单端接地，还是两端接地？

为了减少电子干扰，对于模拟信号应使用双绞屏蔽电缆，模拟信号电缆的屏蔽层应该两端接地。但是，如果电缆两端存在电位差，将会在屏蔽层中产生等电线连接电流，造成对模拟信号的干扰。在这种情况下，应该让电缆的屏蔽层一点接地。

8—33 什么是 PLC 通讯主站和从站？

通讯从站：从站不能主动发起通讯数据交换，只能响应主站的访问，提供或接受数据。从站不能访问其它从站，只能响应主站设备的数据请求。

通讯主站：可以主动发起数据通讯，读写其它站点的数据。

8—34 在 PLC 通讯中，主站向从站发送数据，为何收到多个从站的乱码响应？

这说明从站没有根据主站的要求发送消息。在有多个从站的通讯网络中，从站必须能够判断主站的消息是不是给自己的，这需要从站的通讯程序中有必要的判断功能。

8—35 PLC 的电源如何连接？

在给 CPU 进行供电接线时，一定要特别分清是哪一种供电方式。如果把 220VAC 接到 24VDC 供电的 CPU 上，或者不小心接到 24VDC 传感器输出电源上，都会造成 CPU 的损坏。

8—36 PLC 为什么与外围设备无法通讯？

通讯失败一般归纳为以下几点：

（1）通讯参数。PLC 的通讯口与外围设备的参数设置可能不一致；CP1H 系列的 PLC 出厂设置波特率为 9600，偶校验，数据位 8 位，停止位 1 位，PLC 站号为 1。

（2）通讯线。连接可能不正确，或者接地不良，可以通过变更通讯线重试。

（3）通讯串口。检查通讯串口，可以通过下载 PLC 程序来检查，下载成功则排除串口问题。

（4）可能串口有问题，与 PLC 厂家联系。

8—37　PLC 与变频器接线时应注意哪些问题？

因为变频器在运行中会产生较强的电磁干扰，为保证 PLC 不因为变频器主电路断路器及开关器件等产生的噪音而出现故障，将变频器与 PLC 相连接时应该注意以下几点：

（1）对 PLC 本身应按规定的接线标准和接地条件进行接地，而且应注意避免和变频器使用共同的接地线，且在接地时使二者尽可能分开。

（2）当电源条件不太好时，应在 PLC 的电源模块及输入/输出模块的电源线上接入噪音滤波器和降低噪音用的变压器等。另外，若有必要，在变频器一侧也应采取相应的措施。

（3）当把变频器和 PLC 安装于同一操作柜中时，应尽可能使与变频器有关的电线和与 PLC 有关的电线分开。

（4）通过使用屏蔽线和双绞线达到提高噪音干扰的水平。

PLC 和变频器连接应用时，由于涉及到用弱电控制强电，因此应该注意连接时出现的干扰，避免由于干扰造成变频器的误动作，或者由于连接不当导致 PLC 或变频器的损坏。

8—38　请问 OMRON 的 PLC 与 ABB 的变频器是用什么协议？用 MODBUS 可以吗？所有 OMRON 的 PLC 都可以的吗？

确认 ABB 变频器具体协议，公开协议，PLC 做主机可以发送无协议或者协议来通信，现在可以使用 CS/CJ/CP1 系列。CP1H 内置 MODBUS - RTU 简易主站功能。

8 - 39　请问 OMRON　CP1H 的 RS - 232 端口定义是什么？

OMRON　CP1H 的外设口定义如下：2、3、4、5、6、9 分别为 SD、RD、RS、CS、+5V、SG，其它管脚没用到。

8—40　现有机械的开关量信号通断频率为 300 次/min，请问 OMRON　的哪种 PLC 能达到这个响应速度？

通断频率为 300 次/min，折算频率就是 5Hz，欧姆龙的 PLC

晶体管输入均能正常响应。

8－41 欧姆龙公司的 PLC 网络有哪些？

欧姆龙公司目前已经开发的 PLC 通信系统网络，在信息层、控制层和器件层，主推三种网：Etherent，Controller Link 和 CompoBus/D。

第四节 可编程控制器控制系统故障处理及维护

8－42 脉冲发送指令置 ON，为什么没有脉冲输出？

可能程序中多处使用了该指令。

8－43 一个利用定时器的程序，在编译时已经通过，为何下载到 CPU 中时提示出错？

这种情况往往是使用的定时器号与定时器类型不匹配造成的。

8－44 一个程序中定时器为什么尽量不要重复使用？

这是指同一个定时器在不同的子程序或中断程序中不能重复使用。例如都叫 T1 的定时器就不能在不同的子程序中用了。至于定时器的个数，每个型号的 CPU 支持的定时器和计数器个数是不一样的，只要不超过那个最大个数就行。

8－45 如果忘了密码，如何访问一个带密码的 CPU？

即使 CPU 有密码保护，也可以不受限制地使用以下功能：

（1）读写用户数据。

（2）启动、停止 CPU。

（3）读取和设置实时时钟。

如果不知道密码，用户不能读取或修改一个带三级密码保护的 CPU 中的程序。

8－46 PLC 的输出点为 DC24V，用 PLC 的输出点去控制变频器的启动，需要将变频器的 COM 端与 PLC 的 COM 端作等电位短接吗？会不会出问题？

变频器本身有一个 24V 输出端子。可以用 PLC 的输出点去控制一个继电器，然后把变频器本身的 24V 连接到它的启动端子上。如果非要直接把 PLC 的 24V 电源接到变频器上，应该把 PLC 24V 电源的 COM 端和变频器的 COM 端连接起来，但建议使用继电器来控制。

8—47 防止静电放电危险一般有哪些措施？

（1）保证良好的接地：当处置对静电敏感的设备时，应确保人体工作表面和包装有良好的接地，这样可以避免产生静电。

（2）避免直接接触：只在不可避免的情况下，才接触对静电敏感的设备。例如，在维修时手持模板，但不要接触元件的针脚或印刷板的导体，用这种方法使放电能量不会影响对静电敏感的设备。

如果必须在模板上进行测量，在开始测量之前，必须先接触接地的金属部分使人体放电，这种方法只适用于接地的测量设备。

8—48 在 PLC 的程序里条件成立了，为什么对应的线圈却没有置位？

（1）可能多处使用了同一个线圈，执行二重线圈输出。由 PLC 工作方式可知，执行二重线圈输出时，后面的线圈优先动作。

（2）可能程序中对线圈的复位信号也成立，导致没有输出，应该通过监控功能查找该复位点，修改程序。

8—49 监控 PLC 扫描周期时有一个最短周期、当前周期、最长周期，最长周期要比当前周期大好几倍，为什么？

举个例子，主程序调用两个子程序，如果调用子程序条件不成立，那么 PLC 只运行主程序里的程序；如果调用条件成立，则除了要运行主程序里的程序外，还要运行子程序。最长周期就是运行包括主程序和所有的子程序全部程序的时间，最短周期就只运行主程序里的程序所用的时间，所以 PLC 运行工作的内容不一样，扫描周期也不一样。

8—50 带电插拔的含义是不是在 PLC 通电时，拔下 PC/PPI 电缆？正确的操作是不是应该先把 PLC 的电源切断，然后再拔下 PC/PPI 电缆？

CP1H 系列 PLC 的编程电缆带电插拔时，如果使用了国产的没有光电隔离的电缆，在带电插拔时，容易烧掉端口。正确的操作就是先把 PLC 的电源切断，然后再拔下 PC/PPI 电缆。

8—51 为什么不能用 PLC 驱动不超过触点容量的闪光灯？

不可以用 PLC 直接驱动闪光灯。由于灯属于变阻性负载，启动时会产生冲击电流，普通灯泡在点燃瞬间产生额定电流十几倍的冲击电流，而 PLC 的场效应管对于过流的承受力又很低，即使是继电器输出也很难承受，所以接彩灯时，彩灯的总瓦数要远远小于 PLC 的触点容量才可以，否则，要改用继电器来控制彩灯。

8—52 PLC 输入、输出接口电路中的光电耦合器的作用是什么？

该光电耦合器的作用如下：

（1）实现现场与 PLC 主机的电气隔离，提高抗干扰。

（2）避免外电路出现故障时，外部强电侵入主机而损坏主机。

（3）电平交换，现场开关信号可能有各种电平，光电耦合器可以降低该电平，变换成 PLC 主机要求的标准逻辑电平。

8—53 无备用电池情况下，断电的影响与完全复位一样吗？

不一样。如果 CPU 被完全复位的情况下，其硬件配置信息和程序会被删除（MPI 地址除外），剩磁存储器也被清零。

在无备用电池和存储卡的情况下断电，硬件配置信息和程序被删除。而剩磁存储器不受影响。如果在此情况下重新加载程序，则其工作时采用剩磁存储器的原来的值。比方说，这些值通常来自前 8 个计数器。如果不考虑这一点，会导致危险的系统状态。

建议：无备用电池和存储卡的情况下断电后，一定要完全复位一次。

8—54 将 OMRON 原配的 PLC 跟电脑的信号连接线换掉，改成普通市售的 9 针信号连接线，为什么无法连接 PLC？

两根虽然都是 9 针的电缆，但接线方法不同，PLC 跟电脑的通信电缆有特定的接线方式。

8—55 PLC 控制系统日常维护检修的项目包括哪些？

（1）供给电源。在电源端子上判断电压是否在规定范围之内。

（2）周围环境。周围温度、湿度、粉尘等是否符合要求。

（3）输入/输出电源。在输入/输出端子上测量电压是否在基准范围内。

（4）安装状态。各单元是否安装牢固，外围配线螺钉是否松动，连接电缆是否断裂老化。

（5）输出继电器。输出触点接触是否良好。

（6）锂电池。PLC 内部锂电池寿命一般为三年，应注意及时更换。

第九章 特高压知识简介

9—1 何谓电力系统?

发电厂、输电网、配电网和用电设备连接组成一个集成的整体，这个整体被称为电力系统。电力系统示意图，见图9-1。

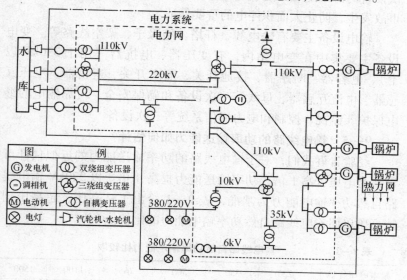

图 9 - 1 电力系统示意图

其中，所有输变电设备连接起来构成输电网。所有配变电设备连接起来构成配电网。由输电网和配电网统一构成电网。

9—2 如何体现电网的输电功能?

所谓电网的输电功能是将发电厂发出的电力输送到消费电能的地区以及进行相邻电网之间的电力互送，使其形成互联电网或统一电网，保持发电和用电或两电网之间供需平衡。输电功能由升压变电站、降压变电站及其相连的输电线完成。

9—3 如何体现电网的配电功能?

电网的配电功能是将输电网受端的电力提供给消费电能的地区接受,然后进行分配,输送到城市、郊区、乡镇和农村,并进一步分配和供给工业、农业、商业、居民以及特殊需要的用电部门。

9—4 输电网的构成及设备组成如何?

输电网由输电和变电设备构成。输电网一次设备和相关的二次设备的协调配合,是实现电力系统安全、稳定运行,避免连锁事故发生,防止大面积停电的重要保证。

输电设备主要有输电线、杆塔、绝缘子、架空线路等。变电设备主要集中在变电站内,有变压器、电抗器(用于 330kV 以上)、电容器、断路器、接地开关、隔离开关、避雷器、电压互感器、电流互感器、母线等一次设备和确保安全、可靠输电的继电保护、监视、控制和电力通信系统等二次设备。

9—5 输电线路的功率输送能力如何估计?

经验告诉我们,对于输电线路的功率输送能力的近似估计可以认为电压升高 1 倍,功率输送能力提高 4 倍。以 220kV 输电线路自然功率输电能力为基准,表 9－1 给出了从高压、超高压到特高压单回输电线路自然功率输电能力的比较值。

表 9－1　　　　　　　　输电线路自然功率输电能力比较表

输电电压(kV)	220	330	500	765	1100	1500
输电能力比较值	1	2.23	6.55	16.74	39.24	75.30

注　以 220kV 线路输送自然功率 132MW 为基准。

由于线路的输电能力与输电线路的距离成反比(即输电线路越长,输电能力越小),要大幅度提高线路的输电能力,特别是远距离输电线路的功率输电能力,必须提高电网的电压等级。

9—6 更高电压等级输电网与较低的电压等级输电网直接相联,为什么要考虑匹配?

对于给定的电力系统,当更高电压输电线路退出运行和因故障不能输送功率时,它所遮断的那部分功率(通称潮流)可以由它的下级电压输电网进行补偿，确保整个电力系统（或互联电网）的安全、可靠运行，同时保证能向输电用户连续和不中断地提供输电服务。因此，发展更高电压等级的输电技术或将要互联的电力系统之上覆盖一个更高电压等级的输电网，必须考虑更高电压等级输电网的输电容量与直接相联的、较低的电压等级输电网容量之间的匹配。

9—7 为什么要增加特大容量发电厂和大型、特大型发电机组的建设？

由于各区域发电资源的不平衡，输电的联网功能，特别是采用比区域骨干电网更高一级电压的输电线联网则变得特别重要。

特大容量发电厂的建设和大型、特大型发电机组的采用，可产生更大的规模经济效益。它们通过输电网可实现区域电网互联，可在更大范围实现电力资源优化配置，进行电力的经济调度。它能提供更充裕输电的互联，促进电力市场的稳健发展。

9—8 区域电网间的互联的经济效益表现在哪几方面？

区域电网间的互联可以产生显著的经济效益。它主要表现在以下几个方面：

（1）更经济合理地开发一次能源，优化电能资源配置，实现水、火电资源的优势互补。

（2）降低互联的各电网总的高峰用电负荷，提高发电机组的利用率，减少总的装机容量。

（3）检修和紧急事故备有互助支援，减少备有发电容量。

（4）提高电网运行的可靠性和供电质量。

（5）安装高效率、低成本大容量机组和建设更大容量规模电厂，产生更大规模经济效益。

9—9 特高压电压等级的决策，应遵循哪些基本原则？

电网更高电压等级是指在既有电网之上覆盖一个新的更高一级电压等级电网的电压标称值。更高电压等级应满足其投入之后20～30年大功率输电的需求。

选择特高压作为比超高压更高电压等级的决策，应从国家现有超高压电网出发，面向国家未来电网发展规划以及输电需求进行综合分析。分析时，应遵循以下基本原则。

（1）与新覆盖的地理区域范围、电力系统的规模相一致的原则。

（2）与现有超高压电压等级的经济合理配合的原则。

（3）与电网的平均输电容量（能力）和输电距离相适应的原则。

（4）新的更高电压等级输变电设备从开发到可以用于工程的时间相协调的原则。

（5）特高压输电技术的可用性与输电需求相统一的原则。

（6）与新的发电技术相互促进的原则。

9—10　如何确定特高压电压等级的方法？

确定特高压电压等级的方法，通常按国家未来 20～30 年输电网不同的平均输送容量和不同的平均输电距离的要求，以 1～2 个电压等级进行输电能力分析，作出不同方案的每千瓦电力的输电成本曲线，以各成本曲线的经济平衡点或平衡区决定更高电压标称值。

经过大量分析，普遍认为比超高压电网更高一级电压标称值应高出现有电网最高电压 1 倍及以上。同时发现，超高压～特高压两个电压等级之比大于 2 倍时经济配合比较合理。根据新的更高电压等级的技术成熟条件以及电力需求的发展要求，我国确定：500kV 以上的特高压合理电压等级为 1000（1100）kV；750（765）kV 以上的特高压合理电压等级为 1500kV。

目前，两个比较成熟的超高压～特高压电网电压等级系列为：330（345）kV～750（765）kV～1500kV 系列和 500kV～1000（1100）kV 系列。

9—11　发展特高压输电有哪些主要目标及作用？

建设特高压电网的必然结果是以特高压输电网为骨干网架，形成特高压、超高压和高压多层次的分层、分区，结构合理的特高压电网。发展特高压输电有三个主要目标：

（1）大容量、远距离从发电中心（送端）向负荷中心（受端）输送电能。

（2）超高压电网之间的强互联，形成坚强的互联电网。目的是更有效地利用整个电网内各种可以利用的发电资源，提高互联的各个电网的可靠性和稳定性。

（3）超高压电网之上再覆盖一个特高压输电网，目的是把送端和受端之间大容量输电的主要任务转移到特高压输电上，可以减少超高压输电的距离和网损，使整个电力系统能继续扩大覆盖范围，更经济、运行更可靠。

发展特高压输电的三个目标，实际上也是特高压输电的三个主要作用。

9—12　国家特高压电网体现了哪些基本功能？

我国电网特高压骨干网架将由1000kV级交流输电网和±800kV级直流系统构成。特高压电网应具备如下基本功能：

（1）国家特高压电网网架可为实现跨大区、跨流域水火电互济、全国范围内能源资源优化配置提供充分支持，以满足我国国民经济发展的需求。

（2）国家特高压电网应满足大容量、远距离、高效率、低损耗，实现"西电东送、南北互供"的要求。

（3）国家特高压电网应满足我国电力市场交易灵活的要求，促进电力市场的发展。

（4）国家特高压电网应具有坚强的网络功能，具有电网的可扩展性，可灵活地适应远景能源流的变化。

（5）国家特高压电网的网架结构应有效解决目前500kV电网存在的因电力密度过大引起的短路电流过大、输电能力过低和安全稳定性差等系统安全问题。

9—13　我国是否具备特高压电网的建设与发展的条件？

特高压输电的突出特点是大容量、远距离输电。随着我国能源发展规划，用电负荷的持续增长，大容量和特大容量规模电厂的建设及应用，无论是煤电还是水电，都已具备或即将具备建设发电基地，形成和具备特高压电网发展的基本条件。

9—14 特高压电网的稳定性要求有哪些？

特高压输电的显著特点是能输送比超高压线路大得多的功率。为了整个电力系统安全稳定运行，采用双回特高压输电线路将发电中心或送端系统的电力输送到远方的负荷中心。

特高压输电线路实际运行时，必须满足电力系统功角稳定，包括静态稳定、暂态稳定、动态稳定和电压稳定的要求。

（1）当一回输电线路发生可能出现的严重故障，主要是靠近输电线路送端发生三相短路时，继电保护和断路器正常动作，跳开故障线路，切除故障，电力系统应能保持暂态稳定。

（2）故障线路跳开、切除故障后，剩下的一回线路能保持原双回线路的输送功率在静态稳定极限范围内，有一定静态稳定裕度，短时内保持电力系统稳定运行，保证电力系统运行人员在故障后重新调整电力系统潮流，使电力系统、各输电线路有接近正常运行的静态稳定裕度。

（3）故障线路跳开、切除故障后，剩下的一回线路保持原双回线路的输送功率在小干扰电压稳定极限范围内，并留有一定的稳定裕度。

（4）在电力系统大方式运行条件下，特高压输电受端系统内发生单台大机组突然跳闸，根据故障后的潮流分布，特高压输电线路对于可能增加的功率输送，应留有短时的静态稳定裕度和电压稳定所需的短时有功和无功输送裕度，确保受端电压在稳定裕度范围内。

9—15 特高压电网输电能力的稳定限制要求如何？

根据特高压输电的性能特点，考虑到静态稳定和小干扰电压稳定，特高压输电能力应满足如下稳定限制要求：

（1）静态稳定裕度应达到：30%～35%，包括送、受端系统等值阻抗在内的两端等效电动势的功角对应为：44°～40°。

（2）特高压输电线路两端电压降落应保持在5%左右。

9—16 我国特高压输电的主要形式有几种？

特高压输电主要有特高压交流输电和特高压直流输电两种形式。其中，特高压交流输电为 1000kV；特高压直流输电为 ±800kV。

9—17 我国特高压电网建设的应用如何？

我国特高压电网采用交流输电与直流输电相互配合，构成现代电力传输系统。交流特高压输电以 1000kV 为主，形成国家特高压骨干网架，以实现各大区域电网的同步强联网；特高压直流输电则为 ±800kV，主要用于远距离、中间无落点、无电压支持的大功率输电工程。

9—18 特高压电网的系统特性如何？

特高压电网的系统特性主要反映在技术特点、输电能力和稳定性三个方面。

对于 1000kV 交流特高压输电而言：1000kV 交流输电中间可落点，具有电网功能。输电容量大，覆盖范围广，节省架线走廊，有功功率损耗与输送功率的比值小；输电能力取决于各线路两端的短路容量比和输电线路距离；输电稳定性取决于运行点的功角大小。

对于 ±800kV 直流输电而言：±800kV 直流输电中间不落点，可将大量电力直送大负荷中心，输电容量大，输电距离长，节省架线走廊，有功功率损耗与输送功率的比值较大，稳定性取决于受端电网的结构。

9—19 何谓直流输电？

直流输电是以直流电的方式实现电能的传输。

由于电力系统中的发电和用电绝大部分为交流电，若采用直流输电就必须进行交、直流电间相互转换。也就是说，我们在送端先将交流电转换成直流电（称为整流），运用直流输电方式进行电能的传输，在受端又将直流电转换为交流电（称为逆变），才能送到受端交流系统。其中，进行整流的场所称为整流站，进行逆变的场所称为逆变站。

9—20 直流输电的系统结构如何？

直流输电的系统结构可分为：两端直流输电系统和多端直流输电系统两大类。

两端直流输电系统只有一个整流站和一个逆变站。它与交流系统只有两个连接端口，是结构最简单的直流输电系统。

多端直流输电系统具有三个或三个以上的换流站。它与交流系统有三个或三个以上的连接端口。

目前，运行的直流输电工程大多为两端直流系统，只有少数直流输电工程为多端系统。

9—21 直流输电的系统如何组成？

两端直流输电系统通常由整流站、逆变站和直流输电线路三部分组成。其中，整流站和逆变站可统称为换流站。直流输电系统示意图，见图 9 – 2。

图 9 – 2 直流输电系统示意图

具有功率反送功能的两端直流系统的换流站，既可作为整流站运行，又可作为逆变站运行。

直流输电的输电功能是由直流输电线路和换流站的各种设备来实现。

换流站的主要设备有：换流变压器、换流器、平波电抗器、交流滤波器和无功补偿设备、直流滤波器、控制保护装置、远动通信系统、接地极线路、接地极等。

9—22 换流器的主要元器件是什么？

直流输电所用的换流器，通常采用由 12 个（或 6 个）换流阀组成的 12 脉动换流器（或 6 脉动换流器），绝大多数换流阀的主要元器件为晶闸管。

晶闸管换流阀是由许多个晶闸管元件串联而成，主要有电触发晶闸管（ETT）和光直接触发晶闸管（LTT）两种。

晶闸管是无自关断能力的低频半导体器件，只能组成电网换相换流器。

目前，已运行的换流阀大多采用空气绝缘、水冷却、户内式结构，其最大容量为：250kV、3000A。

另外，小型的轻型直流输电工程也可采用由绝缘栅双极晶体管（IGBT）所组成的电压源换流器进行换流。

9—23 换流变压器的作用如何？

换流变压器可实现交、直流侧的电压匹配和电隔离，并且可限制短路电流。换流变压器的结构可采用三相三绕组、三相双绕组、单相三绕组和单相双绕组等四种类型。

值得我们注意的是：直流输电的换流变压器的设计、制造和运行与普通电力变压器是不同的。因为换流变压器阀侧绕组所承受的电压为直流电压叠加的交流电压，并且两侧绕组中都有一系列的谐波电流。

9—24 平波电抗器的作用如何？

平波电抗器与直流滤波器共同承担直流侧滤波的任务，同时还具有防止线路上的陡波进入换流站，防止直流电流断续，降低逆变器换相失败率等功能。

9—25 交流滤波器和直流滤波器的作用如何？

由于换流器在运行时，交流侧和直流侧都会产生一系列的谐波，使两侧波形畸变。为了控制波形畸变，在两侧分别装设交流滤波器和直流滤波器，满足和达到滤波的要求。

9—26 换流站需要装设无功补偿装置吗？

晶闸管换流阀所组成的电网换相换流器，运行中会吸收大量的无功功率（约为直流传输功率的 30% ～50%）。因此，在换流站除了利用交流滤波器提供的无功以外，必要时还需另外装设无功补偿装置，如电容器、调相机或静止无功补偿装置等。

9—27 控制保护装置的作用如何?

对于直流输电的运行性能及可靠性而言,控制保护装置起着重要的作用。它是实现直流输电正常启停、正常运行、自动调节、故障处理与保护等功能的重要设备。

9—28 接地极及接地极线路的作用?

提高直流输电运行的可靠性和灵活性,利用大地(或海水)为回路,两端的换流站必须要有接地极和接地极线路。

换流站接地极的设计,首要考虑地应是长期运行通过的直流电流。它不同于通常的安全接地,必须考虑电流对接地极附近地下金属管道的电腐蚀。同时,由于中性点接地变压器直流偏磁的增加,而造成的变压器饱和等问题。

9—29 晶闸管换流阀有什么特点?

晶闸管换流阀的特点:

(1)换流阀的单向导电性。换流阀只能在阳极对阴极为正电压时,单方向导通。

(2)换流阀的导通条件:①阳极对阴极为正电压;②控制极对阴极加能量足够的正向触发脉冲。

注意:①、②条件必须同时具备,缺一不可。如果换流阀一旦导通,只有在它具备关断条件时才能关断,否则一直处于导通状态。

(3)换流阀的控制极无关断能力,只有当流经换流阀的电流为零时,它才能关断。换流阀一旦关断,没有具备上述两个导通条件时会一直处于关断状态。

9—30 高压直流输电具有哪些优、缺点?

直流输电的主要优、缺点与其两端需要换流以及输送的是直流电这两个基本点有关。基于晶闸管换流的情况,大致归纳直流输电的主要优、缺点如下:

(1)直流输电架空线路只需正负两极导线,杆塔结构简单,线路走廊窄,造价低,损耗小;直流线路无电容电流,沿线的电压分布均匀,不需装设并联电抗器;直流线路的输送能力强(一

258

回：±500kV 的直流线路可输送 3000~3500MW，±800kV 直流线路则可输送 4800~6400MW）。

（2）直流电缆线路耐压高、输送容量大、输电密度高、损耗小、寿命长，输送距离不受电容电流的限制。一般远距离跨海送电和地下电缆送电，大多数采用直流电缆线路。

（3）直流输电两端的交流系统无需同步运行，其输送容量由换流阀电流允许值决定，输送容量和距离不受两端的交流系统同步运行的限制，有利于远距离大容量输电。

（4）采用直流输电实现电力系统非同步联网，不增加被联电网的短路容量，不需要因短路容量问题而更换被联电网的断路器以及对电缆采取限流措施；被联电网可以是额定频率不同（50Hz 和 60Hz），或额定频率相同但非同步运行的电网；被联电网可保持各自的频率和电压而独立运行，不受联网的影响；被联电网之间交换的功率可方便快速地进行控制，有利于运行和管理。

（5）直流输电输送的有功和换流器吸收的无功均可方便快速地控制，可利用这种快速控制改善交流系统的运行性能。对于交直流并联输电系统，可以利用直流的快速控制以阻尼交流系统的低频振荡，提高与其并联的交流线路的输送能力。

（6）直流输电可利用大地（或海水）为回路，省去一极的导线，同时大地电阻率低、损耗小。对于双极直流系统，大地回路通常作为备用导线，当一极故障时，可自动转为单极方式运行，提高了输电系统的可靠性。

（7）直流输电可方便地进行分期建设和增容扩建，有利于发挥投资效益。双极直流工程可按极分为两期，当每极采用两组基本换流单元时，则可分为四期。

（8）直流输电换流站造价比同等规模交流变电站要高，这是因为换流站比交流变电站的设备多、结构复杂、造价高、损耗大、运行费用高。相对交流变电站而言，可靠性也会相应降低。

（9）换流器运行时，为降低谐波的影响，在交流侧和直流侧需分别装设交流滤波器和直流滤波器，使得换流站的占地面积、造价和运行费用都大幅度提高。

（10）电网换相换流器将吸收大量的无功，除交流滤波器提供的无功外，必要时应装有静电电容器、调相机或静止无功补偿器。

（11）直流断路器由于没有电流过零点，则灭弧问题难以解决。

（12）直流输电利用大地（或海水）为回路，将会带来接地极附近地下金属构件、管道等埋设物的电腐蚀；直流电流通过中性点接地变压器，使变压器饱和以及对通信系统和航海磁罗盘的干扰等问题。当地表面电阻率很高时，接地极地址的选择比较困难。

（13）由于直流电的静电吸附作用，使直流输电线路和换流站设备的污秽问题比交流输电严重，会给直流输电线路的外绝缘带来困难。

9—31　特高压直流输电适合应用于什么范围？

直流输电的应用范围取决于直流输电技术的发展水平和电力工业发展的需要。目前，交流输电因技术比较成熟，运行灵活方便而被广泛应用。但在某些条件下，由于直流输电具有独特的优越性，同时伴随我国直流输电技术的提高，直流输电也得到了广泛应用。

一般来说，直流输电的应用场合有以下两大类：

（1）技术上交流输电难以实现，只能采用直流输电的场合。譬如：不同频率的联网、因稳定问题而难以采用交流、远距离电缆送电等。

（2）技术上两种输电方式均能实现，但相对技术经济性能而言，直流输电比交流输电更好。

电网建设中，采用直流输电相对比较有利的场合有以下几种：

（1）远距离大容量输电。

（2）电力系统联网。

（3）直流电缆送电。

（4）轻型直流输电的应用。

9—32　特高压交、直流输电的系统特性有何区别?

根据特高压交流输电和特高压直流输电的特点，从电力系统的角度，将特高压交、直流输电的系统特性区别和需要研究的问题，进行简要、概括地对比，见表9－2。

表9－2　　　　　　　特高压交、直流输电特性比较表

项目	1000kV 交流电	±800kV 直流电
技术特点	中间可以落点，具有电网功能；输电容量大，覆盖范围广，同步电网可以覆盖全国范围，为国家级电力市场运行提供平台；节省架线走廊；线路（包括变压器）有功功率损耗与输送功率的比值较小；从根本上解决大受端电网短路电流超标和500kV 线路输电能力低的问题，具有可持续发展性	两端直流中间不落点，将大量电力直送大负荷中心；输电容量大，输电距离长，节省架线走廊；线路（包括换流站）有功功率损耗与输送功率的比值较大；在交直流并列输电情况下，可利用双侧频率调制有效抑侧区域性低频振荡，提高断面暂（动）稳极限；直流联网不增加两端短路电流，但是需要采用松散电网结构等措施来解决大受端电网短路电流超标问题
输电能力和稳定性能	输电能力取决于各线路两端的短路容量比和输电线路距离（相邻两个变电站落点之间的距离）；输电稳定性（同步能力）取决于运行点的功角大小（线路两端功角差）	输电稳定性取决于受端电网有效短路比和有效惯性常数
注意研究的问题	1. 随着运行方式变化，交流系统调相调压问题； 2. 大受端电网静态无功功率平衡和动态，无功功率备用及电压稳定性问题； 3. 严重运行工况及严重故障条件下，相对薄弱断面大功率转移等问题，是否存在大面积停电事故隐患及其预防措施研究	1. 大受端电网静态无功功率平衡和动态，无功功率备用及电压稳定性问题； 2. 在多回直流馈入比较集中落点条件下，大受端电网严重故障是否会发生多回直流逆变站因连续换相失败引起同时闭锁等问题，是否存在大面积停电事故隐患及其预防措施研究

第十章　防雷接地

10—1　什么是雷电？有何特点？

雷电是大气中自然放电的一种现象。这种放电有时发生在云层与云层之间，有时发生在云层与大地之间。后者就有可能通过建筑物、电气设备或人畜到大地进行放电，这就是常说的雷击。雷击会造成建筑物的毁坏、电气设备损伤、人畜的伤亡。

雷电是冲击波，具有很高的冲击电压，它的幅值可达几十千伏到几千千伏；电流在单位时间内上升的速率也很高，平均上升速率为 $30kA/\mu s$，最大可达 $50kA/\mu s$；雷电的总放电时间不超过 $50\mu s$，主放电时间约在 $10\mu s$ 左右。在这样短的时间内释放出这样大的能量，其破坏性是可想而知了。

10—2　什么叫直击雷？

雷云通过建筑物、电气设备或人畜对大地放电，放电电流直接通过建筑物、电气设备或人畜，这就是直击雷。

10—3　什么叫感应雷？有何危害？

遭受了直击雷的建筑物或电气设备等，由于电流变化速率很高，因此在其附近的金属部分，由于静电感应或电磁感应而产生很高的电位，这升高的电位称感应电压，这就是感应雷。它的危害性也很大，两根相邻的钢筋感应相同方向的电荷而相吸，感应不同方向的电荷而相斥，当吸力或斥力大于钢筋的内应力时，则使钢筋扭曲而破坏建筑物；或电压高到使两根相邻的钢筋间产生火花放电，由于热量过分集中，无法散发而引起爆炸；或人畜触及感应高电压时，就有电流流经人畜的肢体泄入大地，造成人畜的死亡，这种现象又称感应雷放电。

10—4　什么叫高电位引入？有何危害？

雷电直接击中架空线路，使线路上产生几十千伏的高电位，或者由于架空线路周围的建筑物、大树等遭受雷击，雷电流的电磁波使架空线路产生感应过电压，造成高电位，这些高电位沿着线路引入建筑物内部，称高电位引入。

由于这些高电位远远超过工作电压，因此会引起内部电器设备的绝缘击穿，损坏电器设备。也有可能绝缘击穿后，使设备外壳上带有高电位，这时人触及电器设备外壳，就有电流通过人体流向大地，造成人身伤亡事故。

10—5　雷电分布的规律如何?

（1）从气温看：热而潮湿的地区比冷而干燥的地区雷暴多。

（2）从地区看：赤道强，而向南北两极递减。我国是华南多于西南，其次是长江流域、华北、东北。西北的雷暴最少。

（3）从地域看：山区的雷暴大于平原，平原大于沙漠，陆地又比湖海雷暴多。

（4）从时间看：雷暴高峰都在 7、8 月份，雷暴活动时间大都在 14～22 时。

10—6　从同一地域看，哪些地方易落雷，为什么?

（1）空旷地中的孤立建筑物、建筑群中的高耸建筑物易受雷击。

（2）排出有导电尘埃的厂房及废气管道容易遭雷击。

（3）屋顶为金属结构，地下埋有大量金属管道，内部存放大量金属材料及设备的厂房容易落雷。

（4）建筑群中特别潮湿的建筑，如牛马棚、冰库等易于落雷。

（5）尖屋顶、水塔、烟囱、天窗、旗杆落雷机会较多。

（6）屋旁大树、接受天线、山区输电线路，易遭雷击。

因为天上雷云总是找容易形成雷电先导的物体，如尖屋顶、地面上的高耸建筑物、大树等；又要找使雷电流易于通过的地方，即路径中电阻较小的场合，如有导电尘埃的烟囱、潮湿的牛棚、冰库等；又要找使雷电流易于向大地流散的场合，因此对地下埋有大量金属管道，或埋有地下矿藏的位置，潮湿的湖滩地等，大大减少了土地电阻率。因此，这些地方都是经常雷击的对象，应该首先考虑加装防雷设施。

10—7　怎样防止雷电的危害？

防止雷电危害的有效方法是安装避雷装置。它由接闪器、引下线及接地装置三部分组成。

避雷装置的作用是将雷云引向自身放电，同时提供电流畅通的路径，使其迅速流向大地，从而使建筑物免受雷电的损害。

接闪器是用来直接接收雷击的金属体。采用金属杆时，称避雷针，可用来保护建筑物、构筑物、户外变配电所；采用金属线时，称避雷线，可用来保护架空线；采用扁钢或圆钢时，称为避雷带，用来保护建筑物和构筑物。

引下线是接闪器和接地装置之间的连接导线，其作用是给雷电流以畅流的通道。引下线应满足机械强度、耐腐蚀及热稳定的要求，可用铜线、铁线、扁钢或建筑物柱子的钢筋。

接地装置是用来降低接地电阻，使雷云容易击向接闪器，同时又可快速将雷电流泄向大地，降低雷击点的电位或者防止高电位长期存在于被击点而造成危害。接地装置可用人工接地极，也可用建筑物、构筑物的基础钢筋。

10—8　架空线路怎样防雷？

（1）铁塔式钢筋混凝土架设的 10kV 以上的高压线路，设有避雷线，并架设在架空线路的上方，与线路成一定保护角。在避雷线的起始端设置阀型避雷器，避雷器的引下线与电杆的接地装置相连接。设有避雷器线路的每根电杆都利用铁塔的构架或混凝土杆的主筋作引下线。当电杆埋深大于等于 2m 时，则铁塔的基础及混凝土杆入地部分的主筋可作接地装置，不再另设接地极；当电杆埋设深度小于 2m 时，则应加打圆钢或角钢接地极。

（2）钢筋混凝土杆架设的 10kV 线路，若供 10kV 高压电机时，应在进入电机前 100m 线路上设避雷线，并在避雷线两端装设避雷器，避雷器的引下线亦与电杆的接地装置相连。其余 10kV 架空线路都不设避雷线，但每根电杆的瓷瓶铁脚都要利用电杆的主筋作引下线及接地装置，同样当电杆埋深小于 2m 时，应加打接地极。并在进户、出户线处加装避雷器，避雷器的接地引下线与电杆的接地装置相连。

（3）木杆架设的 380/220V 低压线路，不设避雷线，仅在进户、出户线处架避雷间隙，并用铜线或铁线作引下线，沿杆敷设，入地处接向圆钢或角铁的接地装置。

10—9　怎样选择避雷线的保护角？

架空电力线路的避雷线对外侧导线的保护角，一般应为 20°～30°，另外还有一些特殊要求：

（1）避雷线安装高度超 30m，大跨越的高压铁塔以及装设两根避雷线的杆塔，其保护角不宜大于 20°。

（2）35～60kV 单杆线的避雷线保护角，不应大于 35°，其中个别的双杆线，如仍用单根避雷线时，其保护角不宜超过 45°。

（3）变电所进线段的避雷线保护角不大于 30°。

避雷线都采用钢绞线，其安装应按气象条件计算出它的放线曲线，严格按放线曲线测定安装，以防在恶劣气候下断裂。

10—10　架空线路上感应过电压是怎样产生的？如何计算？

在发生雷击先导放电的过程中，在附近的杆塔，避雷线和架空线路上，会由于静电感应而积聚大量与雷云极性相反的束缚电荷。当先导放电发展到主放电阶段而对地放电时，线路上的束缚电荷被释放而形成自由电荷，开始以光速向线路两侧移动，形成很高的电压，称为感应过电压，其幅值可能达到 300～500kV 左右。这对供电系统的危害是很大的，尤其是对于自身绝缘水平较低的 35kV 及以下的送电线路，危害更甚。所以，变电站除了要有防止直击雷保护之外，还应有防止感应雷的保护。当线路距雷击点大于 65m 时，感应过电压幅值的近似值 U_G 可按下式计算

$$U_G \approx 25 \frac{Ih_d}{S} \ (\text{kV})$$

式中　I——雷云对地放电电流幅值，kA，一般取 $I \leqslant 100\text{kA}$；

h_d——导线对地平均高度，m；

S——线路距直接雷击点的水平距离，m。

从上式可知，感应过电压幅值的大小与雷云对地放电电流的幅值、线路导线对地的平均高度以及线路距雷击点的距离等有关。

10—11 什么叫输电线路的耐雷水平?

输电线路的耐雷水平是反映输电线路抵抗雷击能力的重要技术特性，它是用雷电流的大小来表示的。即雷击输电线路时，能够引起线路绝缘闪络的临界雷电流幅值，叫做输电线路的耐雷水平。为了计算线路雷击跳闸率，比较各种防雷保护方式的效果，常常需要计算线路耐雷水平。

10—12 高压输电线路的过电压保护有哪些措施?

对一个电力系统来讲，发电机、变压器、开关、计量和各类用电设备，很多都装在室内，有些虽在室外，也都设有可靠的防护措施，直接遭雷击的可能性很小。而高压输电线路，由于线长面广，遍布各地，故最容易遭受雷击。根据电力部门统计，输电线路的雷害事故，约占整个电网雷害事故的90%以上。因此，搞好输电线路的防雷保护，对降低电网事故率有重大作用。

对于高压输电线路的过电压保护主要有以下几种措施：

（1）防止直接雷击的保护。为保护导线不受直接雷击，大多数高压输电线路都装设避雷线保护，个别地段也有用避雷针保护的。靠避雷线或避雷针的遮蔽作用避免直接雷击，双避雷线效果比单避雷线好，小保护角比大保护角好。

（2）防止发生反击（闪络）的保护。当雷击杆顶或避雷线时，由于杆塔电感及接地电阻的存在，杆塔电位可能达到使线路绝缘发生反击（由杆塔或避雷线向导线的闪络放电，称为反击）的数值。降低接地电阻，加强绝缘，增大耦合系数，都能有效地防止反击发生。

（3）防止建立工频稳定电弧的保护。线路绝缘在发生冲击闪络之后，只要不建立稳定的工频短路电弧，就不会造成线路跳闸。而工频短路电弧能否稳定建立与绝缘上的工频电场强度（平均电位梯度）及弧隙电流的大小有关。所以降低绝缘上的电位梯度，采用中性点不接地方式，或经消弧线圈接地方式可使大多数冲击闪络电弧自行熄灭，而不会造成工频短路。

（4）防止供电中断的保护。当输电线路一旦遭到雷击，并且发展成稳定工频短路而导致线路跳闸时，将使供电中断，在供电线路中，广泛采用自动重合闸装置。因为雷击故障多为瞬时性的，在线路跳闸后电弧即可熄灭，线路绝缘的电气强度很快就能恢复，自动重合闸一般是能成功的，因此可保证继续供电。自动重合闸，不是过电压的直接保护措施，而是一种补救性措施，因为它的成功率很高，所以获得了普遍应用。

10—13　避雷器有哪些规格？各有何作用？

有管型避雷器、阀型避雷器及氧化锌避雷器。

管型避雷器是保护间隙型的，大多用在供电线路上作避雷保护。

阀型避雷器由火花间隙及阀片电阻组成，阀片电阻的材料是特种碳化硅，当有雷电过电压时，火花间隙被击穿，阀片电阻下降，将雷电流引入大地。这就保护了电气设备免受雷电流的危害。正常情况下，火花间隙不会击穿，阀片电阻上升，阻止了正常交流电流通过。它可分为没有并联电阻的 FS 型阀式避雷器，用在小容量的变配电设备及变压器保护；具有并联电阻的 FZ 型阀式避雷器，可用在大容量的变配电设备及变压器的保护；具有并联电阻及并联电容的 FCD 磁吹式避雷器，用在发电机及大型电动机的过电压保护。

氧化锌避雷器是一种保护性能优越、耐污秽、重量轻、阀片性能稳定的避雷设备。FY_1 – 10 氧化锌避雷器不仅可作雷电过电压保护，也可作内部操作过电压保护，由于它无续流效果，因此可作为过电压的浪涌吸收器。

FS 型 0.22～0.5　kV 低压阀式避雷器，可作为低压交流电机、低压配电设备的雷电过电压保护。

低压 0.22～0.5kV、MY31 系列氧化锌压敏电阻，它可作低压配电设备的过电压保护，亦可作内部操作过电压保护。

10—14 阀型避雷器的安装应符合哪些要求?

（1）避雷器的瓷件应无裂纹、破损，密封应良好。并经电气试验合格。

（2）各节的连接处应紧密，金属接触表面应清除氧化膜及油漆。

（3）应垂直安装并便于检查、巡视。

（4）35kV 及以上的避雷器，接地线回路应装放电记录器。放电记录器应封密良好，安装位置应一致，便于观察。避雷器经放电记录器接地。

（5）避雷器安装位置距被保护物的距离，应越近越好，避雷器与 3～10kV 设备的电气距离一般不应大于 15m。

（6）避雷器引线的截面不应小于：铜线，16mm²；铝线，25mm²。

（7）接地引下线与被保护设备的金属外壳应可靠连接，并与总接地装置相连。

10—15 管型避雷器的安装应符合哪些要求?

（1）避雷器的外壳不应有裂纹和机械损伤，绝缘漆不应剥落，管口不应有堵塞等现象。

（2）应避免各相避雷器排出的电游离气体相交而造成弧光短路。

（3）为防止管型避雷器的内腔积水，宜将其垂直或倾斜安装。开口端向下，与水平线的夹角不小于 150°，在污秽地区应增大倾斜角度。

（4）10kV 及以下的管型避雷器，为防止雨水造成短路，外间隙电极不应垂直装设。

（5）外间隙电极不应与线路导线垂直安装，不应利用导线本身作为另一放电极，间隙电极应镀锌。

（6）为避免避雷器的排气孔被杂物堵塞，应用纱布将其小孔包盖。

（7）安装要牢固，并保证外间隙的距离在运行中稳定不变。

10—16. 运行中的阀型避雷器应做哪些检查与维护？

运行中的避雷器除应定期进行预防性试验外，还应经常进行检查，尤其是每次雷雨之后及系统发生单相接地或其它过电压情况时，还应进行特殊检查。如查看放电记录器是否动作，有没有损坏，避雷器引线及接地引下线有无烧伤痕迹等。

运行中的避雷器还应注意检查瓷套表面的脏污情况，因为瓷套表面积秽严重时，不但会降低滑闪电压强度，而且会使电压分布不均，在有并联电阻的避雷器中，一些电压分布较大的并联电阻，其电流将要显著增大。这可能引起并联电阻被烧坏，也会影响避雷器灭弧性能，因此要注意经常清扫避雷器瓷套表面的积秽。

10—17　变配电所怎样防雷？

（1）防止直击雷：露天变配电设备、建筑物、母线构架等装设防直击雷的避雷针。独立避雷针不能设在经常有人通行的地方，离主要出入口距离不应小于3m。它的接地装置与变电所的接地装置相距不小于3m，以防反击。独立避雷针保护不到的线路支架，在支架上亦应设立避雷针，避雷针的接地电阻不大于30Ω。

（2）防感应雷：在露天的配电线路上设避雷线，电压互感器、变压器处设阀型避雷器。建筑物平屋面上设避雷网。所有金属的构架及凸出物都与避雷网、避雷线相连。

（3）防止高电位引入：在引入引出变配电所的线路上，除装设避雷线外，在引入及引出线处装设管型避雷器及阀型避雷器，并做好引下线及接地装置。防感应雷及高电位引入的接地装置的接地电阻不大于20～30Ω。

10—18　10kV配电变压器的防雷保护有哪些要求？

保护配电变压器的阀型避雷器或保护间隙应尽量靠近变压器安装，具体要求如下：

（1）避雷器应安装在高压熔断器与变压器之间。

（2）避雷器的防雷接地引下线采用"三位一体"的接线方法，即避雷器接地引下线，配电变压器的金属外壳和低压侧中性点这三点连接在一起，然后共同与接地装置相连接，其工频接地电阻不应大于 4Ω。这样，当高压侧落雷使避雷器放电时，变压器绝缘上所承受的电压，即是避雷器的残压。

（3）在多雷区变压器低压出线处，应安装一组低压避雷器。这是用来防止由于低压侧落雷或由于正、反变换波的影响而造成低压侧绝缘击穿事故的。

10—19 对 10kV 以上的旋转电机怎样防雷？

（1）电机的供电线路用架空引入：架空线路离进线处 100m 长的距离上加装避雷线。避雷线的始端装管型避雷器，避雷线在进户处设阀型避雷器，在电机的中心点上亦装设阀型避雷器，全线每根电杆的瓷瓶铁脚均接地，避雷器、瓷瓶铁脚的接地电阻不大于 $5\sim10\ \Omega$，见图 10-1。若为混凝土电杆，则杆内钢筋可作引下线及接地装置。

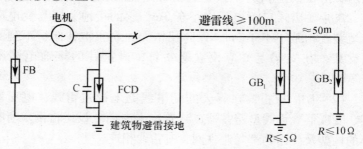

图 10-1　电机由架空线路供电时的防雷保护
FB-阀型避雷器；FCD-磁吹阀型避雷器；GB_1、GB_2-管型避雷器

（2）电机的供电线路用电缆引入：在架空线路改成电缆线路处应装设管型避雷器，电缆的金属铠装、架空线路末端瓷瓶铁脚与避雷器的接地装置相连。在电机进线端装设阀型避雷器，电缆终端金属铠装亦与阀型避雷器的接地装置相连。在电机的中心点亦装设阀型避雷器。所有避雷装置的接地电阻应不大于 $3\sim5\Omega$，见图 10-2。

270

（3）电机中心点的阀型避雷器与电机进线端的阀型避雷器采用共同接地装置，并与建筑物避雷接地装置相连。

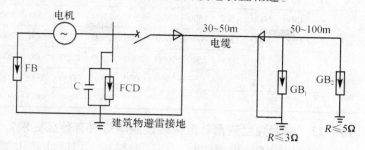

图 10 - 2　电机由电缆供电时的防雷保护

FB - 阀型避雷器；FCD - 磁吹阀型避雷器；GB₁、GB₂ - 管型避雷器

10—20　380/220V 大容量直配线电机怎样防雷？

远离建筑群的江边泵房，在泵房的屋面上设避雷带或避雷针，防直击雷。水泵电机采用架空线路供电，则在架空线路的引出端加装低压管型避雷器或间隙保护。在进入泵房的架空线路末端加装间隙保护，并在配电箱进线端上装设低压氧化锌压敏电阻。水泵电机采用电缆供电时，在电缆进入配电箱开关前安装低压氧化锌压敏电阻，以防高电位引入。所有避雷设施的接地电阻不大于 30Ω。

10—21　避雷针有哪些规格？

避雷针常用圆钢或钢管制成，针高为 3 ~ 12m 不等，按建筑物和构筑物的高度及保护范围而定。针尖采用 φ20 的圆钢，取0.25m，再分别插入 1.5m、2m、3m 一节的钢管中，相互焊接。全针采用热镀锌。热镀锌有困难时，可除锈后涂红丹漆二道，再刷锌处理。避雷针的安装尺寸及可组合长度见表 10 - 1。

表 10 -1　　　　　　　避雷针不同长度时各节尺寸组合表

针高 H（m）		3	4	5	6	7	8	9	10	11	12
各节尺寸（mm）	A	1500	1000	1500	1500	1500	1500	1500	1500	2000	2000
	B	1500	1500	1500	2000	1500	1500	1500	1500	2000	2000
	C		1500	2000	2500	2000	2000	2000	2000	2000	2000
	D					2000	3000	2000	2000	2000	3000
	E							2000	3000	3000	3000

10—22　利用独立避雷针架构装设照明灯时有什么要求？

在避雷针架构上装设照明灯，应采取措施，以防止雷击架构时的高电位引入室内配电盘，确保电气设备和人身安全。

因此，要求照明灯的导线应采用铠装或铅皮电缆，并将电缆金属外皮直接埋入地中，经 10m 后，与总接地装置相连接。这样，就能将雷击时的高电位衰减到不危险的程度。

10—23　对运行中的防雷设备巡视检查的内容有哪些？

（1）避雷针及避雷线：①检查避雷针、避雷线以及它们的引下线有无锈蚀；②导电部分的电气连接处，如焊接点螺栓接头等连接是否紧密牢固。检查过程中可用小锤轻敲检查，发现有接触不良或脱焊的触点，应立即修复。

（2）阀型避雷器：①瓷套是否完整；②导线和接地引下线有无烧伤痕迹和断股现象；③水泥接合缝及涂刷的油漆是否完好；④10kV 避雷器上帽引线处密封是否严密，有无进水现象；⑤瓷套表面有无严重污秽；⑥动作记录器指示数有无改变（判断避雷器是否动作）。

（3）管型避雷器：①外壳有无裂纹、机械损伤、绝缘漆剥落现象；②安装位置是否正确，开口端是否向下；③外间隙的电极距离有无变动，是否符合要求；④排气孔有无被杂物堵塞现象。

10—24　建筑物的防雷分几级？怎样划分？

按部颁标准，建筑物分一、二、三级防雷等级。

一级防雷建筑：具有特别重要用途的建筑，如国家级会堂、办公、档案馆、大型车站、港口、航空港等；国家级文物保护建筑物及构筑物；高度超过 100m 的建筑物。

二级防雷建筑：重要的或人员密集的建筑，如部省级办公楼、省级会堂、博展、体育、交通、通讯、大型商场、剧院等建筑；省级重点文物保护建筑及构筑物；19 层及以上的住宅建筑，50m 以上的其它民用建筑。

三级防雷建筑：建筑群中超过 20m 的建筑；高度超过 15m 的烟筒、水塔或孤立建筑物，历史上雷害严重的地区。

10—25　建筑物怎样防直击雷？

（1）在屋角、屋脊、女儿墙及檐口上设明装避雷带作接闪器。

（2）屋面设明装避雷网，对一级防雷建筑，其网格为 10m × 10m；对二级防雷建筑，其网格为 15m × 15m；对三级防雷建筑，其网格为 20m × 20m。

（3）屋面水箱等金属凸出物都与避雷带相连。

（4）避雷带引下线应对称布置，每幢建筑物不小于二处，一级防雷建筑其引下线之间的间距不大于 18m；二级防雷建筑引下线间距不大于 20m；三级防雷建筑引下线间距不大于 25m。

（5）接地装置利用建筑物基础钢筋时，接地电阻应不大于 5Ω。若采用独立接地装置时，则一、二、三级防雷建筑的接地电阻分别为 10Ω、20Ω、30Ω。

10—26　建筑物怎样防侧击雷？

高层建筑不一定在最高屋面上落雷，有时候会在建筑物中部侧墙上遭到雷击，这种现象称为雷的绕击或侧击。凡是建筑物高度超过 30m，则在 30m 及以上设置防侧击雷装置，可每隔三层沿建筑物外墙设一圈扁钢作避雷带，它可敷设在墙面的粉刷层内；亦可利用建筑物外围圈梁的主筋作防侧击雷的接闪器。这两者都可利用建筑物柱子的主筋作下引线，建筑物基础的主筋作接地装置。同时，30m 及以上的外围金属凸出物及金属门窗都应与防侧击雷的接闪器相连。

10—27 建筑物怎样防高电位引入？

（1）10kV 以上的高压线路，应采用全电缆引入，并在高压母线或变压器前设置阀型避雷器。避雷器、电缆金属外皮与避雷接地装置相连。

（2）低压线路尽可能用全电缆引入，并在入户处电缆金属外皮与避雷接地装置相连。

（3）全线用电缆有困难时，可采用架空供电，但对一、二级防雷建筑物应在入户前加装一段电缆，其埋地长度不小于 15m，且在电缆与架空转换的电杆上加装避雷器。瓷瓶铁脚、电缆金属外皮及避雷器连成一体后引下接地，其接地电阻不大于 10Ω。进户处的电缆外皮应与建筑物的避雷接地装置相连。

（4）雷暴日小于 30 日/年的地区，二级防雷建筑物可允许架空线路引入，应在线路入户处加装低压避雷器。避雷器、瓷瓶铁脚与建筑物的避雷接地装置相连。其接地电阻不大于 5Ω。在入户前的三基电杆瓷瓶铁脚接地，接地电阻不大于 20Ω。

（5）三级防雷建筑物可架空进线，在线路入户处加装低压避雷器。若多回路架空进线时，可仅在母线或总配电箱处加装避雷器。避雷器、瓷瓶铁脚与建筑物的避雷接地装置相连，其接地电阻不大于 30Ω。

（6）所有进出建筑物管道，在入户处都应与建筑物的避雷接地装置相连。

10—28 避雷带用什么材料？怎样安装？

避雷带、避雷网的材料可采用圆钢或扁钢，都应采用热镀锌，实在有困难，可除锈后涂红丹漆二道，再刷锌处理。

（1）屋面及防侧击雷的避雷带截面不应小于下列数值：圆钢直径不小于 8mm，扁钢截面不小于 48mm²，厚度不小于 4mm。

（2）烟囱上避雷环的截面不应小于下列数值：圆钢直径不小于 12mm，扁钢截面不小于 100mm²，厚度不小于 4mm。

（3）建筑物屋面为金属板时，其厚度不小于下列数值，且上面没有绝缘被覆层，可作避雷接闪器：铁板厚度不小于 4mm；铝板厚度不小于7mm。当不需要防金属板被雷击穿孔和金属板下无易燃物品时，其厚度不小于0.5mm亦可作屋面避雷接闪器。

在屋面女儿墙、檐口、烟囱顶的避雷安装，都应在这些部位预埋的扁钢作避雷带的支持物，预埋件用25mm×4mm扁钢，用50mm长折成150°角，埋入这些部分的顶部，上露100mm长，避雷带可与其焊接安装，带要做得挺直。避雷网在屋面可用混凝土块上埋扁钢，将避雷网与其焊接，安装在预定的路线上。

侧击雷的避雷带，常用建筑物外围柱子边按预定尺寸预埋100mm×100mm×4mm钢板，此钢板一面与柱子主筋相焊，一面与防侧击雷的避雷带相焊接，并紧贴墙面，以便敷设在墙面的粉刷层内。

10—29 引下线采用什么材料？

人工引下线可采用圆钢或扁钢，其截面不应小于下列值：圆钢直径为8mm，扁钢截面为48mm²，厚度不小于4mm。装设在烟囱上的引下线，圆钢直径不小于12mm，扁钢截面不小于100mm²，其厚度不小于4mm。

引下线应热镀锌，焊接处应涂防腐漆。引下线数量不小于2根。

对钢筋混凝土建筑物应尽量利用柱子钢筋，按一、二、三级防雷建筑引下的间距要求，将这些间距上的柱子主筋中的二根相互通长焊接，并应将建筑物外围转角的柱子也作同样处理。这些柱子的二根主筋在顶部与避雷带相焊接，下部与避雷接地装置相连。

10—30 接地装置怎样安装？

人工接地极可采用圆钢或角钢，圆钢直径不小于10mm，角钢用50mm×50mm×5mm，接地极长度一般为2.5m，接地极之间用40mm×4mm扁钢相连，为减小屏蔽效应，接地极之间的距离不小于5m。一、二级建筑物的人工接地应用40mm×4mm扁钢组成环路，接地装置应深埋在室外地面0.7m以下，且离建筑物外墙不小于3m。如有人员出入的地方，应将接地装置深埋于地面

1m 以下，或者在接地体上面覆 0.4m 厚，两边各宽出 0.5m 宽的碎石、沙子、沥青层，以减小跨步电压。

当采用建筑物基础钢筋作接地装置时，则建筑物自上而下的梁、柱、板、地梁、基础的主筋除指定通长焊接外，其余都应相互绑扎成电气通路，组成法拉弟龙，并将建筑内的变压器中心点、电子设备的保护地、进出建筑物的所有金属管道都与基础相连，组成统一接地系统，其接地电阻应小于等于 1Ω。做完基础后实测，一般都能达到。若达不到，可沿建筑物周围基础加一圈 40mm×4mm 扁钢，并在每柱子处与其主筋相焊接。

10—31　各种防雷接地装置的工频接地电阻最大允许值是多少？

答：各种防雷接地装置的工频接地电阻值，一般不大于下列数值：

独立避雷针为 10Ω；电力线路架空避雷线，根据土壤电阻率不同，分别为 10～30Ω；变、配电站母线上的阀型避雷器为 4Ω；变电站架空进线段上的管型避雷器为 10Ω；低压进户线的绝缘子铁脚接地电阻值为 30Ω；烟囱或水塔上避雷针的接地电阻值为 10～30Ω。

10—32　各级电力线路和电力设备的接地电阻一般规定是多少？

在电力系统的各种接地装置中，由于接地性质和方式不同，所要求的接地电阻值也不相同。对于发电厂、变电站及其它电力设备接地网的接地电阻，一般应根据其入地短路电流进行计算，若计算确有困难时，也可按下述规定选取：

（1）1kV 以上小接地电流系统，接地电阻不应大于 10Ω。

（2）1kV 以上大接地短路电流系统，接地电阻一般不应大于 0.5Ω。在高电阻率地区，做到 0.5Ω 在经济技术上确有困难时，允许放宽到 1Ω，但应采取安全措施。

（3）6～10kV 高低压共用接地装置的电力变压器接地电阻不得大于下列值：①容量在 100kVA 以上，4Ω；②容量在 100kVA

及以下，10Ω。

（4）低压线路零线每一重复接地的接地电阻不得大于下列值：①容量为 100kVA 以上变压器供电的低压线路为 10Ω；②容量为 100kVA 及以下变压器供电的低压线路为 30Ω（重复接地点不少于三处）。

（5）1kV 以下中性点不直接接地系统对接地电阻要求与上述相同。

10—33　何谓低压接零保护、低压接地保护？

电力网中，电力设备外壳与零线连接，称为低压接零保护简称接零。

电力设备外壳不与零线连接，而与独立的接地装置连接，称为低压接地保护，简称接地。

10—34　低压配电系统的接地型式有几种？

因变压器低压侧中心点接地型式不同而分为三种：

（1）变压器低压侧中心点直接接地系统，称 TN 系统。其中心线可多点接地。

（2）变压器低压侧中心点直接一点接地，此后中心线与地不再相连，称 TT 系统。

（3）变压器低压侧中心点绝缘或经足够大的阻抗接地，称 IT 系统。

10—35　低压配电系统的设备保护接地怎样处理？

变压器低压侧的中心线，统称 N 线，与相线一样，应采用绝缘线；用电设备金属外壳的接地线，称保护线，统称 PE 线，可用裸导体或绝缘线。

（1）TN 系统：由于 N 线与 PE 线的组合方式不同，可分为以下三种形式：

1）TN—S 系统：自变压器低压侧中心点直接分出 N 线及 PE 线，此后两者一直严格分开。N 线接用电设备的工作零线；PE 线接设备外壳，作保护零线。其接线方式如图 10—3。

2）TN—C 系统：自变压器低压侧中心点起 N 及 PE 合成一

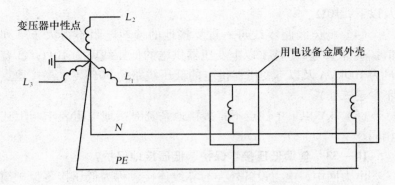

图 10 – 3   TN—S 系统

线，称 *PEN* 线，永不分开。它适用于都是三相设备的小型冷加工工厂，三相负荷是平衡的，因此 *PEN* 线上电位接近零，其接线如图 10 – 4。

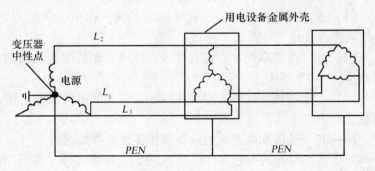

图 10 – 4   TN—C 系统

3）TN—C—S 系统：在供电线路上 *PE* 线及 *N* 线是合一的，进建筑物作重复接地后，自重复接点地分别引出 *N* 线及 *PE* 线，此后两者严格分开。这种系统常用在一台变压器供几幢建筑物或一群建筑物用电，变电所与建筑物又相距一定距离的场合，其接线如图 10 –5。

（2）TT 系统：用电设备金属外壳的接地线 *PE*，是独立设置

278

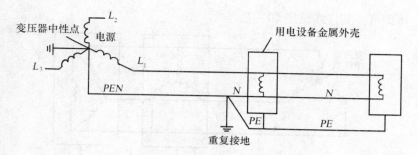

图 10 – 5　TN—C—S 系统

的，与变压器低压侧中心线互不相连，两者应严格分开。这种系统的 PE 线接地电阻可以很小，小到系统单相接地短路所产生的电流可在规范规定时间内跳开关，也可以很大或不受限制，只要在接地短路时产生几十、几百毫安就可以，但这时必须装设漏电开关作设备及线路保护。TT 系统的 PE 线可以一台设备用，也可以一组或一段距离的设备共用，如住宅可一幢建筑物共用一组 PE 线及接地装置，其接线见图 10 – 6。

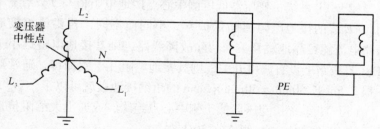

图 10 – 6　TT 系统

（3）IT 系统：变压器低压侧中心点不引出 N 线，在这种系统中不应接入单相设备。设备外壳的 PE 线单独接地，同样可几台或成组设备的外壳接地用一组接地装置，用 PE 相连。IT 系统的单相接地短路可不必开断故障线路，只发信号，因此其 PE 线的接地电阻只要满足单相接地故障上时在设备外壳上带有安全电压即可，其接线见图 10 - 7。

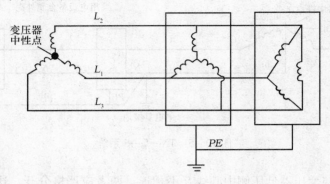

图 10 - 7   IT 系统

10—36   TN、TT、IT 系统的接地电阻各为何值？

（1）TN 系统：变压器低压侧中心点的接地电阻值与变压的容量有关，变压器容量 ≥315kVA 为 4Ω；变压器容量 <315kVA 的为 10Ω。PE 线的重复接地电阻一律为 10Ω。

（2）TT 系统：变压器低压侧中心点接地电阻值与 TN 系统相同。PE 线的接地电阻值随保护方式不同而不同，若要单相接地短路电流能可靠地跳开关、切除故障线路，则其接地电阻远小于 1Ω；若线路上设有漏电开关，则其接地电阻几十欧即可，通常用一根 2.5m 长 50mm × 50mm × 5mm 的角钢接地极就可以了。

（3）IT 系统：变压器低压侧中心点绝缘，或通很大的阻抗接地。其 PE 线的接地电阻亦在 30Ω 左右。

10—37   保护线 PE 及中心线 N 为什么要分开？

三相负荷不平衡，单相负荷较多，电路上接有可控硅设备，则 N 线上会流过不平衡电流，在 N 线的阻抗就有电压降落，使 N 线对地电位升高，若用电设备的金属外壳接在 N 线上，就有麻手的感觉。在棉纺、织布、水泥窑等具有粉尘或导电尘埃的场合，这种带电外壳对地产生火花闪络会引起火灾或爆炸。因此，自 20 世纪 80 年代初，采用 IEC 标准后，对接零系统的保护地引起了

280

重视，并将它从 N 线中分连出来，有的自变压器低压侧中心点直接引出 PE 线，有的自重复接地点后引出 PE 线，目的是使单相工作电流及不平衡电流不流过 PE 线，使 PE 线的电位等于零或接近零，使接地设备的外壳既安全，又可在单相接地短路时产生足够大的短路电流跳开关，及时切断故障线路。

10—38 分开后的 PE、N 线为什么不能再相连？

因为 N 线上有电位，与 PE 线相连后，引成环路，就有环流，会引起 N 线及 PE 线过热，损坏 N 线的绝缘。同时，PE 线的电位也不再是零，又会出现过去接零系统的缺点，造成人身和设备的不安全。

10—39 接地保护线 PE 及中心线 N 的截面怎样选取？

若线路上单相设备占的比重很大，或是照明线，这时 N 线上的电流值与相线上的电流相当，即使是三相负荷接近平衡，N 线的截面应与相线截面相同。对可控硅设备及具有大量电子整流器的荧光灯供电线路，因三次及以上高次谐波的存在，使 N 线上的电流高过相线的电流，因此 N 线的截面应为相线截面的二倍。以三相负荷为主及电动机供电线路 N 线的截面按下列方式选取：

（1）当相线截面为 16mm² 及以下时，N 线截面取 16mm²。

（2）当相线截面大于 16mm² 时，N 线截面取相线截面的一半，但不得小于 16mm²。

照明支线不受上述条件限制，N 线与相线截面一致。

PE 线是通过单相接地短路的，因此它的截面要满足产生的相零阻抗使单相接地短路时能按规范要求可靠地跳开关，因此它的截面可取与 N 线相同的截面。若几根干线合用一根 PE 线时，应是这些干线中 N 线截面之和。

10—40 什么叫工作接地、保护接地和重复接地？

在正常和事故情况下，为了保证电气设备的安全运行，在电力系统中某些点进行的接地叫工作接地，如变压器和互感器的中性点接地、两线一地系统的一相接地等都属于工作接地，见图 10－8。

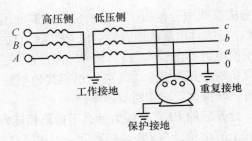

图 10 – 8　工作接地、保护接地、重复接地示意图

　　为防止因绝缘损坏而造成触电危险，将电气设备金属外壳和接地装置之间作电气连接叫保护接地。如电动机、变压器外壳和配电装置金属架的接地。

　　将零线上的一点或多点，与大地进行再一次的连接叫重复接地。

10—41　电气上的"地"是指什么？

　　电气设备在运行中，如发生接地短路，则短路电流将通过接地体以半球面形状向地中流散，如图 10 – 9 所示。由于半球面越小，电阻越大，接地短路电流经地处的电压降就越大，所以在靠近接地体的地方，电位就高。反之，在远离接地体之处，由于半球面大，电阻小，其电位就低。试验证明：在离开单根接地体或接地极 20m 以外的地方球面已相当大，其电阻等于零，于是该处的电位也就为零。我们把电位等于零的地方，称作电气上的"地"。

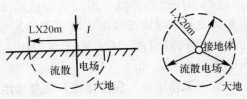

图 10 – 9　电流在大地中流散

10—42　什么叫接地时的对地电压、接触电压、跨步电压？

电气设备发生接地短路时，其接地部分，如接地体、接地线、设备外壳等，与大地电位等于零处的电位差，称作接地时的对地电压。

当接地短路电流流过接地装置时，在大地表面形成分布电位，如果在地面上离设备水平距离为0.8m的地方与沿设备外壳垂直向上距离为1.8m处的两点被人触及，则人体将承受一个电压，这个电压称为接触电压。

地面上水平距离为0.8m的两点有电位差，如果人体两脚接触该两点，则在人身上承受电压，此电压称为跨步电压。最大跨步电压出现在接地体外地面水平距离0.8m与接地体之间。

10—43　在接地网设计中，如何考虑降低接触电压和跨步电压？

在接地网的设计中，除应满足接地电阻的要求以外，在接地网的布置上，还应使接地区域内的电位分布尽量均匀，以便减小接触电压和跨步电压。如将接地装置布置成环形，则应在环形接地装置内部加设相互平行的均压带，在电气设备周围加装局部的接地回路，在被保护地区的人员入口处加装一些均压带，或在设备周围、隔离开关操作地点及常有行人的处所，在地表面覆盖一些电阻率较高的卵石或水泥层。此外，在配电装置附近加垫砾石、沥青、混凝土等，借以增大电阻率，也可以提高接触电压和跨步电压的允许值。

10—44　电力系统中性点的接地方式有哪几种？

电力系统中性点的接地方式主要的有以下三种：中性点不接地系统；中性点经消弧线圈接地系统；中性点直接接地系统。

采用何种接地方式是根据系统容量的大小、电压等级的高低、线路的长短和运行气象条件等因素，经过技术经济比较来确定的。

10—45　电力系统中性点各种接地方式的特点是什么？

在中性点不接地方式中，当发生单相金属性接地时，三相系统的对称性不被破坏，还可以照常运行；在系统容量不大时，单相接地电流很小，接地电弧可自行熄灭，对通信线路影响较小。但发生一相接地时非故障相的电压会升高，一般会达到线电压水平。这就要求整个系统对地的电压水平必须按线电压设计，从而增大了设备投资。

中性点不接地方式一般仅在 3~63kV 系统中采用。当系统容量增大，线路距离较长，致使单相接地的故障电流大于某一数值时，接地电弧不能自行熄灭，这就可能发生危险的间歇性电弧过电压。为了降低单相接地电流，避免电弧过电压的发生，常常采用消弧线圈接地方式。当单相接地时，消弧线圈的感性电流能够补偿单相接地的电容性电流，使流过故障点的残余电流很小，电弧可以自行熄灭，所以消弧线圈接地方式，既可以保持中性点不接地方式的优点，又可以避免电弧过电压的产生，是当前 3~63kV 系统普遍采用的接地方式。

随着电力系统电压等级的增高和系统容量的扩大，设备绝缘费用所占的比重越来越大，中性点不接地方式的优点居于次要地位，主要考虑降低绝缘投资，所以，110kV 及以上系统均采用中性点直接接地方式。对于 380V 及以下的低压系统，由于中性点接地可以使相电压固定不变，并可方便地取出相电压以供照明和单相设备备用电。所以除了特定的场合之外（如矿井），亦多采用中性点直接接地方式。

10—46 哪些管道可用作自然接地体？哪些管道不能用？

通风管道、上下水管可用作自然接地体。但可燃液体、可燃气体、热力管道、供暖管道禁止用作自然接地体。

10—47 接地装置的埋设有哪些要求？

接地装置的埋入深度及布置方式应按设计要求施工，一般埋入地中的接地体顶端距地面不小于 0.6m。

埋设时，角钢的下端要削尖，钢管的下端要加工成尖或将圆管打扁垂直打入地下，扁钢埋入地下要立放，埋设前先挖一宽 0.6m，深 1m 的地沟，再将接地体打入地下，上端露出沟底 0.1~

284

0.2m，以便焊接地线；埋设前要检查所有连接部分，必须用电焊或水焊焊接牢固，其接触面一般不得小于10cm²，不得用锡焊；埋入后接地体周围要回填新土并夯实，不得填入砖石焦渣等；应在适当位置加装接线卡子，以备测量接地电阻之用；如利用地下水管或建筑物的金属结构做自然接地体时，应保证在任何情况下都有良好接触。

10—48 高土壤电阻率地区的接地装置，如何使接地电阻符合要求？

在土壤电阻率较高的地区，为达到规定的接地电阻值，应采取下列措施降低接地装置的接地电阻：

（1）更换土壤。即用土壤电阻率较低的黏土，代替原电阻率较高的土壤。

（2）深埋法。若地面表层土壤电阻率较高，而深处土壤电阻率较低时，可将接地体深埋在土壤中。

（3）外引接地。若在电气设备的远处有电阻率较低的土壤，可将接地敷设在土壤电阻率较低处，用接地线引至电气设备上。

（4）人工处理。在接地体周围土壤中加入煤渣、木炭、炭黑或炉灰等，可提高接地体周围土壤的导电率，同时将氯化钙、氯化钠（食盐）、硫酸铜或硫酸铁等溶液浸渍接地体周围的土壤，对降低土壤电阻率更有效果。

（5）冻土处理。对冻土采用人工处理仍达不到要求时，可将接地体埋在冻土层以下的土壤中，或用电加热法在接地体周围融化土壤。

（6）降阻剂。采用几种化工物质，按一定比例配成浆液，敷在接地体周围，即可达到降阻的目的。

10—49 电缆线路的接地有哪些要求？

电缆绝缘损坏时，在电缆的外皮及接头盒上都可能带电，因此应按以下要求接地：

（1）当电缆在地下敷设时，其两端均应接地。

（2）低压电缆除在特别危险的场所（潮湿、腐蚀性气体、导电尘埃）需要接地外，其它环境可不接地。

（3）高压电缆在任何情况下都要接地。

（4）金属外皮电缆的支架可不接地，电缆外皮如是非金属材料如塑料、橡皮等，以及电缆与支架间有绝缘层时，其支架必须接地。

（5）截面在 $16mm^2$ 及以上的单芯电缆，为消除涡流，外皮的一端应进行接地。

（6）两根单芯电缆平行敷设时，为限制产生过高的感应电压，应在多点进行接地。

10—50　直流设备的接地装置有哪些特殊要求？

由于直流电流流经埋在土壤中的接地体时，接地体周围的土壤要发生电解，从而使接地电阻增加，接地极电压梯度升高。由于直流电解作用，对金属侵蚀严重。因此，直流线路上装设接地装置时，应考虑以下措施：

（1）对于直流系统，不能利用自然接地体作为零线或重复接地的接地体和接地线，也不能与自然接地体相连。

（2）采用人工接地体时，为避免电解作用的迅速侵蚀，接地体的厚度不应小于5mm，并要定期检查侵蚀情况。

（3）对于非经常流过直流电流的系统，其接地的要求与交流相同。

10—51　人工接地体怎样维护？

（1）防止开挖时，损伤接电体。

（2）每年雷雨季节来到之前，检查接地装置与断接卡子是否连接好，并实测每组接地极的接地电阻是否符合要求。若发现引线与接地极之间开断或接地极腐蚀锈断，应及时修复。

10—52　测量接地电阻有哪些方法？

运行中的接地装置，其接地电阻值，要求两年测量一次。具体测量方法很多，通常使用的有下列几种：接地摇表法；交流电流—电压表法；电桥法；三点法。

在上述测量方法中，接地摇表法和交流电流—电压表法使用最普遍。

接地摇表便于携带，使用方法简单，能够直接读数，不需要繁琐的计算，并且仪器本身带有发电机，附带电流极与电压极，测量中还能自动消除接触电阻与外界杂散电流的影响，不但使用方便，而且测量准确。

交流电流—电压表法的最大优点是不受测量范围的限制，小至 0.1Ω 及大到 100Ω 以上的接地电阻值都能测量，测量小接地电阻的接地装置（如发电厂、变电站等大接地短路电流系统的接地装置）尤为适宜。但这种方法的测量准备工作和测量手续都比较麻烦，需要有独立电源和高电阻电压表，并且接地电阻值必须经过计算得出，不能直读。虽然如此，由于它的测量范围广，测量精度高，故仍然被经常采用。

10—53 测量电力线路杆塔或电力设备的伸长形接地装置的接地电阻时，测量电极如何布置？

测量电极的布置方法如图 10 – 10 所示。

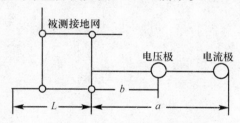

图 10 – 10　伸长形接地装置电阻测量布置图

一般取　$a = 4L$，$b = 2.5L$

式中　a—被测接地体与电流极间距离；

　　　b—被测接地体与电压极间距离；

　　　L—接地体射线长度。

10—54 测量接地电阻有哪些注意事项？

为了保证测量接地电阻的准确性，除了有正确的接线以外，还应特别注意以下事项：

（1）当测量输电线路接地装置的接地电阻时，应将接地装置与避雷线断开。

（2）测量接地电阻时的电流极和电压极应布置在与输电线路或地下金属管道垂直的方向上。

（3）不应在雨后立即测量接地电阻。

（4）采用交流电流—电压表法测量接地电阻时，电板的布置以采用三角布置法为好。

第十一章 电工仪表

第一节 电工测量的一般知识

11—1 什么是测量误差？测量误差分为哪几类及产生原因？

测量误差是指测量值与其真值的差异。真值是个理想的概念，真值通常不能准确地知道，通常用满足规定准确度要求的量值代替其真值，称为实际值，认为该量值充分地接近其真值。

按测量误差的性质分为三类：

（1）系统误差：是指在同样条件下，多次测量同一个量时，误差保持恒定或按某一确定规律变化。系统误差产生的原因有：①测量仪器仪表本身制造工艺不够完善而产生的误差；②所使用的仪器仪表不符合规定的使用条件而产生的误差；③测量方法不完善而产生的误差；④测量工作人员观测能力欠佳而产生的误差。

（2）随机误差：是指在同样条件下，多次测量同一个量时，以不可预知的方式变化的误差。随机误差产生的原因有：①周围环境电磁场的变化会产生误差；②电源电压的波动会产生误差；③周围空气的扰动会产生误差；④周围温度微变会产生误差等等。

（3）粗大误差：是指明显超过在规定条件下预期数值的误差。产生的原因有：测量工作人员粗心大意或错误操作、读数，以及外界条件意外的改变等原因产生的误差。粗大误差亦称疏忽误差。很明显，粗大误差应剔除。

11—2 什么是绝对误差、相对误差和引用误差？在实际测量中一般用什么误差来衡量测量的准确程度？根据什么误差确定指示仪表的准确度等级？

绝对误差：测量值减去被测量的真值，用来衡量测量值与其实际值的接近程度。

相对误差：绝对误差除以被测量的真值，用百分比表示。用来衡量测量的准确程度。

引用误差：仪表的绝对误差除以仪表规定的上量限数值，用百分比表示。用来衡量仪表性能的好坏。

常用的电工测量指示仪表的准确度等级有：0.1、0.2、0.5、1.0、1.5、2.5、5.0级等7个等级。

用最大引用误差确定指示仪表的准确度等级。如标明1.0级的仪表，是指在规定工作的条件下，其最大引用误差不得大于±1.0%，否则该表是不合格的，即该表的准确度等级不是1.0级，而是1.5级或者更低。

仪表的准确度等级越高，引用误差越小。

11—3　什么是指示仪表的灵敏度？

指示仪表的指针（或光标）偏转角变化了 $\Delta\alpha$ 与引起偏转的被测量变化了 $\Delta\chi$ 的比值，称为指示仪表的灵敏度 S。

对于刻度均匀的指示仪表，仪表的灵敏度是一个常数，它等于单位被测量引起的偏转角（分格数）。比如一只磁电系微安表，通过 $1\mu A$ 时，指针偏转了 2 小格，则此微安表的灵敏度为 2 格/微安。

仪表的灵敏度表示仪表对被测量的反应能力，所能反应的被测量越小，表明该仪表的灵敏度越高。

习惯上还常把表头的满偏电流值（即最大量限值）称为电流灵敏度。满偏电流越小，电流灵敏度越高。

把电压表的内阻常数（其单位为 Ω/V）称为电压灵敏度。电压表的量程越大，其内阻也越大，各量限的内阻与该量限之比为一常数即内阻常数。

比如直流电压表的内阻常数（Ω/V）＝某电压档内阻/该电压档量程。

同样量程的不同电压表，其内阻常数越大，内阻就越大，测量时对被测电路的影响就越小，测量误差也就越小。内阻常数是

290

电压表的一个主要参数。

习惯上也把等效表头的满偏电流的倒数称为电压灵敏度。若已知电压档的灵敏度，则可计算出等效表头的满偏电流。

11—4　什么是指示仪表的升降变差？

在外界条件不变的情况下，当被测量由零向上限方向平稳增加读取读数，或由上限向零方向平稳地减小读取读数，两次读数不同而出现的差值称为变差。

第二节　常用电工仪表

11—5　电工测量指示仪表测量机构在工作时主要有哪些力矩？它们各自的作用是什么？哪个力矩大小不影响测量结果？

电工测量指示仪表测量机构在工作时主要有：转动力矩、反作用力矩和阻尼力矩。它们各自的作用是：

转动力矩：在测量时，通过电磁作用使得仪表的可动部分偏转。

反作用力矩：用来平衡转动力矩，在可动部分偏转时随偏转角增大而增大。

阻尼力矩：减小指针在平衡位置的摆动时间，使可动部分很快的稳定下来。

在测量时，阻尼力矩只有在可动线圈运动时才会产生，可动线圈停止运动后，阻尼力矩也就不存在了。阻尼力矩始终与指针转动方向相反。所以阻尼力矩的大小只影响指针的摆动时间，不影响测量结果。

11—6　能否用直流电流（或电压）表测量交流电流（或电压）？

直流电流（或电压）表在测量直流时应注意其"＋"、"－"极性，不能接错，否则指针要反偏。直流表不能用来测量交流。

用磁电系测量机构制成的直流电流表或直流电压表，是靠永久磁铁的磁场对活动线圈中的电流作用产生转动力矩，因为永久磁铁产生的磁场方向是恒定的，当活动线圈中的电流方向改变时电磁力也将改变，指针反向偏转，所以电流必须从"＋"极端流入，否则指针就会反偏。若通入大小和方向都随时间变化的交流，转动力矩也会随时间交变，由于转动部分的惯性，指针来不及随转动力矩的方向改变而改变，于是停留在刻度零位附近不动或微微颤抖。由于无法读取通过仪表交流电流（或电压）的大小，很容易因电流（或电压）过大而损坏游丝或动圈。因此，不能用直流电流（或电压）表测量交流电流（或电压）。

11—7　为什么磁电系仪表的标尺刻度均匀，电磁系仪表的标尺刻度不均匀？

在测量时，磁电系仪表的活动线圈通入被测电流，可动线圈处在永久磁铁产生的均匀磁场中，产生的转动力矩与活动线圈的被测电流成正比，而反作用力矩与指针的偏转角成正比，当转动力矩与反作用力矩平衡时，指针停留在某一位置。由此可知，磁电系仪表的偏转角与流过可动线圈的被测电流成正比，所以磁电系仪表的标尺刻度均匀。

电磁系仪表一般有两种类型：扁线圈吸引型和圆线圈排斥型。

对于吸引型的测量机构，转动力矩是由固定线圈产生的磁场与活动铁片磁场相互作用产生的。测量时，被测电流通入固定线圈，固定线圈产生的磁场与被测电流成正比；铁片处在固定线圈产生的磁场中被磁化，只要铁片未达到饱和，固定线圈的磁场越强，铁片的磁性也越强，所以铁片的磁场也与电流成正比。因此，线圈对铁片的吸引力就与线圈电流的平方成正比。

对于排斥型的测量机构，两个铁片的排斥力由两个铁片的磁性强弱决定，而它们的磁性强弱又与线圈的电流成正比，因此排斥力与线圈电流的平方成正比。

由此可知，电磁系测量机构的偏转角与被测量（直流或交流有效值）的平方成正比，所以标尺刻度是不均匀的，即前密后疏。

11—8　磁电系、电磁系、电动系、静电系、整流系、感应系等仪表各测量交流电的什么值?

磁电系和整流系仪表测量的是交流量的平均值，但其是按有效值来刻度的；其它几个系列仪表测量的都是交流量的有效值。

11—9　用电动系测量机构可以做成哪些仪表?

电动系测量机构可以做成的仪表有：电流表、电压表、相位表和功率表等。

11—10　用电动系测量机构做成的电流表、电压表、功率表刻度是否都是均匀的?

电流表、电压表刻度是不均匀的，因为此时产生的转动力矩与被测电流的平方成正比；功率表刻度是均匀的，因为功率表的转动力矩与功率成正比。

11—11　测量交流功率时，功率表读数机构反映的是什么值?

功率表的读数机构反映的是加于功率表电压端钮的电压有效值、通过电流端钮的电流有效值、该电压电流相位差角的余弦三者的乘积。

11—12　电动系功率表的电压端钮、电流端钮旁都标有"＊"，代表什么?

电动系仪表转动力矩的方向与两线圈电流的方向有关，若两线圈的电流都从"＊"端流入功率表，则指针正偏。

接线原则：电流端钮的"＊"端靠近电源，非"＊"端接负载；

电压端钮的"＊"端接到电流端钮的任意一端，非"＊"端接被测负载的另一端。

在接线正确的情况下，有时会发生指针反偏现象。如两表法测量三相功率时，此时应将电流线圈的两个端钮对调（切忌将电压的两个端钮对调，否则有可能破坏功率表绝缘），该功率表读数计一负值。

11—13　什么是测量三相功率的两表法? 如何接线?

指用两块单相功率表测量三相的功率。两块功率表的读数之和才是三相的总有功功率。其中任意一块功率表的读数是没有意义的。

两块功率表的接法：两块功率表的电流线圈分别串接在三相中的任一相上（电流端钮的"＊"端靠近电源，非"＊"端接负载），电压端钮的"＊"端与该功率表的电流端钮的任意一端相连，电压端钮的非"＊"端接在没有串功率表电流线圈的那一相上。

两表法适用于三相三线制，不论负载对称与否，不论负载是星形还是三角形连接。

11—14　如何用一块功率表测量三相的无功功率？

用一块功率表测量三相的无功功率适用于对称的三相电路。

功率表的电流线圈串接在三相中的任意一相上（电流端钮的"＊"端靠近电源，非"＊"端接负载），电压线圈跨接在另外两相上，其中电压端钮的"＊"端接在其余两相正相序超前的那一相上，非"＊"端接在滞后的那一相上。两个功率表读数的$\sqrt{3}$倍才是三相总的无功功率。

11—15　怎样正确使用模拟式万用表？

万用表是多用途仪表，每一种测量类别又有多种量程，且携带和使用方便，是电气维修和测试最常用的仪表。正确使用应注意以下几点：

（1）除测量电阻外，测量其它各电量前注意水平放置时指针是否指在机械零位，否则要通过调节机械调零旋钮调至零位。

（2）测量前一定要正确选择测量的类别和量程。如果切换位置不对，不仅不能正确测量，还有可能烧坏表内部零件或表头。

测量直流电流或电压时，要注意"＋"、"－"极性的正确选择，面板上的"＋"即红表笔接被测量的正极，面板上的"－"即黑表笔接被测量的负极。有的万用表有"2500V"端钮，此时红表笔接"2500V"端钮，黑表笔仍接"－"端钮。

测量交流电流、电压和测量电阻时，无需注意"＋"、"－"极性。

（3）测量电压、电流时量限的选择及正确读数。

如果不能预先估计被测量的大小，应先使用最高档量限，然后逐级向较低档切换，一般指针指在满刻度 2/3 以上时，量限的选择才合适。在测量较高电压和较大电流时，不能带电切换转换开关。

万用表刻度盘上有多条标尺，标有"DC"或"–"的标度尺为测量直流用，标有"AC"或"～"的标度尺为测量交流用。交流和直流标度尺合用读数时，注意有短斜线将两种标尺的刻度相连。交流低压档有专用的标度尺，位于刻度盘的最下方。

测量交流电压、电流时，由于标度尺是按正弦交流有效值来刻度的，若测量对象不是正弦波，误差会很大。

（4）欧姆档的正确使用。①倍率的选择及调零。如果不能预先估计欧姆值的大小，应先使用最高倍率档，然后逐级向较低倍率档切换，但是每次转换倍率档后都要进行电气调零。电气调零是指将两表笔短接，然后旋转"欧姆调零旋钮"使指针指在电阻标度尺的零位上，才能进行测量。如果旋转"欧姆调零旋钮"无法使指针达到零位，则说明内部干电池容量不足，必须更换新电池。虽然欧姆档的刻度为 0 ~ ∞，但因为欧姆档的标尺刻度不均匀，向左渐密，因而不是由 0 ~ ∞ 都可以准确读数，所以选择合适的倍率档，使指针指在中心电阻值附近时读数才比较准确。②禁止电阻带电的情况下测量其阻值。若电阻带电测量，相当于接入一个外加电压，当此电压过高时，可能烧坏表头。③被测电阻不能有并联支路。否则其测量结果是被测电阻与并联支路的等效电阻，而不是被测电阻。测量大电阻时，测试人员的双手不能接触表笔的金属部分，以保证安全和测量准确。④用万用表的欧姆档测量晶体管参数。一般不适宜用高倍率档或低倍率档去测量晶体管参数，应选择 $R \times 100$ 或 $R \times 1K$ 档测量。因为倍率档低的欧姆档内阻较小，电流较大，而晶体管允许通过的电流较小；倍率档高的欧姆档电池电压较高，而晶体管承受的电压较低。注意：使用欧姆档时，红色表笔与表内电池负极相连，而黑表笔与表内电池正极相连。⑤不能用欧姆档直接测量微安表、检流计的内阻，否则会因电流过大而损坏这些表计。

（5）万用表使用完毕，应将转换开关旋至交流电压最高档，防止下次使用时因未将转换开关旋至合适的位置而损坏仪表。

11—16　怎样正确使用直流单臂电桥？

直流单臂电桥能够准确的测量中值电阻（$1 \sim 10^6 \Omega$），比模拟式万用表欧姆档测量电阻准确度高。使用步骤：

（1）首先接通直流电源。电桥面板上有"＋"、"－"接线柱，用来接通外接电源，电压按规定选择。电桥也有内附电源，可装入干电池使用。

（2）打开检流计锁扣，调节调零器使指针指示零位。

（3）将被测电阻 R_x 接到标有"R_x"的两接线柱之间，根据被测电阻的近似值（可先用万用表粗测），选择合适的倍率，保证比较臂的 4 个电阻能全部用上，这样有 4 位有效数字，以提高测量的准确度。例如被测电阻为几十欧，选择倍率应该为 10^{-2}，才能保证 4 个比较臂都能用上，被测电阻 R_x ＝ 倍率 × 比较臂读数，可读得小数点后两位，有 4 位有效数字；若倍率选择 1，则千位、百位的比较臂电阻都应置于零位，只有十位和个位比较臂电阻能用，读数只能读到整数位，读数只能是两位有效数字，欠准确。

（4）测量时，应先按"电源"按钮，再按"检流计"按钮。若检流计指针向"＋"偏转，表示应加大比较臂电阻，若指针向"－"偏转，表示应减小比较臂电阻。反复调节比较臂电阻，使指针指示零位，即电桥达到平衡，从而读得读数。调节开始时，若电桥离平衡状态较远，则流过检流计的电流很大，使指针偏转猛烈，所以点按"检流计"按钮（即调节比较臂电阻时，松开"检流计"按钮，调节完比较臂后，再按下"检流计"按钮，重复这样按压"检流计"按钮和调节比较臂电阻），直到电桥平衡，即检流计指针指示零位。

（5）测量完毕，先松开"检流计"按钮，再松开"电源"按钮。特别是在测量具有较大电感的电阻（如大铁芯线圈的电阻）时，一定要遵守这样的操作顺序，否则在断开电源瞬间可能会产生很大的自感电动势，使检流计损坏。

（6）电桥不用时，应将检流计锁扣锁住，以免搬动时震坏悬丝。

11—17 使用直流双臂电桥应注意什么？

直流双臂电桥用来测量低值电阻（10Ω 以下）。它是在单臂电桥的基础上，通过改进测量线路，消除和减小了接线电阻和接触电阻对测量电阻的影响。被测电阻用 4 个端钮接入双臂电桥电路。

（1）如果被测电阻有专门的电位端钮和电流端钮时，那么被测电阻的电位端钮和电流端钮应和电桥的电位端钮和电流端钮对应正确连接；如果被测电阻没有专门的电位端钮和电流端钮，要设法引出 4 根线和双臂电桥连接，且用靠近被测电阻的一对导线接到电桥的电位端钮上，远离被测电阻的一对端钮接到电桥的电流端钮上。连接导线应尽量用短粗线，接头要接牢。

（2）由于电桥的工作电流较大，如果使用干电池，则要求测量速度要快，测量完毕应立即关闭电源开关，避免电池的无谓消耗。

11—18 使用兆欧表（摇表）应注意什么？

兆欧表用来测量各种电气设备和输电线路的绝缘电阻。

在应用时应注意以下几点：

（1）测量前务必将被测设备电源切断，对输电线路和电容器等被测设备还需进行放电。被测设备如果离其它带电设备很近，有可能感应出高电压，此时应采取预防措施。

（2）兆欧表额定电压和测量范围的选择。被测设备的额定电压在 500V 以下时，选用 500V 或 1000V 的兆欧表；被测设备的额定电压在 500V 以上时，选用 1000V 或 2500V 的兆欧表。兆欧表的额定电压要与被测设备的工作电压相对应。

（3）测量前兆欧表的检查。接线端短接时，缓慢摇动手柄，指针应指在"0"，然后立即停止摇动，否则会损坏摇表。

（4）进行方法。被测绝缘电阻接在兆欧表的"L"和"E"两接线柱。若测量电气设备的对地绝缘应把兆欧表的"L"接被测设备，"E"接地，否则大地的杂散电流对测量结果有影响。当被测设备表面不干净或空气太潮湿时，要使用"G"端来排除表面电流的影响，即在被测设备的表面加一保护环，接至"G"。

（5）摇速和读数的读取。摇速规定应尽量接近120r/min，若手摇发电机电压太低，可动部分的转矩太小，会影响可动部分的偏转角，造成额外的测量误差。

一般采用1分钟以后的读数较准，因为绝缘电阻随着测试时间的长短而有差异，对电容量较大的设备（如电容器、变压器等）要等到指针稳定不变时才读取读数。

（6）当发电机手柄已经摇动，在"L"、"E"之间会产生很高的直流电压，绝不能用手触及。测量结束时，发电机还未停止转动或手柄尚未放电之前，也不要用手触摸导线。

（7）测量时接线不要用绞织线，否则就相当于在被测设备上并联了一个绞织线的绝缘电阻，会使测量值变小。若绞织线本身绝缘电阻已损坏，则使测量结果失去意义。

11—19 为什么不能用万用表、电桥测量电气设备的绝缘电阻？

因为万用表、电桥所用的都是低压电源，虽然测量范围有高阻范围，因为电压低，不能反映在高压工作下的电气设备的绝缘电阻，因此要用兆欧表来测量电气设备的绝缘电阻。

第三节 电子仪器仪表

11—20 数字万用表与指针式万用表比较有哪些优点？

（1）使用方便：指针式万用表在测量前要注意指针是否处于零位；测量直流电压或直流电流时要注意极性；测量电阻时每次换档都要调零。而数字式万用表在使用时无需调零，测量直流电压或直流电流时极性自动显示。

（2）读数快捷：指针式万用表读数时要根据量程与刻度间的关系进行换算，并且使用时容易产生视觉误差，表身倾侧也会使误差增大。而数字式万用表的指示值为数字显示，直接读取，不会产生视觉误差，并且读数与表身是否倾侧也无关。

（3）测量范围广：指针式万用表一般只能测量交直流电压、直流电流、电阻。而数字式万用表还能测量交流电流、电容、三极管电流放大系数 h_{FE}、频率、温度等。

（4）准确度高：指针式万用表的直流电压档、直流电流档及电阻档的准确度等级一般为 1.0~2.5 级，交流电压档的准确度等级为 1.5~4.0 级。而 $3\frac{1}{2}$ 位数字式万用表的直流电压档、直流电流档的准确度等级为 0.1~0.5 级，电阻档的准确度等级为 0.2~1.0 级，交流电压档的准确度等级为 1.5 级。而 $3\frac{2}{3}$ 位、$3\frac{3}{4}$ 位及 $4\frac{1}{2}$ 位数字式万用表准确度更高。

（5）过载保护：指针式万用表一旦过载极易损坏表头机构及元件，且不易修复。而数字式万用表一般具有较完善的过载保护；一般最小量程的交直流电压档与电阻各档可承受 250V 直流或交流有效值电压，其余各交直流电压档可承受 1000V 直流或交流有效值电压。

（6）对被测电路状态影响很小：在测量电压时，数字式万用表的输入阻抗较高，一般为 10MΩ 以上；测量电流时，数字万用表引入的压降较小，一般为 200mV 以下。不会显著地改变电路原工作状态。

数字式万用表在上述各方面优于指针式万用表，其价格一般较指针式万用表高些。

11—21　数字万用表的"$3\frac{1}{2}$位"表示什么？

常见的数字万用表有 $3\frac{1}{2}$ 位、$3\frac{2}{3}$ 位、$3\frac{3}{4}$ 位、$4\frac{1}{2}$ 位……，这是数字万用表最大显示值的表示法。

如果某位能显示从 0 至 9 这十个数字，则算整位；最高位显示的最大值与满度值之比即为该位的分数位。例如：最高位能显示 0 至 3，则该位为 3/4。$3\frac{1}{2}$ 位表示最大显示值为 1999，$3\frac{2}{3}$ 位表示最大显示值为 2999，$3^3/_4$ 位表示最大显示值为 3999。一般 $3^1/_2$ 位至 $4^1/_2$ 位数字万用表是便携式，$5^1/_2$ 位以上的数字万用表为台式。

11—22　自动量程转换有哪些特点？

有些数字万用表在测量时可以自动转换量程，这样使测量结果误差较小，使用很方便。但由于每次测量需从最大量程开始逐步减小到合适量程，因此当被测量较小时读数等待时间较长。

11—23　使用数字万用表有哪些注意事项？

（1）后盖没盖好前严禁使用，否则有受电击的危险。

（2）使用前应检查表笔绝缘层完好无破损。

（3）表线插孔有机械保护装置的，则应在选择好量程后再插入表线，以免损坏保护装置。

（4）输入电信号不允许超过规定的极限值，以防电击和损坏仪表。

（5）正在测量时，不要旋转选择开关。

（6）电池电压不足时，应及时更换，以确保测量准确度。

11—24　怎样用数字万用表测量电压？

1. 直流电压 DCV 的测量

（1）选择 DCV 量程；在测量之前不知被测电压范围时，应选择最高量程档。

（2）将黑表笔插入"COM"插孔，红表笔插入（VΩ）插孔。并将表笔并接在被测负载或信号源上，仪表在显示电压读数的同时会指示出红表笔的极性。

2. 交流电压 ACV 的测量

（1）选择 ACV 量程；在测量之前不知被测电压范围时，应选择最高量程档。

（2）将黑表笔插入"COM"插孔，红表笔插入（VΩ）插孔，并将表笔并接在被测负载或信号源上。

注意：

（1）当只显示最高位"1"时，说明被测电压已超过使用的量程，应改用更高量程测量。

（2）不要测量高于1000V直流电压或700V交流电压，虽然有可能显示读数，但可能会损坏万用表。

（3）测量高压时应特别注意安全。

11—25　怎样用数字万用表测量电流？

1. 直流电流 DCA 的测量

（1）拔出表笔，选择 DCA 量程；测量前不知被测电流范围时，应选择最高量程档。

（2）将黑表笔插入"COM"插孔，红表笔插入显露的表笔插孔（mA 插孔或 20A 插孔）。将测试表笔串入被测电路中，仪表显示电流读数的同时会指示出红表笔的极性。

2. 交流电流 ACA 的测量

（1）拔出表笔，选择 ACA 量程；测量前不知被测电流范围时，应选择最高量程档。

（2）将黑表笔插入 COM 插孔，红表笔插入显露的表笔插孔（mA 插孔或 20A 插孔）。测试表笔串入被测电路。

注意：

（1）当只显示最高位"1"时，说明被测电流已超过使用的量程，应改用更高量程测量。

（2）mA 插孔输入时，过载则熔断机内保险丝，须按保险丝的规格予以更换。

（3）20A 插孔输入时，最大电流 20A 时间不要超过 15 秒，20A 档无保险丝。

（4）上述为表线插孔有机械保护装置的，也适用于其它机型。

11—26　如何用数字万用表测量电阻？

（1）选择 Ω 量程。

（2）将黑表笔插入"COM"插孔，红表笔插入"VΩ"插孔，将表笔跨接在被测电阻的两端。

（3）直接读数，注意单位为所用量程的单位，而不是像指针式万用表的指针读数要乘以所用的倍率。

注意：

（1）当表笔开路或超量程时，仪表仅显示最高位"1"。

（2）检测在线电阻时，应关闭被测电路的电源，并使被测电路中电容放完电，才能进行测量。

（3）若红黑表笔短路时有数值，则测量时应从读数中减去。

（4）双手不要同时接触被测电阻两端，以免人体电阻与被测电阻并联，造成测量误差。

11—27　如何用数字万用表测试二极管？

（1）将选择开关置于二极管档。

（2）将黑表笔插入"COM"插孔，红表笔插入"VΩ"插孔（注意红表笔为内电源"＋"极）。当红表笔接被测二极管阳极，黑表笔接阴极，仪表显示二极管的正向电压降，单位"伏特"；当二极管反接时显示超量程（仅显示高位"1"）。

11—28　如何用数字万用表测试三极管 h_{FE} 参数？

（1）将选择开关置于 h_{FE} 档。

（2）确认被测晶体三极管是 PNP 型还是 NPN 型，然后将被测管发射极 E、基极 B、集电极 C 三脚插入仪表相应的插孔内。

（3）仪表显示的是 h_{FE} 近似值。DY210 系列的测试条件为：I_B 约 $10\mu A$，V_{ce} 约 $2.8V$。

11—29　真有效值数字交流电表与一般数字交流电表有何不同？

一般数字交流电表，利用交流—直流转换器来测量交流电压或交流电流，读数正比于被测交流量的平均值。在被测交流量波形为正弦波的情形下，读数就是该交流量的有效值。因此，当被测量交流量的波形为非正弦波或正弦波失真较严重时，以仪表读数为有效值则误差较大。

真有效值数字交流电表采用电路形式，使仪表读数与被测交流量的有效值成正比，与波形无关，减少了测量非正弦交流量或测量失真较严重正弦交流量的误差。

11—30　电子电压表有哪些特点？

电子电压表由晶体管放大电路、检波电路及磁电系电流表头组成，也称为晶体管毫伏表。相比普通电压表，它具有下列特点：

（1）测量范围宽：由于配合有放大电路及衰减器，电子电压表可测量毫伏至几百伏的电压。

（2）频率范围宽：放大—检波式电子电压表一般能测量几十兆赫的交流电压，检波—放大式电子电压表测量频率可达几百兆赫。而电磁系电压表只能测量工频正弦电压，整流系电压表一般只能测到1kHz正弦电压。

（3）输入阻抗高：电子电压表的输入电阻高达 $1M\Omega$ 以上，输入电容在几十皮法以下。对被测电路工作情况影响很小。

11—31　放大—检波式电子电压表有何特点？

被测电压先经交流放大器放大，然后检波，由磁电系表头指示数值。由于先放大再检波，仪表灵敏度较高，输入阻抗大。但由于交流放大电路通频带的限制，测量频率一般只能达到几十兆赫。

11—32　检波—放大式电子电压表有何特点？

被测电压先检波，然后经直流放大器放大，由磁电系表头指示数值。由于检波器的工作频率比一般交流放大器高，检波后的电压由直流放大器放大，所以这种类型电子电压表测量频率可以高达几百兆赫。但由于被测电压太小时检波效率不高，所以这种类型电压表灵敏度比放大—检波式电子电压表低。

11—33　智能数字交流毫伏表有哪些特点？

智能数字交流毫伏表轻盈小巧、使用方便，具有以下特点：

（1）仪器采用集成电路，工作稳定、可靠。

（2）由单片机智能化控制和数据处理，实现量程自动转换。

（3）可测正弦波、方波、三角波、锯齿波、脉冲波等不规则的任意波信号幅度。

（4）测量精度高，频率特性好。

11—34　示波器测量有哪些特点？

示波器是一种能直观形象地观测各种电气参量的电子仪器。其显著特点是能将人眼无法看到的各种电过程转换为能直接观测到的光信号。不仅可以直观地显示信号的波形，还可以用来测量信号的电压、频率、周期及相位关系等参数。若与各种传感器相配合，还可观测如温度、速度、压力等非电量。示波器工作频率范围宽，通常可达数百兆赫。示波器输入阻抗高，一般输入电阻大于 $1M\Omega$，输入电容小于几十皮法。示波器灵敏度也较高，一般能测量毫伏级的信号。

示波器的主要缺点是测量精度偏低，从屏幕上只能读出两位有效数字。因此，测试中主要用它作定性分析或作精度要求不高的定量分析。

11—35　数字式示波器有何性能特点？

（1）数字存储示波器采用彩色或单色液晶显示，清晰度高；体积小，便于携带。

（2）有自动波形及状态设置，可自动测量多种波形参数；波形及设置可存储和再现。

（3）通过实时采样和等效采样，可在示波器上观察更快的信号；精细的延时扫描功能。

（4）轻易兼顾波形细节与概貌；强大的触发和分析能力，使其易于捕获和分析波形。

数字式示波器相比普通示波器功能更强大，且易于使用。

11—36　如何用示波器测量信号电压的峰峰值？

调节示波器垂直档位旋钮，使信号波形的上峰顶至下峰底均显示在屏幕范围内；记下此时垂直档位的分格常数"V/div"；再由屏幕上的刻度读出被测信号上峰顶至下峰底的垂直距离的格数为 H，则被测波形的峰峰值为 $U_{P-P} = V/div \times H$。

11—37　如何用示波器测量信号周期时间？

调节示波器水平档位旋钮，使信号波形至少一个周期显示在屏幕范围内；记下此时水平档位的分格常数"t/div"；再由屏幕上的刻度读出被测信号一个周期的水平距离的格数为 D，则该两点的时间间隔 $T = t/\text{div} \times D$，即为信号周期时间。

11—38　用示波器观测信号波形时耦合方式如何选择？

输入信号可选择 AC 或 DC 耦合方式。当输入信号频率很低或包括直流成分时，必须用 DC 耦合方式。希望隔断输入信号中直流成分时，只能采用 AC 耦合方式。

11—39　使用直流电源的注意事项有哪些？

（1）根据所需电压及电流选择直流稳压电源或直流稳流电源。

（2）注意直流稳压电源的正负极输出端不可短路；直流稳流电源的正负极输出端不可开路。

（3）使用直流电源前，应将输出旋钮放置最小，然后连接电路，通电后再从零调到所需值。否则，易将高于所需值之电压或电流接入电路，造成电路元件损坏。

（4）同时输出两组电压的稳压电源，两组电源一般不能并联使用。

第十二章 装表接电

12—1 装表接电工的管理范围是什么?

装表接电工的管理范围是:凡属于高、低压客户装设的计费电能计量装置,无论是单相还是三相,也无论是高压还是低压,从一次引线到计量装置的所有二次回路。

12—2 如何进行单芯铜导线的直线连接?

钢丝钳、剥线钳各一把,单芯铜导线若干根。连接前将两根单芯铜导线线头进行切削及处理。连接步骤如图 12-1 所示。

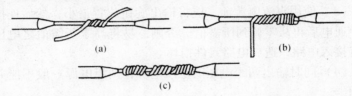

图 12-1 单芯铜导线的直线连接

(a) 两线头各绞两圈;(b) 右端芯线绕 6~8 圈;(c) 左端芯线绕 6~8 圈

12—3 如何进行单芯铜导线的分支连接?

钢丝钳、剥线钳各一把,单芯铜导线若干根。连接前将两根单芯铜导线分支线头、干线芯线进行切削及处理。连接步骤如图 12-2 所示。

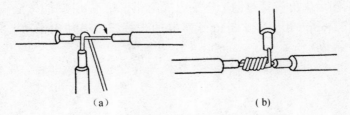

图 12-2 单芯铜导线的分支连接

(a) 分支芯线垂直交于干线芯线;(b) 分支芯线按顺时针方向缠绕 6~8 圈

306

12—4 如何进行多芯铜导线的分支连接？

钢丝钳、剥线钳各一把，多芯铜导线若干根。连接前将两根多芯铜导线线头进行切削及处理。连接步骤如图 12 - 3 所示。

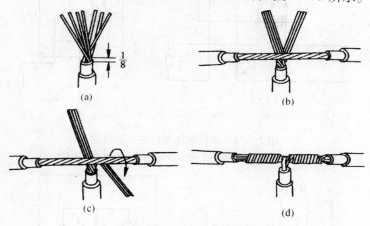

(a)

(b)

(c)

(d)

图 12 - 3　多芯铜导线的分支连接法接线图
（a）将分支芯线近橡胶层 1/8 各自绞紧，其余线段扳成伞形；
（b）分支芯线的线头分成两组，分别插入干线的芯线；
（c）右端一组芯线按顺时针方向缠绕 4 圈；
（d）左端另一组芯线按逆时针方向缠绕 4 圈

12—5 单相电能表如何正确接线？

无论是机械式还是电子式单相电能表，其电压、电流线的正确接线如图 12 - 4 所示。（a）图为普通单相电能表的正确接线；（b）图为防电流短接的上进下出式电能表的正确接线。

12—6 带电压、电流互感器的三相三线有功电能表，如何正确接线？

带电压互感器、电流互感器的三相三线有功电能表，正确接线如图 12 - 5 所示。

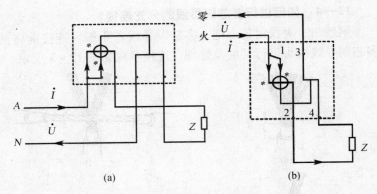

(a)   (b)

图 12 - 4   单相电能表的正确接线图
（a）普通单相表正确接线；（a）上进下出单相表正确接线

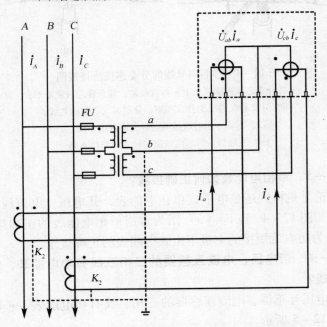

图 12 - 5   三相三线有功电能表的正确接线图

12—7　带电流互感器的三相四线有功电能表,如何正确接线?

带电流互感器的三相四线有功电能表,正确接线如图 12 – 6 所示。

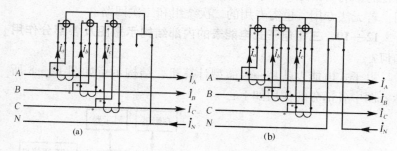

图 12 – 6　三相四线有功电能表的正确接线图

(a) 总表正确接线；(b) 分表正确接线

12—8　三相四线电路中,有功、无功电能表与电流互感器如何联合接线?

三相四线供电线路中,有功、无功电能表与电流互感器的联合接线,如图 12 – 7 所示。

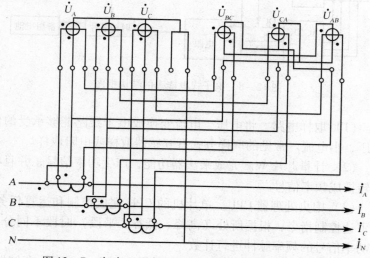

图 12 – 7　有功、无功电能表与电流互感器联合接线图

12—9　何谓电能计量装置二次回路的独立性？

电能表的工作状态不应受其它仪器、仪表、继电保护和自动装置的影响。因此，要求与电能表配套的电压、电流互感器需专用。若无法专用，也需专用的二次绕组和二次回路。

12—10　三相电子式电能表的内部结构示意图及各部分作用如何？

电子式电能表就是一台微型计算机，结构示意如图 12 - 8 所示。图中各部分的作用如下：

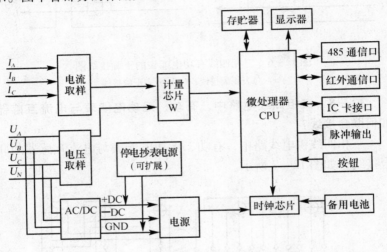

图 12 - 8　电子式电能表的结构框图

（1）取样电路。将电压、电流变换成电子线路能够承受的低电压、小电流。常见的取样方式有互感器取样或电阻取样。

（2）计量芯片 W。完成乘法器功能，产生功率信号，并且将其转换成频率信号。

（3）中央处理器 CPU。单片机的 CPU 完成控制和运算任务。如下达控制指令，根据所处（高峰、低谷、平段）时段不同分别对功率信号的频率脉冲进行计数。

（4）存储器。运算结果在 CPU 的指令下进入不同的存储器，即得相应的参数，如功率、电能等。

（5）显示器。按原理分为 LCD 液晶显示器和 LED 发光二极管显示器。电子电能表有自动循环显示和按钮触发显示方式。

（6）交直流转换电路 AC/DC。给集成电路提供直流稳压电源。

（7）时钟。正常工作时，电子电能表的时钟芯片由直流稳压电源供电，当市电发生断电、掉相等故障时，备用电池维持时钟的连续性。

（8）各类接口功能。①RS485 接口。实现对客户的远程抄表、负荷控制、负荷监控、预购电量等功能。②红外光接口。实现非接触性的近距离抄表。③IC 卡接口。实现预购电，即先付钱后用电。④按钮。方便快速查询电能表内的信息。⑤脉冲输出接口。标准高频脉冲 f_H 的输出口，用作校表。

12—11 电子式电能表与机械式电能表的面板区别是什么？

电子式电能表的面板如图 12-9 所示。与机械表的区别是增加了实现多种功能的辅助端子排。图 12-9 中接线插孔指的是与机械式电能表对应的电路部分接线孔。而其上排小孔就是实现多种功能的辅助端子接线孔。

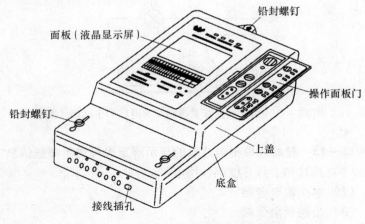

铅封螺钉

面板（液晶显示屏）

操作面板门

铅封螺钉

上盖

底盒

接线插孔

图 12-9 电子式电能表面板示意图

图 12－10 是电子式电能表辅助端子示意图。值得说明的是生产厂家不同，这些辅助端子实现的功能大致相同，而其排列顺序不尽相同。

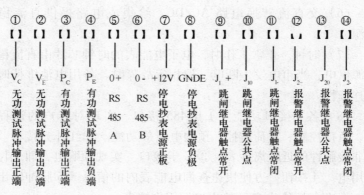

①	②	③	④	⑤	⑥	⑦	⑧	⑨	⑩	⑪	⑫	⑬	⑭
V_C	V_E	P_C	P_E	0+	0-	+12V	GNDE	J_1	J_10	J_1-	J_2-	J_20	J_2-
无功测试脉冲输出正端	无功测试脉冲输出负端	有功测试脉冲输出正端	有功测试脉冲输出负端	RS485 A	RS485 B	停电抄表电源正板	停电抄表电源负极	跳闸继电器触点公共点	跳闸继电器触点常开	跳闸继电器触点常闭	报警继电器触点常开	报警继电器触点公共点	报警继电器触点常闭

图 12－10　电子式电能表辅助端子示意图

12—12　如何用两只双控开关在甲、乙两地控制一盏电灯？

在甲、乙两地分别用两只双控开关控制一盏电灯的正确接线，如图 12－11 所示。

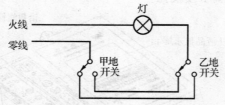

图 12－11　两只双控开关控制一盏电灯的正确接线图

12—13　智能式单相电能表的显示屏至少可显示哪些信息？

（1）当月和上月月度累计用电量。

（2）本次购电金额。

（3）当前剩余金额。

（4）各费率累计电能量示值和总累计电能量示值。

312

（5）插卡及通信状态提示。

（6）表地址。

12—14　智能电能表的指示灯有几个？各自含义如何？

智能电能表必须使用高亮、长寿命 LED 作为指示灯，各指示灯的含义如下：

1. 智能单相电能表：

（1）脉冲指示灯：红色，平时灭，计量有功电能时闪烁。

（2）报警指示灯：红色，正常时灭，报警时常亮。

（3）跳闸指示灯：黄色，平时灭，负荷开关分断时亮。

2. 智能三相电能表：

（1）有功电能脉冲指示灯：红色，平时灭，计量有功电能时闪烁。

（2）无功电能脉冲指示灯：红色，平时灭，计量无功电能时闪烁。

（3）报警指示灯：红色，正常时灭，报警时常亮。

（4）跳闸指示灯：黄色，平时灭，负荷开关分断时亮。

12—15　预付费电能表不认电卡的主要原因有哪些？

（1）插入时间过短。当电卡插入后很快将拔出，造成介质和卡座接触时间太短，实际接触时间小于介质与表进行数据传输所需的时间，此时表视输入部分数据为无效，造成表不认卡。

（2）卡座故障。当电卡插入卡座，正常时介质上的引脚会与卡座上的簧片一一对应，随之行程开关状态翻转，通知读写线路介质已和卡座完全接触正常，可以进行数据交换。当卡座上的簧片因时间久了失去弹性或触电氧化时，使介质上的引脚会与簧片不能很好地接触，或行程开关不能正常地翻转均会造成表不认卡。

（3）介质插入未到位。

（4）介质损坏。当介质损坏，特别是引脚损坏时通信无法进行。

（5）通信故障。数据通信线路输入、输出阻抗不匹配或数据在传输过程中受到干扰，影响有效通信。

（6）单片机死机。

（7）整机抗干扰能力差。电子数据存储单元因受到外来干扰，数据、参数改变，造成密码不对。

12—16 什么是预付费电能表的监控功能？如何检查这种功能？

预付费电能表的监控功能及检查方法为：

（1）能实现先买电后用电的功能。电费将用完（即电量剩余数值等于设置值）时，应发报警信号。电量剩余数为零时，应发出断电信号，并控制开关断电，或仅发报警信号，按规定作欠费记录。报警的剩余电量数，也可根据客户要求确定。

检查方法：设置表计剩余报警电量及购电量（购电量应大于剩余报警电量），将表计通电，看至剩余报警电量及剩余电量为零时，表计是否报警或断电。允许赊欠时，有无欠电量记录。

（2）若使用备用电池，则应有电池电压不正常警告。

检查方法：将表断电，装入电压低于报警电压的电池，看有无电池电压不正常告警显示。

12—17 剩余电量为零时，预付费电能表不断电的原因及处理办法如何？

不允许赊欠电量的预付费电能表，实际运行中，剩余电量为零时，电能表不断电，其主要故障原因及处理办法为：

（1）电能表内的继电器或自动空气开关损坏。当继电器或自动空气开关损坏（如触点烧死）时，单片机发出的断电命令，继电器或自动空气开关无法执行，从而造成剩余电量为零时表不断电。处理办法：更换继电器或自动空气开关。

（2）继电驱动电路损坏。当单片机发出断电命令时，因断电驱动电路不能正常工作，造成剩余电量为零时表不断电。处理办法：找出故障点，作相应处理。

12—18 客户不用电，单相防窃电电子式电能表的脉冲灯仍连续闪动，是何原因？如何处理？

单相防窃电电子式电能表计量芯片的电流取样回路为双回路：一路为火线取样，结果为 $I_火$；另一路为零线取样，结果为

$I_{零}$。电能表工作时，首先比较 $I_{火}$ 和 $I_{零}$ 的大小，并取大者作为计量的电流信号。接线正确时，$I_{火} = I_{零}$，取用任一电流信号，都不影响计量结果。接线不正确时，二者不相等。客户不用电，该户电能表的 $I_{火} = 0$。但是，若仍采用机械电能表的共零线接线方法，即各户零线串联，只要一户用电，则各家电能表中零线电流为公共零线电流，即 $I_{零} \neq 0$。电能表会取非零的 $I_{零}$ 作为电流信号，从而使没用电的客户电能表脉冲灯连续闪动，多计电量。

处理方法：单相防窃电电子式电能表在装表接电时，各户零线要独立接入，严禁串联公用！

12—19　分时电能表常见故障及主要原因是什么？

（1）所有功能失常，复位后亦不能正常。这种故障一般在主芯片，即通常是单片机坏。

（2）所有指示灯不亮，各功能部件无反应，应先怀疑主工作电源故障。

（3）部分失效。一般从信号源头找起：如脉冲不计数，一般从脉冲源找起；反射标志不正常；光电反射开关工作不正常；脉冲整型电路不正常；脉冲信号未输入主控芯片，一环紧接一环，一般不难发现故障所在。

（4）按钮失效。一般按钮的可靠性较低，容易出故障。

（5）接插件容易出现故障。如果功能部件通过接插件连接，应首先检查连接处的压接、焊接是否完好。

12—20　电子式电能表与机械电能表相比较，其接线有什么联系与区别？

电子式电能表与机械电能表相比较，其接入的电压、电流接线方式完全相同。

不同的是电子式电能表增加了实现多种功能的辅助端子接线。比如三相四线电子式电能表的接线，其辅助端子并不是任何时刻、所有的端子都必须接入。只有在用到某种功能时，才会接入对应的辅助端子。例如，对图 12 - 9 中电子表进行检定时，必须将图 12 - 10 中的③、④端子与检定设备连接，以便将电能表内部的脉冲信号输出。平常运行时可能并不使用该对端子，除非要远程监测该客户的负荷曲线等信息。

12—21　高供高计与高供低计的区别是什么？什么情况下采用高供低计方式？

（1）高供高计是电能计量装置安装在受电变压器的高压侧，变压器的损耗已经计入了计量装置。

（2）高供低计是电能计量装置安装在受电变压器的低压侧，变压器的损耗未被计入计量装置，计算电费时，还须加上变压器的损耗。原则上高压供电的用电户的用电计量装置，应该安装在受电变压器的高压侧，但以下情况可暂时采用高供低计的计量方式：

1）110kV 及以上供电的，现难以解决 0.2 级互感器，且容量小于 5000kV·A 者。

2）35kV 供电户装用的受电变压器只有一台，且容量在 1600（1800）kV·A 以下者。

3）10kV 供电户装用的受电变压器只有一台，且容量在 500kV·A 及以下者。

但是，对有冲击性负荷、不对称负荷和整流用电的用电户，计费电能表必须装在变压器的高压侧。

12—22　有时候线路上并没有用电，可电能表仍在计量，试分析其原因？

若线路上不用电，可是电能表仍在计量（机械表表现为转盘仍转，电子表的表现为脉冲灯仍闪动），一般有以下几种情况：

（1）原来在用电，关掉开关时，机械电能表的转盘由于惯性或左或右，稍转即停，不超过一整圈，属正常；若总表后面装有很多分表，由于分表的电压线圈要消耗电能，这对于总表来说，等于接上了负荷，所以虽然不使用电器，但总表仍转，也属于正常现象。

（2）若线路上没用电，电能表后也无分表，转盘仍转（脉冲灯仍闪），可将电能表出线的总开关拉开，若转盘停止转动（脉冲灯停止闪动），则说明电能表正常，而线路上有漏电情况，应检查线路。

（3）若将电能表出线总开关拉开后，转盘仍继续转动，且超过了一整圈（电子表的脉冲灯仍闪），则说明电能表有潜动。

12—23　专变客户高供低计，当客户不用电时，总表脉冲灯缓慢闪动，其后一块分表的脉冲灯也缓慢闪动，请判断哪块表可能存在潜动？为什么？

（1）专变客户高供低计，当客户不用电时，总表脉冲灯缓慢闪动，属于正常现象。因为即使客户不用电，各分表的电压回路也始终耗电，也就是说总表始终有负荷，因此脉冲灯应该缓慢闪动，而不属于潜动。

（2）总表后的一块分表脉冲灯也缓慢闪动，则可能存在潜动。因为它本身的耗电并未计入分表内，在无负载和线路无漏电的情况下，极有可能存在潜动。

（3）如果总表也存在潜动，那么在这种情况下是无法判断的。

12—24　试分析供电公司计量电能的总表与所属各居民的分表之和不一致的原因？

（1）从总表到分表之间的导线有电能损失，总表计入了，而分表未计入。

（2）分表内的电压线圈的耗能，总表计入了，而分表未计入。

（3）各居民户的分表长期使用，又不去校验，误差会增大。

（4）公用灯未计入分表。

（5）总表与分表抄表时间不一致。

（6）其它因素。如分表不启动的小电流，数家合到一起则可使总表启动。

（7）其它住户窃电。

12—25　分表为何会损耗电量？如何确定电能表分表的损耗电量？

（1）从电能表的内部结构可知，电能表内有电压回路、电流回路；稳压电源电路；时钟电路；控制电路；存储和显示器等。特别是电压、电流取样回路，它们由分立元件如电阻、互感器构成，运行时必定会耗电。

（2）电压回路不论客户是否用电，只要有外电源，线圈中始终有激磁电流通过，因此会产生损耗，且这部分损耗在电能表的损耗中占很大成分。

（3）电流回路只有在客户用电时，才有损耗。因此，电能表本身是有损耗的。但由于设计原理上的缺陷，这部分损耗并未被电能表计入表中。根据实测和参考有关资料，机械表的损耗，以电能表的每个测量元件为单元，一般平均每月损耗，机械式电能表为 $1kW \cdot h$，电子式电能表一般在 $0.5kW \cdot h$ 左右。

12—26　如何用简易方法，现场检查 2 级家用电子式电能表的运行是否正常？

可用瓦秒法。步骤如下：

（1）断开客户空开，电能表后只接一自带的 1000W 电吹风，用秒表记录电子式电能表的脉冲灯闪动 N 次所用时间的 t。

（2）若电能表的常数为 C，则电能表闪动 N 个脉冲，所用的时间为 $T = \dfrac{3600 \times 1000 \times N}{C \times P}$，$T$ 的单位是 s。

（3）计算电能表的实际运行误差 $\gamma = \dfrac{T - t}{t} \times 100\%$。

（4）判断：2 级电能表的误差应在 $-2\% \leqslant \gamma \leqslant +2\%$ 范围内。考虑现场测试条件与试验室的差异，可把误差放宽到 $-10\% \leqslant \gamma \leqslant +10\%$，都认为电能表运行正常。否则，可初步判断该表运行异常。应及时报请计量部门，做进一步的检查和处理。

在运用瓦秒法时，负载功率必须稳定，其波动小于 $\pm 2\%$，并且这种方法只能判断电能表表头是否正常，而不能确定电能表外部接线是否有错误。因此，可用于现场检查电能表是否改表。

12—27 电能计量装置新装完工后，通电检查内容是什么？并说明有关检查方法的原理？

电子式电能表对有功、无功电能的计量可由一块电子表分别计量。机械式有功电能表的正转对应电子表为：脉冲灯闪动，显示屏显示"正向"；反转则显示"反向"。无功电能表的"正向"和"反向"的显示与判断类同。

下面以机械式电能表为例，阐述电能计量装置新装完工后通电检查内容及有关检查方法的原理如下：

（1）测量电压相序是否正确，拉开客户电容器后有功、无功表是否正转。

因正相序时，断开客户电容器，就排除了过补偿引起的无功表反转的可能，负载既然需要电容器进行无功补偿，因此必定是感性负载。这样有功、无功表都正转才正常。

（2）用验电笔试验电能表外壳零线接线端柱，应无电压，以防电流互感器二次开路电压或短路电流漏电。

（3）若无功电能表反转，有功表正转，可用专用短路端子使电流互感器二次侧短路，拔去电压熔丝后将无功表黄、红二相电流的进出线各自对调，但对 DX、LG 等无功表必须将黄相电压、电流一组与红相电压、电流一组对调。

（4）在负载对称情况下，高压电能表拔出绿相电压，三相二元件低压表拔出中相线，电能表转速应慢一半左右。因为三相二元件电能表去掉 B 相电压线后，转矩降低一半。

（5）采用跨相电压试验：拔出黄、红二相电压后，在功率因数滞后情况下用黄相电压送红相电压回路，有功表正转，用红相电压送黄相电压回路，有功表反转；用黄相电压送红相电压回路，红相电压送黄相电压回路，有功表不转。

因为黄（A）、红（C）相电压交叉时，电能表产生的转矩为零，因此有功表不转。

12—28 现场接线检查常用的相位伏安表的主要功能有哪些?

以 ML12A 型数字双钳相位伏安表为例,其面板如图 12-12 所示。主要功能有:可以测量交流电压、电流大小、测量两电压之间夹角、两电流之间夹角、电压、电流之间的相位差。它是检查电能计量装置二次回路的理想仪表。

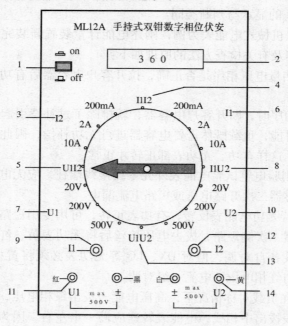

图 12-12 相位伏安表示意图

1-电源开关;2-显示屏;3-第二路电流量程档;4-两路电流相位测量;
5-电压与电流相位测量;6-第一路电流量程档;7-第一路电压量程档;
8-电流与电压相位测量;9-第一路电流插孔;10-第二路电压量程档;
11-红、黑插孔,第一路电压插孔(红正、黑负);12-第二路电流插孔;
13-两路电压相位测量;14-黄、白插孔:第二路电压插孔(黄正、白负)

12—29 现场如何用相位伏安表检查接入三相电能表的电压相序?

若电能表的电压端子从左往右编号为 1、2、3,则将被测电

压 $\dot{U}_{12}$ 从图 12 – 12 "数字双钳相位伏安表"中的"U_1"电压端口输入，电压 $\dot{U}_{32}$ 从"U_2"端口输入，测量的夹角为 $(\dot{U}_{12}\overset{\wedge}{\ }\dot{U}_{32})$。它表示电压 $\dot{U}_{12}$ 超前电压 $\dot{U}_{32}$ 的角度。

如果数值 $(\dot{U}_{12}\overset{\wedge}{\ }\dot{U}_{32})$ = 300°，则为正序；如果 $\dot{U}_{12}\overset{\wedge}{\ }\dot{U}_{32})$ = 60°，则为负序。判断原理见图 12 – 13。

注意：电压 $\dot{U}_{ab}$ 超前 $\dot{U}_{cb}$ 是指在相量图中从电压 $\dot{U}_{ab}$ 开始按顺时针转到电压 $\dot{U}_{cb}$ 划过的角度。

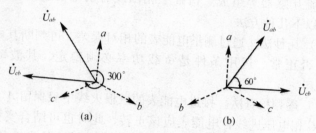

图 12 – 13　相位伏安表相序判断原理

（a）正序 $\delta = (\dot{U}_{ab}\overset{\wedge}{\ }\dot{U}_{cb})$ 300°；（b）负序 $\delta = (\dot{U}_{ab}\overset{\wedge}{\ }\dot{U}_{cb})$ 60°

12—30　有哪些简便方法可以现场检验三相三线有功电能表的运行是否正常？各有什么条件？

高供高计电能计量装置一般由三相三线有功、无功电能表和 V – V – 12 电压互感器，V – V – 12 电流互感器构成，检验有功电能表的运行是否正常，有以下几种方法：

（1）瓦秒法。通过测量电能表的相对误差，可判断其电能表本身是否正常。运用条件是负载功率必须稳定，其波动小于 ±2%。

（2）断 b 相电压法。若断开电压互感器二次 b 相电压，电能表的转速比断开前慢一半，则可说明原接线是正确的。运用条件是：①负载功率方向不变且稳定，负载应不低于额定功率的20%。②三相电路接近对称，电压接线正确。③电能表中不能有 b 相电流通过。④负载功率因数应在 $0.5 < \cos\varphi < 1$ 以内。

（3）电压交叉法。对换 a、c 电压后，电能表不转或向一侧微微转动，且再断开 b 相电压时，电能表反转，则可说明原接线是正确的。运用条件与断开 b 相电压法相同。

12—31　有哪些简便方法可以现场检验三相四线有功电能表的运行是否正常？各有什么条件？

高供低计电能计量装置一般由三相四线有功、无功电能表和三台电流互感器等组成。检查三相四线有功电能表运行是否正常，有以下几种方法：

（1）瓦秒法。通过测量电能表的相对误差，可判断其电能表本身是否正常。运用条件是负载功率必须稳定，其波动小于 $\pm 2\%$。

（2）逐相检查法。接进电能表的三根火线中只保留 A 相，断开 B、C 相电压进线，电能表应该正转，此时也可结合实负载比较法检查 A 相接线；同理断开 A、C 相电压进线，检查 B 相接线；断开 A、B 相电压进线，检查 C 相接线。由此，可初步判断该计量装置接线是否正常。运用此方法时无特殊条件。

12—32　新（增）装低压客户装表接电时应注意哪些问题？为何要排除火、零线颠倒故障？

（1）内、外线工程必须竣工，并已验收合格。

（2）应认真核对户名、地址、申请批准的容量与实际接装容量是否与现场情况相符，所装电能计量装置的局号、规范等工作票与实物是否相符。

（3）搭火后必须测量相电压、线电压是否正常，三相电压是否平衡，有无缺相的问题。还应检查相、零线是否正确，有无颠倒的错误，以防过压烧坏设备。

（4）搭火后还应测量相序是否正常，如果是反相序应将任两相颠倒，以保证电动机正转。

（5）装表接电后，客户就与供电企业有了供用电关系，客户应了解供用电的有关规章制度和用电常识，以保证安全、合理、节约用电。

（6）装表接电后，应做好各项安全防护措施，以保证设备、人身安全。

如果火、零线颠倒，则当客户私自在火线上接负载并接地时，电能表将漏计电能，而且还存在用电隐患。因此，必须排除火、零线颠倒故障。

12—33　为什么三相四线有功电能表中线不能与 A、B、C 中任何一根相线颠倒？如何预防？

（1）因为三相四线有功电能表接线正确时，三个电压线圈上依次加的都是相电压，即 U_{AN}、U_{BN}、U_{CN}。

（2）若中线与 A、B、C 中任何一根相线（如 A）颠倒，则第一元件上加的电压是 U_{NA}，第二、第三元件上加的电压分别是 U_{BA}、U_{CA}。这样一则错计电量；二则原来接在 B、C 相的电压线圈和负载承受的电压由 220V 上升到 380V，结果会使这些设备烧坏。

（3）为了防止中线和相线颠倒故障发生，在送电前必须用电压表准确找出中线。即若三根线与第四根线的电压分别都为 220V，则第四根线就为中线。

12—34　单相电能表火（相）线、零线颠倒接入对客户用电是否有影响？对电能表的准确度有没有潜在的影响？

（1）单相电能表火（相）线、零线颠倒接入对客户用电没有影响。

（2）由于火线和零线的位置互换后，给客户提供了窃电机会，因此对电能表的准确度有潜在的影响。因为当客户私自在火线上接负载并接地时，电能表将漏计这部分负载的电能。

（3）当漏计电流很大时，私自接地物即为带电体，且入地处的跨步电压会很大，因此存在安全隐患。

12—35　与单相表的零线接线方法相比，三相四线有功电能表零线接法有什么不同，为什么？

（1）单相表的零线接法是将零线剪断，再接入电能表的 3、4 端子。

（2）三相四线有功电能表作为总表时其零线接法是：零线不剪断，通过在零线上用不小于 2.5mm^2 的铜芯绝缘线采用"T"接法，接到三相四线电能表零线端子上，以供电能表电压回路使用。零线在中间没有断口的情况下直接接到客户设备上。

（3）两种电能表零线采用不同接法，是因为三相四线电能表若零线剪断接入，或在电能表里接触不良，容易造成零线断开事实，结果会使负载中点和电源中点不重合，负载上承受的电压出现不平衡，有的过电压，有的欠电压，因此设备不能正常工作，承受过电压的设备甚至还会被烧毁。

12—36　能否采用三相三线电能表计量三相四线制供电网络中的有功电能，为什么？

不能。原因如下：

（1）三相两元件电能表正确计量三相电路有功电能的唯一条件是：$i_A + i_B + i_C = 0$，因此该表用于三相三线制供电网络中，不论三相负荷是否平衡，均能正确计量。

（2）三相两元件电能表用于三相四线制供电网络中时，只有三相负荷平衡才能正确计量。而一般来讲，三相四线制供电网络的三相负荷总是不平衡的，中线上总有一定的电流流过，即 $i_A + i_B + i_C \neq 0$，因此不能正确计量。

（3）若将三相两元件电能表用于三相四线制供电网络中计量，在三相负荷不平衡的情况下，将会少计电量，造成计量不准。

12—37　农村低压三相四线制供电线路，三相四线有功电能表带电流互感器接线时，应注意些什么问题，为什么？

三相四线有功电能表用于中性点直接接地的三相四线制系统中，应注意以下几个问题：

（1）按正相序接线。当相序接错时，虽然电能表不反向计量，但由于表的结构以及校验方法等原因，将使表产生附加误差。

（2）中性线一定要入表。如果中性线不接入电能表或断线，那么，即使电能表还会计量，但由于中性点位移，也会引起较大的计量误差。

（3）中性线与相（火）线不能接错。否则除造成计量差错外，电能表的电压线圈还可能由于承受线电压而烧毁。

（4）按规程要求，凡低压计量的容量在250A及以上者，应在电能计量的电流、电压回路中加装专用接线端子盒，以便在运行中校表。

12—38　在三相四线制（380/220V）系统中，采用三只单相电能表计量有功电能，有何好处？

（1）便于稽查人员发现计量故障。因为农村不经常抄表，也很少有完整的负荷记录，一旦发生计量故障，三相四线电能表的表现，可能只是脉冲灯闪动慢些，很难区别是负荷变化还是有了故障，采用三只单相电能表计量时，只要其中一只电能表脉冲灯不闪动，便可迅速发现故障。

（2）便于估算故障后的用电量。抄表员可根据正常情况下三只表示数的比例，估算故障后的用电量。

12—39　使用仪用电压互感器应该注意些什么，为什么？

（1）使用前应进行检查。在投入使用前应按规程规定的项目进行试验检查。如核对相序、测定极性和组别等。

（2）二次侧应设保护接地。为防止电压互感器一、二次之间绝缘击穿，高电压窜入低压侧造成人身伤亡或设备损坏，电压互感器二次侧必须设保护接地。

（3）运行中的二次绕组不允许短路。由于电压互感器内阻很小，正常运行时二次侧相当于开路，电流很小。当二次绕组短路时，内阻抗变得更小，所以电流会增加许多，以致使熔丝熔断，引起电能表计量产生误差和继电保护装置的误动作。如果熔丝未能熔断，此短路电流必然烧坏电压互感器。

12—40 电能计量装置中电压互感器二次压降对计量准确度有何影响？若电压互感器二次侧一根线断后，用一根稍细的同质导线代替，会对计量准确度有何影响？

（1）电能计量装置中电压互感器二次压降，是指由于二次回路存在阻抗，如导线内阻、端钮接触电阻等，当有电流流过时，产生了电压降落，电压互感器出口端电压值与末端负载（如电能表电压线圈）上获得的电压值之差的百分数称为该互感器的二次压降。此值越大，末端电能表电压线圈上获得的电压值越小，计量的电能越少，计量误差越大。

（2）若电压互感器二次侧一根线断后，用一根稍细的同质导线代替，由于导线的阻值与导线截面成反比，因此替换后的电压回路阻值增加了，电压降落随之加大，电能表上获得的电压值变小，计量的电能减少。

12—41 电压互感器运行时有哪些误差，影响误差的因素主要有哪些？

电压互感器运行时存在比差 f_u 和角差 δ_u：

比差 f_u 为电压误差。是指电压互感器测出的电压 $K_u U_2$ 与一次侧实际电压 U_1 的差，对一次实际电压 U_1 比的百分数，即：$f_u = \dfrac{K_U U_2 - U_1}{U_1} \times 100\%$。

角差 δ_u 为相位误差 δ_u。是指二次侧电压相量 $\dot{U}_2$ 旋转 180° 与一次侧电压相量 $\dot{U}_1$ 之间的夹角。

影响电压互感器误差的因素主要有：

（1）一、二次绕组阻抗的影响。阻抗越大，误差越大。

（2）空载电流 I_0 的影响。空载电流 I_0 越大，误差越大。

（3）一次电压的影响。当一次电压变化时，空载电流和铁芯损耗角将随之变化，使误差发生变化。

（4）二次负载及二次负载 $\cos \varphi_2$ 的影响。二次负载越大，误差越大；二次负载 $\cos \varphi_2$ 越大，误差越小，且角差 δ_u 明显减小。

12—42 电流互感器运行时有哪些误差，影响误差的因素主要有哪些？

电流互感器运行时存在比差 f_I 和角差 δ_i：

比差 f_I 为电流大小误差。是指电流互感器测出的电流 $K_i I_2$ 与一次侧实际电流 I_1 的差，对一次实际电流 I_1 比的百分数，即：

$$f_I = \frac{K_i I_2 - I_1}{I_1} \times 100\% 。$$

角差 δ_i 是指二次侧电流相量 $\dot{I}_2$ 旋转 $180°$ 与一次侧电流相量 $\dot{I}_1$ 之间的夹角。

影响电流互感器误差的因素主要有：

（1）一次电流 I_1 的影响。I_1 比其额定电流大得多或小得多时，因铁芯磁导率下降，电流误差和角误差与铁芯磁导率成反比，故误差增大。因此，I_1 在其额定值附近运行时，误差较小。

（2）励磁电流的 I_0 的影响，I_0 越大，误差越大。I_0 受其铁芯质量、结构的影响，故 I_0 决定于电流互感器的制造质量。

（3）二次负载阻抗 Z_2 大小的影响。Z_2 越大，误差越大。

（4）二次负载 $\cos \varphi_2$ 的影响。二次负载 $\cos \varphi_2$ 越大，角差 δ_i 越小，电流误差越小。

12—43 电流互感器运行时造成二次开路的原因有哪些，开路后如何处理？

电流互感器运行时造成二次开路的原因有：

（1）电流互感器安装处有振动存在，其二次导线接线端子的螺丝因振动而自行脱钩。

（2）保护盘或控制盘上电流互感器的接线端子压板带电测试误断开或压板未压好。

（3）经切换可读三相电流值的电流表的切换开关接触不良。

（4）电流互感器的二次导线，因受机械摩擦而断开。

开路后处理方法：

（1）运行中的高压电流互感器，其二次出口端开路时，因二次开路电压高，限于安全距离，人不能靠近，必须停电处理。

（2）运行中的电流互感器发生二次开路，不能停电的应该设法转移负荷，待低峰负荷时停电处理。

（3）若因二次接线端子螺丝松动造成二次开路，在降低负荷电流和采取必要的安全措施（有人监护，处理时人与带电部分有足够的安全距离，使用有绝缘柄的工具）的情况下，可不停电将松动的螺丝拧紧。

12—44 运行中的电流互感器二次开路，二次感应电势大小如何变化，且其与哪些因素有关？

运行中的电流互感器其二次所接负载阻抗非常小基本处于短路状态，由于二次电流产生的磁通和一次电流产生的磁通互相去磁的结果，使铁芯中的磁通密度在较低的水平，此时电流互感器的二次电压也很低。当运行中二次绕组开路后，一次侧电流仍不变，而二次电流等于零，则二次磁通就消失了，这样，一次电流全部变成励磁电流，使铁芯骤然饱和，由于铁芯的严重饱和，二次侧将产生数千伏的高电压，对二次绝缘构成威胁，对设备和运行人员有危险 。

二次感应电势大小与下列因素有关：

（1）与开路时的一次电流值有关。一次电流越大，其二次感应电势越高，在有短路故障电流的情况下，将更严重。

（2）与电流互感器的一、二次额定电流比有关。其变比越大，二次绕组匝数也就越多，其二次感应电势越高。

（3）与电流互感器励磁电流的大小有关。励磁电流与额定电流比值越大，其二次感应电势越高。

12—45 同一台电压互感器，其铭牌上为什么有多个准确度级别和多个额定容量？电压互感器二次负载与额定容量有何关系？

（1）由于电压互感器的误差与二次负载有关，二次负载越大，电压误差和角误差越大。因此，制造厂家就按各种准确度级别给出了对应的使用额定容量，同时按长期发热条件给出了最大容量。

（2）准确度等级对二次负载有具体要求。如测量仪表要求选用0.5级的电压互感器，若铭牌上对应0.5级的二次负载为120VA，则该电压互感器在运行时，实际接入的二次负载容量不能超过120VA，否则测量误差会增大，电压互感器的运行准确度等级会降低。

12—46　若客户私自将三相四线电能计量装置的电流互感器一次线圈匝数减少一匝，其它条件不变，对计量准确度有何影响？如何处理？

（1）电流互感器的变比 $K_I = \dfrac{I_1}{I_2} = \dfrac{N_2}{N_1}$。若客户私自将电流互感器一次线圈匝数 N_1 减少一匝，实际 K_I 将比电流互感器铭牌上的变比大。由于计算电能计量装置的倍率用的是铭牌上的变比，且与之成正比，其它条件不变时，电能计量装置的倍率将比实际小，即该套计量装置少计了电能。

（2）客户的这种行为属于窃电。因为这种行为故意使得供电企业的电能计量装置不准，应予以制止，并可当场中止供电。窃电者应按窃电量补交电费，并补交电费的三倍的违约使用电费。

12—47　对电能计量装置的二次回路如何进行竣工验收？

电能计量装置的二次回路是指从电压互感器和电流互感器的二次端子到电能表尾的接线回路。为了保证计量的准确性，对计量装置二次回路的竣工验收按以下要求进行：

（1）供电或计费用的电压互感器和电流互感器的等级应不低于0.5级。

（2）二次电压、电流回路各自的总负载，不应超过电压互感器和电流互感器所规定准确度等级时对应的额定负载值。

（3）计量用互感器的准确度等级为0.5时，二次回路不应再接入其它仪表和继电器。对考核供电量的非计费计量装置，可接入指示仪表，但不准接入继电器。

（4）二次回路的电压、电流线应用不同颜色的绝缘导线分开，并有明显的标志。电压回路导线截面不小于2.5mm²、电流回路导线截面不小于 2.5mm² 或 4mm²。

（5）二次回路应当用 1000V 电压进行绝缘耐压试验，在断开二次回路接地点后，测其绝缘电阻不应低于 1MΩ。

（6）电能计量二次回路应用专用二次接线盒进行过渡连接，在二次回路工作时（更换表计、现场校验、二次接线检查等），应将接线盒可靠接地，并将电流互感器的二次短路，电压互感器的二次开路。

（7）运行中的电能计量设备接地部分应为：电流互感器的二次 K_2 或 S_2 端子；电压互感器 V/V 或 Y/Y 接线二次侧 b 相端子和中性线端子；电压互感器和电流互感器的金属外壳；装设电能表的金属盘面。

12—48　电压互感器在运行中可能发生哪些异常和故障？原因是什么？

电压互感器由于其制造检修质量不良，维护、使用不当，在运行中可能发生以下异常和故障：

（1）异音。正常运行的电压互感器是不会有声音的。当电压互感器的外部瓷绝缘部分放电而发出"吱吱"的响声和放电火花时，一般是由于外部瓷部分脏污或在雨、雪、雾天气。

（2）电压互感器的一次或二次熔丝熔断。原因一则是电压互感器的一次或二次有短路故障；二则是熔丝本身的质量不良或机械性损伤而熔断。

（3）油浸式电压互感器油面低于监视线。其原因或是由于电压互感器外壳焊缝、油堵等处有漏、渗油现象；或是由于多次试验时取油样，致使油量减少。

（4）油浸式电压互感器油色不正常，如变深、变黑等。说明绝缘油老化变质。

（5）电压互感器二次侧三相电压不相等。其原因是：电压互感器接线错误、极性接错所致；电压互感器一、二次回路有一相断线或接触不良；一次回路或系统中有一相接地所致。

12—49　电压互感器高压熔断器熔丝熔断，其原因是什么？

高压熔断器是电压互感器的保护装置。熔丝熔断的原因是：

（1）电压互感器内部发生绕组的匝间、层间或相间短路及一相接地故障。

（2）二次侧出口发生短路，或当二次保护熔丝选用过大时，二次回路发生故障，而二次熔丝未熔断，可能造成电压互感器的过电流，而使高压熔丝熔断。

（3）在中性点系统中，由于高压侧发生单相接地，其它两相对地电压升高，可能使一次电流增大，而使高压熔丝熔断。

（4）系统发生铁磁谐振，电压互感器上将产生过电压或过电流，电流激增，使高压熔丝熔断；或发生一相间歇性电弧接地，也可能导致电压互感器铁芯饱和，感抗下降，电流激增，也会使高压熔丝熔断。

12—50　试述互感器二次侧为何要接地，怎样接地？为什么？

（1）根据规程的规定，表用互感器的二次必须有一个端钮接地。接地的目的是保护设备和人身安全。如果当互感器一、二次绝缘击穿，高压窜入低压时，接地可及时地将高电压引入大地，而确保工作人员和设备的安全。

（2）表用互感器的二次只允许有一个端钮接地。因为如果电压互感器二次有两点接地，则可能造成短路故障。

第十三章 照 明

第一节 光 源

13—1 什么是电光源?

能够发光的物体叫做光源。利用电能做功,产生可见光的光源叫电光源。利用电光源照明,称为电照明。

13—2 什么叫光强?

光强即由规定的物质成分及直径的一支蜡烛点燃后在单位立体角内所传播的光通量称为 1 烛光(或坎德拉)。光强是国际单位制的基本单位,光源的发光强度,指光源在单位立体角 ω 内所传播的光通量 F 之比,即 $I = \dfrac{F}{\omega}$,其中 $\omega = \dfrac{S}{r^2}$(如图 13 - 1 所示)。单位为 cd (坎德拉或称烛光)。

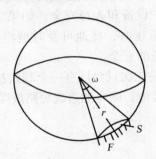

图 13 - 1 光强示意图

13—3 什么是光通量? 单位是什么?

光源向四周发射,使人眼产生光感觉的能量,称为光通量(F),单位为流明。它是一个导出单位,即具有均匀光强的 1 坎德拉的点光源在单位立体角内发射的光通量,称为 1 流明(lm)。

332

13—4　什么叫照度？采用什么单位？

通常我们看清楚的物体是要用光来照射的，表征看清物体的程度常用照度来表示。照度在光学中的定义为被照单位面积上入射的光通量，即 $E = F/S$。照度 E 单位为 lx（勒克斯），1 勒克斯为 1 平方米面积上均匀分布 1 流明的光通量的照度值。

13—5　什么是亮度？单位是什么？，

光的亮度 L 是有方向性的。它是光强 I 在给定方向上投影面积 $A\cos\theta$ 之比，即 $L = I/A\cos\theta$。光的亮度单位是 cd/m^2，也叫尼特。

13—6　亮度与照度在人眼感受上有何差别？

足够的亮度会使被照物熠熠生辉，但并不能看清其真面目，只有在被照物的平面上有一定的光通量，即足够的照度，才能将物体看得一清二楚，这就是亮度与照度在人眼感受上的差别。因此，亮度很亮的环境，并不表示在某个平面或立面上有足够的照度，也就是说并不能看得清楚物体。

13—7　照明怎样分类？

按其效果有一般照明与艺术照明之分。为生活、学习、工作提供必需的照度而设置的照明为一般照明；为衬托建筑物的特性、风格或显示一件艺术作品的内涵所作的照明为艺术照明。

按功能来分又可分为正常照明、应急照明、值班照明、节日照明、警卫照明和障碍照明。

13—8　什么叫正常照明？

各国按其生活、生产水平的高低，对不同类型的建筑及使用功能都具有规范规定的照度标准，正常照明的设置应满足照度标准的要求。在同一房间中局部分辨率很高的工作，需要很高的照度，为节约能源，常常单独设置灯具，如车床灯、床头灯、台灯等，称为局部照明。因此，正常照明按其设置方式来分，又可分为均布照明及局部照明。

13—9 应急照明包括哪些内容？用作何处？

应急照明包括备用照明、安全照明和疏散指示照明。

备用照明用于正常工作照明电源消失后，能维持正常生产、营业、交往所需要的最小照度的照明。

安全照明是为了安全而设置的照明，常设在当正常照明消失时会引起设备损坏或人身事故的地方，或火警时人员疏散的主要通道的照明，或商场销售贵重物品的柜台及收银台处的照明。

疏散指示照明用于火警情况下，指引人员疏散的途径，并提供人们足够的照度。

13—10 什么是障碍照明？如何设置？

防止飞机误撞建筑物所设置的照明称为障碍照明，因此它们设置应根据该地区航空部门的要求而定，如机场周围的建筑、起飞降落线路中的建筑多少高度应设置障碍照明。

障碍灯一般装在建筑物或临时建筑物的顶端，当制高点面积较大或是为成组的建筑群时，除在最高点装设外，还应在外侧转角的顶端分别装设。当最高端平面长度超过 45m 时，除四角安装外，中间应再加一组。当建筑物高度超过 45m 时，每隔 45m 在建筑物外侧四角加装一组障碍灯。障碍灯为红色或红色闪光光源。

13—11 怎样计算房间的灯泡功率？

首先应按房间的使用要求选定光源；再按规范确定此房间的照度标准；可用逐点法、利用系数法或单位容量法来确定灯的数量及容量。

逐点法及利用系数法有很多经验数据及灯具实测数据，演算繁琐，因此一般办公室及住宅照明常用单位容量法进行计算。表 13-1 列出不同照度下白炽灯及荧光灯安装数量及容量，以供读者参考。

表 13 - 1　　　不同照度下白炽灯、荧光灯安装数量及容量参考表

房间面积（m²）	照度（lx） 白炽灯						荧光灯
	5	10	15	20	25	40	100
6	15	25	40	40	40	75	40
8	25	40	40	60	60	100	2×40
3×4	25	60	60	75	100	2×75	2×40
4×6	40	2×40	2×60	2×75	2×75	2×100	2（2×40）
8×6	2×40	2×60	4×60	4×60	4×75	4×100	4（2×40）
12×6	2×60	3×60	4×60	6×60	6×60	6×100	6（2×40）

13—12　能给出一些常用建筑的照度标准吗?

由建设部颁布的《民用建筑电气设计规范》（JGJ/T16～92）规定的部分常用建筑照度标准，见表 13 - 2、表 13 - 3、表13 - 4。

表 13 - 2　　　　　中小学建筑照明的照度标准值

类　别	照度标准（lx）	备　注
普通教室、书法、语言音乐、史地、合班教室	150	课桌面
实验室	150	实验课桌面
计算机教室	200	机台面
琴房	150	谱架面

表 13 - 3　　　　　公共场所照明的照度标准

类　别	参考平面及其高度	照度标准值（lx）		
		低	中	高
走廊、厕所	地面	15	20	30
楼梯间	地面	20	30	50
盥洗室	0.75m 水平面	20	30	50
吸烟室	0.75m 水平面	30	50	75
浴室	地面	20	30	50
开水房	地面	15	20	30

表 13 - 4　　　　住宅建筑照明的照度标准值

类　　别		参考平面及其高度	照度标准值（lx）		
			低	中	高
起居室、卧室	一般活动区	0.75m 水平面	20	30	50
	书写、阅读	0.75m 水平面	150	200	300
	床头阅读	0.75m 水平面	75	100	150
	精细作业	0.75m 水平面	200	300	500
餐厅、客厅、厨房		0.75m 水平面	20	30	50
卫生间		0.75m 水平面	10	15	20
楼梯间		地面	5	10	15

13—13　常用的照明光源有几种？

常用的照明光源有热辐射光源及气体放电光源。后者又分为辉光放电光源及弧光放电光源两种。

热辐射光源是将熔点高、蒸发率低的金属钨做成细丝装入真空或充有惰性气体的玻璃泡中，电流通过钨丝，将其加热至白炽状态，即发出光线，常用的白炽灯、碘钨灯等都属于这类光源。

气体放电灯是在灯泡表面或内部镀有水银、荧光粉或充有氩、钠、铊等金属气体，当灯丝加热到发射电子，撞击灯泡表面镀层或泡内金属气体，引起电离而产生辉光放电发光的光源，如霓虹灯，产生弧光放电而发光的光源如荧光灯、高压汞灯、钠灯、金属卤化物灯等。

13—14　什么是 LED 照明？

LED（发光二极管）和 LD（激光二极管）光源都是半导体光源。是半导体固体发光器件。它是利用固体半导体芯片作为发光材料，在半导体中通过载流子发生复合放出过剩的能量而引起光子发射，直接发光的。LED 照明产品就是利用 LED 作为光源制造出来的照明器具，是大功率 LED，比一般所指的发光二极管功率大很多。

13—15　LED 照明与传统的照明光源比较有何特点？

LED 照明与传统的照明光源相比有很多优越性，见表 13 - 5。

表 13 – 5　　　　　　　　　　　　　LED 灯与传统灯比较

名　称	耗电量 （W）	工作电压 （V）	协调控制	发热量	可靠性	使用寿命 （h）
钨丝灯	15 ~ 200	220	高	高	低	3000
节能灯	3 ~ 150	220	不宜调光	低	低	5000
金属卤素灯	100	220	不易	极高	低	3000
霓虹灯	500	较高	高	高	宜室内	3000
镁氖灯	16W/m	220	较好	较高	较好	6000
日光灯	4 ~ 100	220	不易	较高	低	5000 ~ 8000
冷阴极灯	15W/m	需逆变	较好	较好	较低	10000
LED 灯	极低	极低	多种方式	极低	极高	100000

　　由于 LED 具有节能、环保、寿命长、体积小等特点，可以广泛应用于各种指示、显示、装饰、背光源、普通照明和城市夜景照明等领域，所以 LED 被称为绿色光源。人们通常说的半导体照明一般是指用 LED 作为光源的照明，从广义上讲还应该包括 LD（激光二极管）作为光源的照明，LD 可以用于舞台灯光、大型室外集会、庆典、娱乐和远距离照明等。

　　LED 光源优点：

　　高节能：直流驱动、超低功耗（单管 0.03 ~ 0.06W）、电光功率转换接近 100%，相同照明效果比传统光源节能 80% 以上。

　　寿命长：LED 光源属于固体冷光源，环氧树脂封装，灯体内也没有松动的部分，不存在灯丝发光易烧、热沉积等缺点，使用寿命可达 10 万小时，比传统光源寿命长 10 倍以上。

　　多变幻：LED 光源可利用红、绿、蓝三基色原理，在计算机技术控制下使三种颜色具有 256 级灰度并任意混合，形成不同光色的组合变幻，实现丰富多彩的动态变化效果及各种图像。

　　利环保：环保效益更佳，发热量小、眩光小、废弃物可回收，没有污染不含汞元素，可以安全触摸，属于典型的绿色照明光源。

　　LED 光源缺点：

（1）会因温度升高而产生光强衰减。

（2）单个 LED 功率低。为了获得大功率，需要多个 LED 串联或并联使用，例如汽车尾灯。单个大功率 LED 价格很贵。现阶段 LED 价格较之于白炽灯价格要贵十几倍。

（3）显色指数低。在 LED 照射下显示的颜色没有白炽灯真实。

13—16　LED 灯能接到 220V 市电上吗？

能。LED 光源是直流低电压工作，一般工作在 2～3.6V。小功率 LED 灯珠额定电流都是 20mA，额定电流高过 20mA 的基本上都可以算作大功率。一般功率数有：0.25W、0.5W、1W、3W、5W、8W、10W 等。通常市场上买来的 LED 灯，是厂家按照各种用途为市电所设计制造，灯内制作了电源变换电路，可以直接接到 220V 市电上。

13—17　常用光源适用的场合？

（1）白炽灯：白炽灯具有结构简单，成本低，维护使用方便。一般为无色透明玻璃泡，也有磨砂、乳白色玻璃泡。但它的发光率低，且平均寿命在 1000h 左右，常用在家庭居室及辨色要求高的场合。

（2）荧光灯：荧光灯具有发光率高、节能、寿命长、光色柔和等优点，因此是目前使用最多的光源。但它的附件多，有镇流器、启辉器，由于功率因数较低，因此常附有电容器。荧光灯的光色有日光色（RR 型 6500K）、白光色（RL 型，4500K）及暖白光（RN 型 2900K）三种。

其中三基色荧光灯显色性能好，又节能，使用寿命也比普通荧光灯长。广泛用于商场、航空港、车站、候船室等的照明。稀土荧光灯，又称节能荧光灯，它的发光率是普通荧光灯的二倍、白炽灯的 5～6 倍，广泛用于商场、游乐场所。虽然价格较贵，但由于节能，因此也逐步走进了千家万户。

（3）高压汞灯：高压汞灯分荧光高压汞灯及自镇高压汞灯两种。

荧光高压汞灯是玻璃壳内涂有荧光粉的高压汞蒸汽放电灯。它具有较高的发光率、寿命长等优点。但启动时间长，停电后再启动时间也长，若间隔时间短会损坏灯泡。它的显色性也较差，因此大部分用在广场、马路、码头、机加工车间的照明。

自镇流高压汞灯，又称复合灯。它是利用水银放电管、钨丝和荧光丝三种发光要素同时发光的一种复合光源，钨丝兼作镇流器，因此复合灯使用方便，不需要其它附件，且功率因数高，光色好，显色指数高，但发光率比高压汞灯低。常用在车间、礼堂、展览馆、车站等照明。

（4）金属卤化物灯：金属卤化物灯是近年发展起来的新光源。它具有光效高和光色好的优点，光效可达 80lm/W。广泛应用于商场、餐厅、航空港、车站、码头的照明。

（5）钠灯：钠灯与金属卤化灯一样是属弧光放电的光源，光色较好，属暖色光源，具有较高的发光效率。钠灯的放电管用多晶氧化铝陶瓷，它透光率高，熔点也高，又耐腐蚀；外壳用硼硅酸盐制造，因此耐热冲击，点燃时溅上雨滴也不致于炸裂。所以可用于广场及马路等室外照明。

钠灯又分高压钠灯或低压钠灯，在低压钠灯中掺入少量氩气，使灯的启动不受温度的影响，可在低温下启动。

13—18 在光源的技术数据中提到"光色"，是什么意思？有何用？

照明除照度要求外，还有光色的要求，常用色温 K 表示。当色温大于 5300K 时，则人的视觉产生冷的感受，称冷色；色温在 3300～5300K 之间，使人的视觉产生温和的感受，称中间色；色温小于 3300K 时，使人的视觉产生暖融融的感受，称暖色。光色在照明中很重要，如宾馆的大堂、饭店的客房、宴会厅、酒吧等常用暖色，使人感到亲切温暖；大型航空港、车站、码头、商场、教室、会议室常用中间色，使人感到轻快灵活，思想活跃，因此常以荧光灯、金属卤化灯为主；冷饮商店、室内游泳池、设计室、计算机房常用冷色，使人产生一种清醒、凉爽的感觉，因此常用日光色（RR）荧光灯为主。

13—19　为什么在有些灯光下会使颜色失真？

这也是照明质量的指标之一，称为照明的显色性，用显色指数（R_a）表示。对一些辨色性要求较高的场所，如美术展厅、化妆室、会客厅、餐厅、手术室、高级商场的营业厅等，其显色指数 R_a 应不小于 60，因此常采用白炽灯、卤钨灯、稀土节能荧光灯、三基色荧光灯、高显色的高压钠灯等；如办公室、报告厅、教室、候车、候机、候船室等场所，要求对人的肤色不失真，其显色指数 R 常在 60～80 之间，常采用荧光灯、金属卤化物灯；车间、库房、行李房等对辨色要求一般的场合，其显色指数 R_a 在 40～60 之间，可用高压汞灯；对辨色要求不高的室外道路照明等可用高压钠灯。

13—20　白炽灯如何安装？

白炽灯的安装形式有吊装、吸顶、吸壁等三种。吊装由圆台（木台或塑料台）、吊盒、吊线、灯座四部分组成；吸顶、吸壁由圆台、灯座两部分组成。

吊盒、灯座都经圆台安装在平顶或墙上，应在平顶或墙上预埋木榫、膨胀螺栓或尼龙塞以固定圆台，吊盒、灯座与圆台至少用二枚螺钉固定。吊灯的软线在灯座中两端应挽好保险扣（见图 13－2），软线的截面不小于 0.4mm^2，软线两端在接入灯座之前，均应压扁，除氧化层，组成圆套，套入螺钉中，使软线与导电螺钉接触良好。

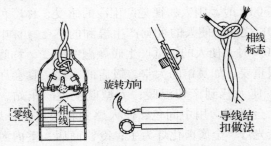

图 13－2　灯头接线及导线连接

灯座可用卡口或螺口。采用螺口灯座时，线路的相线应接入螺口灯座的中心弹簧片，零线接于灯座的螺口部分。采用吊线螺口灯座时，应在灯盒与灯座处分别将零线做出明显标记，以便区别。灯具（包括灯泡、灯座、灯罩）的重量在 1kg 以下可用线吊；超过 1kg 用链吊。

13—21　使用白炽灯应注意些什么?

（1）选用的灯泡额定电压一定要与电源电压相一致。

（2）选定灯泡的功率后，一定要配用相应的灯头或灯座。

（3）不允许在泡壳表面刷涂料、贴布或纸。

（4）灯泡不应靠近易燃物品，以免引起火灾。

（5）在光源点亮时或刚刚熄灭时，灯泡温度很高，不能用手摸，以免烫伤，更不要立即换灯泡，待凉了之后再换。

（6）防止水滴溅在灯泡上，以免灯泡炸裂、伤人和触电。

13—22　白炽灯灯泡不亮是何原因? 怎样排除?

开灯后，灯泡不亮，可能有下列原因：

（1）灯丝断裂，应更换灯泡。

（2）灯座或开关接触不良。检修或更换灯座、开关。

（3）熔丝熔断，可更换熔丝。

（4）线路断裂，应修复线路。

13—23　灯泡强烈发亮后瞬时烧坏是何原因? 怎样修理?

（1）灯丝局部短路，由于电阻减少，电流加大，灯泡瞬时特别亮，接着钨丝就烧断。只有检查线路，消除短路，再更换灯泡。

（2）灯泡的额定电压低于电源电压，应更换成额定电压与电源电压相一致的灯泡。

13—24　白炽灯时亮时熄是何原因? 怎样修理?

（1）灯座或开关接触不良，可能是导线接头松动或连接处导线表面氧化，造成电流时通时断，灯泡就时亮时熄。应修复松动的接头或线路，清除导线及接头的氧化层后重新接线。

（2）电源电压忽高忽低，可能是自备电机发电电压不稳定，或者是由于附近有频繁启动的大设备，引起电源电压的波动。可加大电源容量或加粗频繁启动大设备的供电线截面，以减少电源电压波动，但在没有改善电源之前，最好少开灯或不开灯，以免损坏灯泡及产生视觉疲劳。

（3）熔丝接触不良，应重新安装，使其接触良好。

13—25　熔丝烧断怎样进行检查修理？

熔丝烧断主要是负荷过重或短路产生过大的电流造成的。首先应检查负荷的总量，其电流是否超过熔丝电流，若超过则应减少负荷，或选配与所接负荷相适应的熔丝。若负荷不超过熔丝电流，则检查灯具各处连接点有否互相碰接或线路有否短路。如发现灯座或吊盒处两线互碰，则应重新接好线头；若胶木灯座两触头间胶木烧毁造成短路，则更换灯座；若线路之间短路，则更换线路。

13—26　白炽灯灯光暗红是什么原因？如何修理？

（1）电源电压太低，应调整电源电压，可调高电源变压器的分接头或加大供电线路的截面。

（2）灯座、开关或导线对地严重漏电，应更换灯座、开关或导线。

（3）灯座、开关接触不良，或导线连接处接触电阻增加，可修理接触不良接点或清理氧化层后再连好导线。

（4）线路导线太长太细，电压降过大，在可能范围内缩短导线，或更换截面较大的导线。

（5）灯泡使用时间过长或存放太久的灯泡。前者已达使用寿命，发光率已降低；后者可能灯泡受潮，应更换新的灯泡。

13—27　开关外壳麻手怎样修理？

开关外壳麻手有二种原因：一是开关质量有问题，外壳与火线绝缘不够，应更换开关；二是开关因有水而受潮，引起漏电，应烘干后再用。

13—28　荧光灯有哪些附件？

除灯头、灯脚、灯罩外，因镇流器不同而具有不同的附件。

采用电感式镇流器时，还附有启辉器，又因电感式镇流器使荧光灯功率因数降低，为提高功率因数，还应安装电容器，可单灯安装，亦可集中安装。采用电子式镇流器时，可不装启辉器及电容器。

对不同功率的荧光灯，镇流器与启辉器也不同，不能互相混用。

13—29　荧光灯镇流器起着怎样的作用？

镇流器是电感元件。当荧光灯启动，镇流器的阻抗决定灯的启动电流，此电流大于灯的工作电流而使灯丝加热发射电子，产生辉光放电，当启辉器开断瞬时，镇流器产生高电压脉冲，使灯管中的气体迅速击穿而形成弧光放电。同时，由于镇流器的限流作用，放电后的电流被稳定在某一数值上，该电流产生的压降，使灯管稳定在工作电压上。因此，镇流器在荧光灯的启动到工作过程中起到限流、完成弧光放电、稳压的作用。

13—30　启辉器的作用为何？

启辉器是由静触片和 U 形双金属片动触头组成，在触头两端并入一个 $0.005 \sim 0.007\mu F$ 的电容以防干扰。通电后，U 形双金属片加热，同时使荧光灯灯丝加热到发射热电子而产生辉光放电，这时 U 形双金属片也由于温度达一定值而使其与静触片分离，切断启动电流，于是在镇流器中产生很高的自感电动势（即高压脉冲），使灯管点燃。日光灯工作时，灯管两端电压较低，不足以使启辉器重新启动，启辉器的触头一直断开着。因而启辉器相当于一个延时开关。

13—31　采用电感镇流器的荧光灯如何接线？

镇流器有二引线及四引线二种，以四引线为多。镇流器与启辉器均与灯管二极的灯丝相串联，电容器则并入相零电源线之间，见图 13 - 3、图 13 - 4。

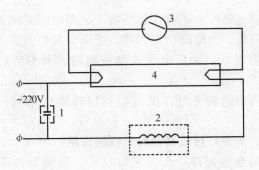

图 13 - 3　二引线镇流器接线

1—电容器；2—镇流器；3—启辉器；4—灯管

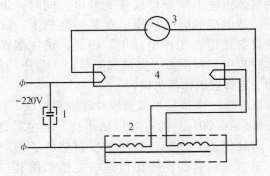

图 13 - 4　四引线镇流器接线

1—电容器；2—镇流器；3—启辉器；4—灯管

13—32　冬天荧光灯为什么不易启动?

荧光灯、镇流器及启辉器在室温 10~15℃ 时灯管能顺利启动和工作，室温低于 10℃ 时，启辉器预热灯丝的温度不够，灯丝在外加电压下发射电子的速度不足以使荧光粉启辉。

13—33　电子镇流器与电感镇流器相比有什么优越性?

(1) 设备简单，可不用启辉器。

(2) 没有噪声。因为没有了电感镇流器的铁芯，也就没有了嗡嗡声。

（3）节省电能。由于电子设备能耗很微，比电感镇流器可节能约 17% 左右。

13—34　使用电子镇流器时，零线比相线热是何原因？

电子镇流器会使波形失真，产生三次及以上的高次谐波，而使零线电流加大，因此在大量使用电子镇流器的照明供电线路，即使三相负荷平衡，零线截面应为相线截面的两倍。选用电子镇流器时，必须选择波形失真小于 10%，波峰系数小于 1.5 的才能使用。

13—35　有些电子镇流器为什么会使荧光灯管易坏？

有些快速电子镇流器瞬时启动荧光灯，用不了多久，荧光灯两端就发黑，使用寿命大大缩短。原因是目前国产的荧光灯都要使灯丝预热到一定温度才启动，要是快速全压启动，会使钨丝辉发太快而大大缩短灯管使用寿命。因此，选用电子镇流器时，必须了解使用的灯管能否快速启动，若不能快速启动时，应选用预热启动时间小于 4 秒的电子镇流器。

13—36　电子镇流器与荧光灯怎样接线？

电子镇流器有 6 条引出线接一个灯；10 条引出线接二个灯；14 条引出线接三个灯；18 条引出线接四个灯。三灯、四灯与二灯接线相同。电子镇流器有的有端子板，有的只有 6 根引出线，与荧光灯连接都是一样的。见图 13 - 5、图 13 - 6。

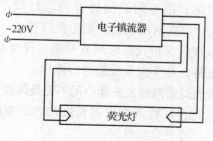

图 13 - 5　单灯接线

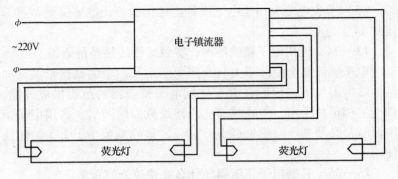

图 13 - 6 双灯接线

13—37 荧光灯灯管不能发光是何原因？怎样修理？

（1）接触不良。可紧固灯座、启辉器座内接触片、检查电路内部是否有线头松动或脱落。

（2）启辉器损坏。将启辉器取下，用电线把启辉器座内两个接触簧短路，若灯管两端发亮，则说明启辉器坏了，应更换新的。

（3）镇流器损坏。电感镇流器用万用表测二端电阻，过大或过小，则线圈开路或短路，应更换镇流器。电子镇流器接上电源，而接灯的四根线间都没有电压则电子镇流器坏了，应更换电子镇流器。

（4）灯管损坏。用万用表测灯管两端灯丝，开路则灯管坏了，或使用过久，灯管两端全黑，则更换灯管。

（5）电源故障，保护设备熔断或开断，检查开关设备及线路有否单相接地短路。对开关及线路进行修理。

13—38 荧光灯管两端发光而中间不亮是何原因？怎样处理？

（1）灯管老化，灯管两端发黑长度约 50～60mm，表示灯管的使用寿命已到，可更换新灯管。

（2）电源电压过低，可能线路负载过大或电源电压不稳定，前者可减少线路负荷或加大导线截面，后者有待改善电源的供应。

（3）启辉器损坏。更换启辉器。

（4）室温过低，因荧光灯等设备正常运行在 $10 \sim 15℃$ 的环境中，可提高环境温度。

13—39　灯管发光后立即熄灭是什么原因？怎样处理？

（1）接线错误。灯丝烧断，改接线。

（2）镇流器短路。更换新镇流器。

13—40　荧光灯灯光闪烁，忽亮忽灭是何原因？怎样修理？

（1）灯管质量不好，换新灯管进行试验。

（2）接触不良，检查并进行修理。

（3）镇流器质量不好，调换镇流器。

（4）启辉器损坏，更换新启辉器。

13—41　新荧光灯管的光亮在管内滚动是何原因？

这是新灯管的暂时现象，多开几次，或灯管两端对调即可正常。

13—42　灯管寿命过短或新灯管使用不久两端即发黑是何故？怎样处理？

（1）镇流器损坏，使两端发射物加速蒸发，灯管两端发黑，应调换镇流器。

（2）启辉器时断时合，或接线不牢，长时间使荧光灯闪烁，引起两端发黑，使灯管损坏，应接好接线或更换启辉器。

（3）灯管内水银凝结，这是细管常有的现象，灯管启动后即能辉发，灯管还可继续使用。

（4）镇流器配合规格不当，应按灯管容量匹配镇流器。若使用电子镇流器，则快速启动或启动时间太短，使钨丝辉发太快，灯管两端发黑而损坏灯管。

（5）电源电压过高，应调整电源电压。

13—43　灯管合上后很长时间才亮是何原因？如何处理？

（1）电源电压过低。尽可能避开高峰负荷时开灯。

（2）启辉器接近使用寿命。应更换启辉器。

（3）灯管质量不佳，或接近使用寿命，钨丝已将蒸发完，灯管两端发黑已达 50mm 左右。应更换灯管。

13—44 荧光灯杂音过大，作何处理？

（1）镇流器质量较差，或使用一段时间后铁芯出现气隙或松动，就会发出嗡嗡声，应想法夹紧铁芯或更换镇流器。

（2）镇流器过载或内部匝间短路，应更换镇流器。

（3）启辉器不好，开启时有辉光、杂声。更换启辉器。

13—45 镇流器过热是何原因？怎样处理？

（1）灯具通风散热不好，注意适当通风散热。

（2）镇流器短路，应更换新镇流器。

（3）自备发电机供电时周波偏低，引起镇流器过热，应注意自备发电机的供电质量。

13—46 使用荧光汞灯应注意哪些问题？

（1）使用镇流器容量必须与灯泡容量相一致。

（2）应按照接线图正确接线。

（3）镇流器温度较高，应安装在人体触及不到的部位，并注意通风与防雨。

（4）启动次数不要过于频繁，停后再启动，中间间隔应不小于 5 ~ 10min。

（5）由于使用镇流器，功率因数较低，为提高功率因数，可单灯接入电容器。

13—47 荧光高压汞灯怎样接线？

镇流器接入相线端，零线进入灯头，补偿电容可并在进线的相零端，见图 13 - 7。

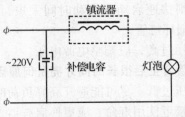

图 13 - 7　荧光高压汞灯接线

13—48　金属卤化物灯怎样接线?

金属卤化物灯同样需要镇流器,不同容量的灯泡都配有相应的镇流器,大容量灯泡还配有触发启动器,这些设备常组装在一起,安装在特别的灯具内,也可以分开安装。这种灯具的功率因数也低,约在 0.6~0.65 之间,也可单灯加装电容器,以提高其功率因数。常用的接线分手动触发线路及自动触发线路两种,其接线见图 13-8 及图 13-9。

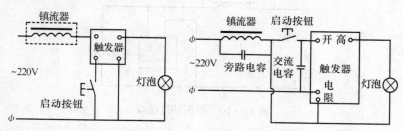

图 13-8　金属卤化物灯(手动触发线路)接线

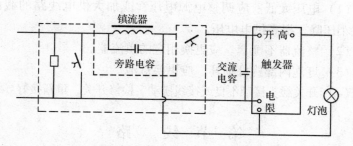

图 13-9　金属卤化物灯(自动触发线路)接线

13—49　高压钠灯的镇流器如何配置?怎样接线?

高压钠灯的启动设备由电子启动器及镇流器组成。电子启动器是通用型的,可供 70、100、125、360、400W 高压钠灯用,它体积小,启动快,启动时间在 1 秒钟左右,使用寿命长,并允许在长时间空载情况下工作,即使灯泡损坏,开关长期接通,启动器也不会烧损。

此外，还有 NZW 系列高压钠灯启动镇流器，可供高压钠灯启动用，它是启动器与镇流器合一的结构，因此安装方便，这种设备启动快，寿命长，功耗小，温升低、阻抗线性好，可延长钠灯的使用寿命，因此钠灯大部配用这种启动设备。

钠灯的镇流器串入相线，再接入钠灯一侧，钠灯另一侧接入零线，靠近灯头的相线与零线之间接入电子启动器。其接线见图 13－10。

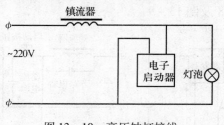

图 13－10　高压钠灯接线

13—50　气体放电灯不能启辉，原因何在？怎样处理？

（1）电压太低。应调整电源电压，或加大供电线路的截面，以减小压降，提高供电电压。

（2）整流器不配套。应更换相应的镇流器。

（3）灯泡内部构件损坏。应更换灯泡。

（4）开关触头接触不良或接线松动。检修开关，重新接好导线。

第二节　线　　路

13—51　照明线路导线的截面如何选择？

（1）按线路上所接灯泡的总容量，初选导线截面。

（2）按选定的导线截面、线路长度及灯泡总容量，校验电压损失，应不超过规定值。

（3）若为接零保护系统（TN—S）、TN—C—S），还应按选定的导线截面计算单相接地短路电流，校验此电流能否在规定的时间内切断短路故障。

（4）按上述三个条件选定的导线截面，应不小于机械强度要求的最小截面。

13—52 机械强度要求的最小截面有多大？

这是由国家规范规定的，按其敷设的方法，支点的间距不同而不同，所选的导线截面应不小于国家规范规定的截面。其数值见表 13－6。

表 13－6　　　　　　按机械强度要求的最小截面

用途及敷设方式		线芯最小截面（mm^2）		
		铜芯软线	铜线	铝线
照明用灯头线	室内	0.1	1.0	2.5
	室外	1.0	1.0	2.5
架设在绝缘支持件上支点间距	<6m		2.5	4
	≤15m		4	6
	≤25mm		6	10
穿管敷设的绝缘线		1.0	1.0	2.5
塑料护套线沿墙明敷			1.0	2.5
板孔穿线敷设的导线			1.5	2.5

13—53 怎样按载流量选择导线截面？

所谓导线的载流量，是指某一截面的导线，在不同地区的最热月份平均温度下所允许通过的不损坏其绝缘的电流，称导线在这一温度下的载流量，用 I_H 表示。

线路的负载电流是指线路上所接灯泡容量的总和，用 P（W）表示；按其所接的电压等级，如低压 380/220V，是单相还是三相，按下列公式计算出线路的负荷电流。

$$单相负荷：I = \frac{K_C P}{220\cos\varphi}（A）；三相负荷：I = \frac{K_C P}{\sqrt{3}380\cos\varphi}（A）$$

式中　　K_C——需要系数，支线取 1，干线取 0.6～0.7；

　　　　$\cos\varphi$——白炽灯取 1，气体放电灯无补偿取 0.6，单相有补偿取 0.9；

　　　　P——照明容量，kW。

选择一种导线截面和敷设方式，按当地最热月份的平均温度查出与负载电流相接近的一种截面的载流量 I_H，使 $I_H \geqslant I$ 即可。

13—54　常用塑料绝缘导线的载流量为多少？

塑料导线常用的型号有：铜芯塑料绝缘线 BV 型，铝芯塑料绝缘线 BLV 型，铜芯绝缘护套线 BVV 型，铝芯绝缘护套线 BLVV 型几种。BV、BLV 型常用瓷夹、瓷柱、瓷瓶明敷，或穿钢管、穿塑料管明敷或暗敷。BLVV、BVV 型常卡钉明敷或线槽明敷。随不同敷设方式、不同的地区温度每种截面都具有不同的载流量。现提供明敷、塑料护套线、穿钢管暗敷、穿塑料管暗敷时的载流量，见表 13 – 7、表 13 – 8、表 13 – 9、表 13 – 10，以供选线时参考。

表 13 – 7　　塑料绝缘线（BV、BLVV 型）明敷时的载流量

单位：A

截面 (mm²)	BLV（铝芯）				BV、BVR（铜芯）			
	25℃	30℃	35℃	40℃	25℃	30℃	35℃	40℃
1					19	17	16	15
1.5	18	16	15	14	24	22	20	18
2.5	25	23	21	19	32	29	27	25
4	32	29	27	25	42	39	36	33
6	42	39	36	33	55	51	47	43
10	59	55	51	46	75	70	64	59
16	80	74	69	63	105	89	90	83
25	105	98	90	83	138	129	119	109
35	130	121	112	102	170	158	147	134
50	165	154	142	130	215	201	185	170
70	205	191	177	162	265	247	229	209
95	250	233	216	197	325	303	281	251
120	285	266	246	255	375	350	324	296
150	325	303	281	257	430	402	371	340
185	380	355	328	300	410	458	423	387

表 13 –8   塑料护套线 (BVV，BLVV) 的载流量

单位：A

线型	截面(mm²)	单 芯				双 芯				三 芯			
		25℃	30℃	35℃	40℃	25℃	30℃	35℃	40℃	25℃	30℃	35℃	40℃
BLVV	2.5	25	23	21	19	20	18	17	15	16	14	13	12
	4	34	33	29	26	26	24	22	20	22	20	19	17
	6	43	40	37	34	33	30	28	26	25	23	21	19
	10	59	55	51	46	51	47	44	40	40	37	34	31
BVV	1.5	24	22	21	18	19	17	16	15	14	13	12	11
	2.5	32	29	27	25	26	24	22	20	20	18	17	15
	4	42	39	36	33	36	33	31	28	26	24	22	20
	6	55	51	47	43	47	43	40	37	32	29	27	25
	10	75	70	64	59	65	60	56	51	52	48	44	41

表 13 –9   BV、BLV 导线穿钢管暗敷时的载流量

单位：A

线型	截面(mm²)	二根单芯				管径(mm)	三根单芯				管径(mm)	四根单芯				管径(mm)
		25℃	30℃	35℃	40℃		25℃	30℃	35℃	40℃		25℃	30℃	35℃	40℃	
BV	1	14	13	12	11	15	13	12	11	10	15	11	10	9	8	15
	1.5	19	17	16	15	15	17	15	14	13	15	16	14	13	12	15
	2.5	26	24	22	20	15	24	22	20	18	15	22	20	19	17	20
	4	35	32	30	27	15	31	28	26	24	20	28	26	24	22	20
	6	47	43	40	37	20	41	38	35	32	20	37	34	32	29	20
	10	65	60	56	51	20	57	53	49	45	25	65	60	56	51	25
	16	82	76	70	64	25	73	68	63	57	25	85	79	73	67	32
BLV	2.5	20	18	17	15	15	18	16	15	14	15	15	14	12	11	20
	4	27	25	23	21	15	24	22	20	18	20	22	20	19	17	20
	6	35	32	30	27	20	30	27	25	22	20	28	26	24	22	20
	10	49	45	42	38	20	44	41	38	34	25	38	35	32	30	25
	16	63	58	54	49	25	56	52	48	44	25	50	46	43	39	32
	25	80	74	69	63	32	70	65	60	55	32	65	60	56	51	40

表 13 – 10　　　　BV、BLV 导线穿塑料管暗敷时的载流量

单位：A

型号	截面(mm²)	二根芯线					三根芯线					四根芯线				
		25℃	30℃	35℃	40℃	管径(mm)	25℃	30℃	35℃	40℃	管径(rata)	25℃	30℃	35℃	40℃	管径(mm)
BV	1	12	11	10	9	15	11	10	9	8	15	10	9	8	7	15
	1.5	16	14	13	12	15	15	14	12	11	15	13	12	11	10	15
	2.5	24	22	20	18	15	21	19	18	16	15	19	17	16	15	20
	4	31	28	26	24	20	28	26	24	22	20	25	23	21	18	20
	6	41	38	35	32	20	36	33	31	28	20	32	29	27	25	25
	10	56	52	48	44	25	49	45	42	38	25	44	41	38	34	32
	16	72	67	62	56	32	65	60	56	51	32	57	53	49	45	32
BLV	2.5	18	16	15	14	15	16	14	13	12	15	14	13	12	11	20
	4	24	22	20	18	20	22	20	18	17	20	20	18	16	15	20
	6	31	28	26	24	20	27	25	23	21	20	25	23	21	19	25
	10	42	39	36	33	25	38	35	32	30	25	33	30	28	26	32
	16	55	51	47	43	32	49	45	42	38	32	44	41	38	34	32
	25	73	68	63	57	32	56	60	56	51	40	57	53	49	45	40

13—55　照明线路上的电压降怎样分配？

（1）采用树杆式供电时，线路进入建筑物处的电压常为额定电压（380/220V），建筑物内干线压降不大于额定电压的 2.5%；支线上压降不大于额定电压的 2.5%。对个别离电源较远的建筑物，可允许总压降不超过额定电压的 10%。

（2）专用照明变压器供电时，变压器的调压分接头可调至 +2.5% 或 +5%，干线上电压降不超过额定电压的 5% 时，则支线上的电压降亦可达额定电压的 5%。

13—56　怎样计算线路上的电压降？

线路上压降与负载电流、线路阻抗、负载的功率因数有关。

当线路上接的是三相负荷，且功率因数不等于 1，其计算电压降的公式如下：

$$\Delta U\% = \frac{\sqrt{3}}{10U_L}(R_0\cos\varphi + X_0\sin\varphi)IL = \Delta u\% IL$$

354

式中 U_L——线电压，380V；

      R_0——所选定的导线截面的每公里电阻值，Ω/km；

      X_0——所选定的导线截面的每公里阻抗值，Ω/km；

  $\cos\varphi$——负载的功率因数；

      L——线路长度，km。当均布负载时，L 取全长的一半；当末端集中负载时，L 取全长；

  $\Delta U\%$——每公里每 1 安的线路压降，V，见表 13 – 11。

表 13 – 11   三相线路每安公里的电压损失 $\Delta u\%$（导线工作温度为 5℃）

导线截面 (mm^2)	铜芯线（$\cos\varphi$）				铝芯线（$\cos\varphi$）			
	0.5	0.7	0.8	1	0.5	0.7	0.8	1
1.5	3.18	4.43	5.05	6.26				
2.5	1.92	2.66	2.928	3.76	3.2	4.47	5.1	6.34
4	1.209	1.687	1.91	2.35	2.015	2.8	3.18	3.96
6	0.82	1.18	1.282	1.568	1.355	1.88	2.13	2.64
10	0.501	0.685	0.774	0.94	0.82	1.13	1.29	1.58
16	0.327	0.434	0.49	0.588	0.522	0.715	0.81	0.99

13—57   目前照明线路有哪几种敷设方式？

总的分为明敷及暗敷两种，随住宅标准高低不同而选用，普通住宅以明敷为主，商住楼、写字楼、商场等其它大型民用建筑以暗敷为主。

明敷的常用 BV 或 BLV 导线瓷（塑料）线夹、瓷瓶、瓷柱敷设，有的用塑料槽板明敷，也有穿钢管或塑料管明敷的；BVV 及 BLVV 用铝、塑料卡钉明敷，或成型塑料线卡明敷。

暗敷的有金属线槽敷设，穿钢管或塑料管暗敷。穿半硬塑料管沿板孔板缝暗敷。

13—58   单芯导线怎样连接？

对 4mm^2 及其以下的单芯导有二种连接方式：一种是剥离绝缘后两芯互相绕接，有水平接、T 接、十字接几种，见图 13 – 11；另一种是用 YML 或 YMT 型压线帽连接。YML 用于铝导线，

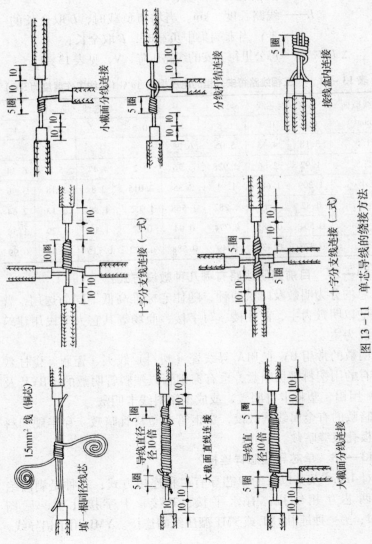

图 13-11 单芯导线的绕接方法

YMT 用于铜导线。它是将导线连接件与连接后的绝缘包扎复合为一体的接线器件，具有施工方便，导线连接牢固，电气性能可靠等特点，因此广泛应用于现代建筑的导线与导线的连接、导线与设备的连接中，其连接方式见图 13 - 12。

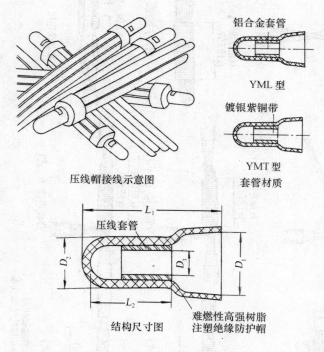

铝合金套管

YML 型

镀银紫铜带

YMT 型
套管材质

压线帽接线示意图

结构尺寸图

难燃性高强树脂
注塑绝缘防护帽

图 13 - 12　单芯导线用压线帽连接

13—59　多股绞线怎样连接？

6mm² 及其以上的导线，小截面的有若干股芯线相互交错绞接。大截面的有线鼻子相互连接，也有用铝套管压接，前者铜铝导线都可用，后者只适用于铝线。参见图 13 - 13、图 13 - 14。

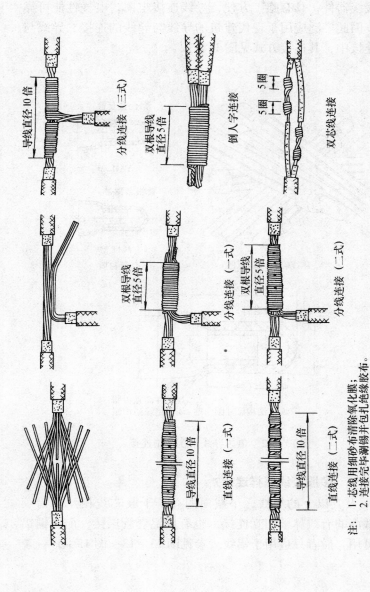

图13-13 多股导线绞接

注: 1. 芯线用细砂布清除氧化膜;
    2. 连接完毕测铜并包扎绝缘胶布。

导线直径10倍

分线连接 (三式)

双根导线
直径5倍

倒人字连接

5圈 5圈

双芯线连接

双根导线
直径5倍

分线连接 (一式)

双根导线
直径5倍

分线连接 (二式)

导线直径10倍

直线连接 (一式)

导线直径10倍

直线连接 (二式)

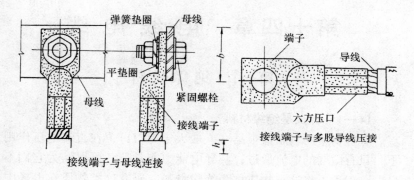

图 13 – 14　线鼻子连接

第十四章　电线电缆

第一节　绝缘材料

14—1　什么是绝缘材料？

有些物质的电阻值很高（一般大于 $10^9\Omega$），在直流电压作用下，只有微弱的电流通过，其导电能力非常低，可以认为它们不导电，工程上将这类物质称为绝缘材料。研究这类物质在电场中的物理现象时，常称其为电介质。

14—2　绝缘材料的主要作用有哪些？

绝缘材料主要用来隔离不同电位的导体。通过绝缘材料来隔离带电导体可以保证人身安全，同时在某些情况下还能起到支承固定、灭弧、散热冷却、储能、改善电位梯度、防霉、防潮以及保护导体等作用。

14—3　什么是电介质的击穿？

当外加电压超过某一临界值时，电介质中流过的电流突然剧增，从而发生破裂和分解，直直绝缘能力丧失，这种现象称为电介质击穿。

电介质发生击穿时的电压 U_b，称为击穿电压；U_b 与击穿处电介质的厚度 δ 之比称为击穿强度 E_b，即

$$E_b = \frac{U_b}{\delta}$$

14—4　介电系数在工程应用上其意义如何？

在电缆中，为防止产生过大的充电电流，要求采用相对介电系数 ε_r 值较小的绝缘材料。

当绝缘材料吸湿受潮后，ε_r 值将会大大增加。利用这种特性来判断材料的受潮程度。

电机、电器的绝缘系统是由各种不同的绝缘材料构成，其电

压分布的均匀性很容易受到影响。相对介电系数 ε_r 值小的材料承受较大电压，而 ε_r 值大的材料承受小电压，从而降低整体系统的绝缘能力。

14—5 什么是绝缘材料的老化？

在运行过程中，由于受热、电、光照、氧化、机械作用、辐射以及微生物等因素影响，使得绝缘材料发生一系列不可恢复的物理化学变化，导致其电气性能、机械性能的劣化，这种现象称为绝缘材料的老化。

14—6 防止绝缘材料老化的常用方法？

（1）在绝缘材料制作过程中加入防老化剂，常用有酚类防老化剂。

（2）热湿带地区使用的绝缘材料，可加入防霉剂。

（3）户外用绝缘材料，可添加适当的颜料、紫外线吸收剂或抗氧剂，还可以用隔层隔离。

（4）加强高压电气设备的防电晕，防止局部放电措施。

14—7 何谓电介质的损耗

在交流电压作用下，电介质中的部分电能将转变成热能，这部分能量称为电介质损耗。单位时间内消耗的能量叫做介质损耗功率。电介质损耗主要由电导和极化而引起，工程上常将电导引起的电介质损耗称电导损耗；极化引起的电介质损耗称极化损耗。电介质损耗是导致电介质热击穿的根源。

14—8 绝缘材料的最高允许工作温度如何规定？

绝缘材料的最高允许工作温度，即指该材料在这种工作温度作用下，所具有的理化、介电和机械等性能，必须保证在 15～20 年内长期使用而不会显著变劣。

显然，绝缘材料的最高允许工作温度取决于材料的耐热性。

14—9 绝缘材料的耐热等级怎样划分？

为了便于电工产品的设计、制造和维修时合理选用绝缘材料，常将绝缘材料按其在正常运行条件下的最高允许工作温度进行统一的耐热分级，称为耐热等级。我国规定将绝缘材料划分为

Y、A、E、B、F、H、C 共七个等级，并且各个等级的最高允许工作温度分别为 90、105、120、130、155、180、180℃以上共七个温度档。

14—10 绝缘漆的主要成分及其分类如何？

绝缘漆主要由漆基、溶剂、稀释剂、增塑剂、填料和颜料等成分组成。按绝缘漆的用途可以分为浸渍漆、覆盖漆、瓷漆、硅钢片漆和漆包线漆等。绝缘漆是以高分子聚合物为基础，能在一定条件下固化成绝缘膜或绝缘整体的重要绝缘材料。

14—11 使用浸渍漆时有些什么基本要求？

使用浸渍漆时，对浸渍漆的基本要求是：

（1）粘度低，流动性好，固体含量高，便于渗透和填充被浸渍物。

（2）固化快，干燥性能好，粘结力强，有热弹性。

（3）具有优良的电气性能和化学稳定性，耐潮、耐热、耐油。

（4）对导体或其它材料具有良好的相容性。

14—12 绝缘胶与绝缘漆有什么区别？绝缘胶用途如何？

绝缘胶与绝缘漆的区别在于绝缘胶中不含有挥发性溶剂，但粘度较强，一般加有填料。绝缘胶主要应用于浇注电缆接头和套管，浇注 20kV 及以下的电流互感器，10kV 及以下的电压互感器、干式变压器等设备的线盒和终端盒。

14—13 云母制品的主要性能有哪些？

云母制品在电气工业中被广泛使用，特别是对大型高压电机绝缘而言，更是不可缺少的材料。云母制品是由云母或粉云母，胶粘剂和补强材料组成。云母制品具有极其优良的电气性能、机械性能以及良好的耐热性、耐潮性，化学稳定性和抗高能辐射等宝贵性能。云母制品主要有云母板、云母带、云母箔和云母玻璃等。

第二节　导电金属电线电缆

14—14　常用的导电金属电线电缆有哪些种类?

常用的导电金属电线电缆按其用途分类有:裸电线、绕组线、绝缘电线、控制电缆、电力电缆、通信电缆、电气装备用电线电缆以及其它电缆。

14—15　常用裸电线的分类形式如何?

常用裸电线按结构和用途的不同,可以分类如下:

(1)圆杆:圆铜杆和圆铝杆。

(2)圆单线:圆铜线、圆铝线、镀锡圆铜线、铝合金圆线、铝包钢圆线、铜包钢圆线、无磁性圆铜线、镀银圆铜线等。

(3)裸绞线:铝绞线、钢芯铝绞线、轻型钢芯铝绞线、特种轻型钢芯铝绞线、加强型钢芯铝绞线、扩径空心铝钢绞线、扩径钢芯铝钢绞线、硬铜绞线、铝合金绞线。

(4)软接线:铜软绞线、铜特软绞线、铜编织线、铜编织套等。

(5)型线:扁铜线、铜带、扁铝线、铝母线、空心铜导线、空心铝导线、梯形铜排、异形铜排。

14—16　用作架空输电线路的导线有几种?各种导线有何优缺点?

作为架空导线必须具备导电率高、机械强度大和抗腐蚀性强的特点。因此,常用的导线有硬铜绞线、铝绞线、钢芯铝绞线和扩径钢铝绞线。

硬铜绞线:具有导电率高,机械强度大,且有较强的抗腐蚀性。因此,在腐蚀性较严重的地区多采用这种导线。由于铜的资源较缺乏,铜的价格偏高,现在硬铜绞线逐步被铝合金导线替代。

铝绞线:铝绞线的重量轻,在同等导电能力的情况下,它的重量仅有硬铜绞线的二分之一左右。铝绞线的导电率约为硬铜绞线的66%，并且机械强度较低，抗腐蚀性差，但价格低于铜的价格，资源比铜丰富。

钢芯铝线：是一种复合导线，由铝线和钢线组合而成，铝导线包围在钢线芯的外面。其中，铝线层用来传送电能，钢线芯用来承受机械拉力，弥补铝导线的机械强度。

扩径钢铝绞线：由于外径扩大，载流量增大。因此，可作为330kV及以上超高压架空输电线，减小线路电晕造成的电能损失，并节约金属材料。

14—17　何谓电磁线？其作用如何？

电磁线是一种具有绝缘层的导电金属电线，用以绕制线圈（绕组），所以电磁线又称绕组线。电磁线作用是通过电流产生磁场或切割磁力线产生电流，实现电能和磁能的相互转换。

电磁线的导电线芯有圆线、扁线、带、箔等，目前多数采用铜线和铝线。

14—18　电磁线的分类形式如何？

电磁线常常按照绝缘层的特点及用途进行分类，分类方式如下：

（1）普通漆包线：长期使用温度在155℃及以下的漆包线。

（2）耐高温漆包线：长期使用温度在180℃及以上的漆包线。

（3）特种漆包线：自粘直焊漆包线、环氧自粘性漆包圆铜线、缩醛自粘漆包圆铜线、聚酯自粘性漆包圆铜线、无磁性聚氨酯漆包线等。

（4）纤维绕包线：纸包线、玻璃丝包线、玻璃丝包漆包线、丝包线等。

（5）薄膜绕包线。

（6）无机绝缘电磁线。

（7）特种电磁线：丝包高频绕组线、玻璃丝包中频绕组线、换位线等。

14—19　常用绝缘电线有哪几种？

电工中常用的绝缘电线有以下几种：橡皮绝缘电线、聚氯乙烯绝缘电线。聚氯乙烯绝缘软线、塑料绝缘耐火电线，丁晴聚氯乙烯复合物绝缘软线、聚氯乙烯绝缘丁晴复合物护套屏蔽软线、橡皮绝缘编织软电线、双层橡皮线、10kV 氯磺化聚乙烯绝缘高压电机引接线、高强度硅橡胶绝缘电机引接线、氟玻璃丝绝缘电机引接线、农用地下直埋铝芯塑料绝缘电线等。

14—20 橡皮绝缘电线的用途有哪些？

橡皮绝缘电线主要用于交流额定电压在 500V 以下，或直流电压在 1000V 以下的电气设备和照明设备。橡皮绝缘电线的常见性能要求为：电线的芯长期允许工作温度不超过 +65℃。

14—21 常用橡皮绝缘固定敷设电线有哪几种？

常用的橡皮绝缘固定敷设电线有：BXW 型、BLXW 型、BXY 型、BLXY 型等。它们适用于交流额定电压 U_0/U 为：300/500 伏及以下的电气设备和照明设备装置的固定敷设。电线的长期允许工作温度应不超过 +65℃。其中 BXW 型适合用于户内敷设和户外敷设；BXY 型适用于户内穿管；BLXW 和 BLXY 型特别适用于寒冷地区的户外敷设。

14—22 常见橡皮绝缘编织软电线的型号、用途及使用特性有哪些？

常见橡皮绝缘编织软电线的型号是：RXS 型、RX 型、RX 型，适用于连接交流额定电压 U_0/U 为：300/300V 及以下室内照明灯具、家用电器和有关工具的橡皮绝缘编织软电线。软电线的导线芯的长期允许工作温度应不超过 +65℃，并且绝缘线芯分色：三芯电线的接地线芯应为黄/绿双色，其余线芯应为浅蓝、棕色。二芯编织软线绝缘线芯使用浅蓝、棕色。

14—23 双层橡皮电线的主要用途是什么？

双层橡皮电线适用于交流额定电压 500V 及以下，直流电压 1000V 及以下的户外架空，固定敷设的电气设备及照明装置。

14—24 常用聚氯乙烯绝缘电线用途有哪些？

聚氯乙烯绝缘电线，亦称为塑料线。适用于交流为 50Hz，额定电压 U_0/U 为：450/750V 及以下的动力装置的固定敷设，可供各种交流直流电气设备、电工仪表、电力照明装置配线用。电线长期允许工作温度：除 BV - 105 型不超过 +105℃外，其它型号均不超过 +70℃，电线敷设温度不低于 0℃。

14—25　聚氯乙烯绝缘软线的性能及用途如何？

常用聚氯乙烯绝缘软线具有优良的电气绝缘性能和物理机械性能；柔软安全，阻燃性能好，使用方便等特点，适用于交流额定电压 U_0/U 为：450/750V 及以下的各种交、直流移动电器、家用电器、小型电动工具、电工仪器仪表、自动化装置及动力照明等装置的连接。电线长期允许工作温度，除 RV - 105 型不超过 +105℃外，其它型号均不超过 +70℃。

14—26　方平型聚氯乙烯绝缘软线的主要用途及性能有哪些？

方平型聚氯乙烯绝缘软线型号为 RVFB，是一种外形带槽纹，比较美观的电线。主要用于交流额定电压 250V 及以下，或直流电压 500V 以下的各种移动电器、电工仪表、无线电设备和照明电源连接线。线芯长期允许工作温度为 +65℃。绝缘厚度 0.6 ~ 0.7mm，具有优良的物理机械性能和电气绝缘性能，并且耐寒、耐油、耐热老化、柔软安全、阻燃性能良好、使用方便。电线还能经受交流 50Hz、6000V 或高频电压火花实验，或浸水 3 小时后能经受交流 2000V 电压实验 1 分钟。

14—27　聚氯乙烯绝缘丁晴复合物护套屏蔽软线的性能特点有哪些？

RVVFP 型聚氯乙烯绝缘丁晴复合物护套屏蔽软线是一种特别柔软的屏蔽电线，适用于交流额定电压 250V 及以下的电器、电工仪表、电子设备及自动化装置，外接移动频繁，要求特别柔软的屏蔽连线。这种电线具有以下性能特点：

（1）电线采用特别柔软的导电线芯结构和丁晴聚乙烯复合物护套材料，屏蔽层采用绕包，使电线的柔软性和屏蔽性能超过编织产品。

（2）电线导电芯与屏蔽层之间的绝缘电阻值，在 +20℃时每千米不小于 2MΩ。

（3）电线绝缘线芯能经受交流 50Hz、4000V 电压或高频电压火花实验，或浸入室温水中 3 小时后能经受 50Hz、200V 电压实验 1 分钟。

（4）电线的线芯长期允许工作温度不超过 +65℃。

（5）RVFP 型屏蔽电线体积小，重量轻，安装方便。

14—28　复合物绝缘线的全称是什么？

复合物绝缘线全称为丁晴聚氯乙烯复合物绝缘软线。主要用于交流额定电压 250V 及以下或直流电压 500V 以下的各种移动电器、无线电设备和照明灯座接线。电线线芯的长期允许工作温度为 +70℃，最低使用的环境温度为 -40℃。电线具有良好的电器绝缘性能、耐热、耐寒、耐热老化，并且具有阻燃性能。

14—29　聚氯乙烯绝缘尼龙护套电线用途如何？

聚氯乙烯绝缘尼龙护套电线常用在交流额定电压 250V 及以下或直流电压 500V 以下的低压线路上。电线的线芯允许长期工作温度为 -60 ~ 80℃。电线突出的优点可在相对湿度为 98%、温度为 45℃ 的环境中使用。电线的最小标称截面为 0.3mm²，最大标称截面为 95mm²。

14—30　10kV 氯磺化聚乙烯绝缘高压电机引接线的特点有哪些？

JBYS-10kV 型氯磺化聚乙烯绝缘高压电机引接线适用于额定电压 10kV 及以下的 B 级绝缘电机、电器的引接线。线芯长期允许工作温度不超过 130℃，电机引接线的安装温度不低于 -15℃。线芯的标称截面有：6.0、10、16、25、35、50、70、95mm²；芯数的根数/直径为：19/0.64、49/0.52、49/0.64、98/0.58、133/0.58、189/0.68、259/0.68 共 7 种。电线线芯的绝缘厚度为 5.5mm。

14—31　高强度硅橡胶绝缘电机引接线使用特点有哪些？

常用的 JHQG 型高强度硅橡胶绝缘电机引接线适用于耐高温等级为 180℃，交流额定电压为 500V 或直流电压 1000V 及以下的电机和电器。电机引接线线芯的使用温度为 $-60 \sim 180℃$。交流额定电压 U_0/U 为：$300/500V$ 的导电线芯标称截面为 $0.75 \sim 95mm^2$；交流额定电压 U_0/U 为：$600/1000V$ 的导电线芯标称截面为 $2.5 \sim 95mm^2$。

14—32 氟玻璃丝绝缘电机引接线的型号及主要用途有哪些？

氟玻璃丝绝缘电机引接线的型号有：JFFB 型和 JCFB 型两种。JFFB 型与 JCFB 型分别为铜线芯和镀镍铜线芯，聚四氟乙烯薄膜和涂四氟玻璃丝布绕包绝缘，涂四氟玻璃丝编织护套的电机引接线，主要适用于交流额定电压 500V 以下的 F 级、C 级绝缘电机引接线，也适用于湿热地区。

14—33 农用直埋铝芯塑料绝缘电线的主要用途有哪些？

常用农用直埋铝芯塑料绝缘电线的用途主要是农村地下直埋敷设。供交流 50Hz、额定电压 U_0/U 为：$450/750V$ 及以下固定配电线路和各种电气设备，以及照明装置用。

农用直埋铝芯塑料绝缘电线的使用条件：

（1）电线额定电压为 $450/750V$。当电线使用于交流系统时，电线的额定电压应不小于该系统的标称电压。当电线使用于直流系统时，该系统的标称电压应不大于电线额定电压的 1.5 倍。系统的工作电压允许超过标称电压的 10%。

（2）电线的长期工作温度应不超过 $+70℃$。

（3）电线敷设按安装时的环境温度应不低于 $0℃$。

（4）电线允许弯曲半径为：

导电线芯截面为 $35mm^2$ 及以下的电线应不小于 6D（D—外线直径）；导电线芯截面为 $50mm^2$ 及以上的电线应不小于 8D。

（5）电线的敷设深度应不大于 0.8m。冻土层深度大于 0.8m 的地区，应敷设在冻土层以下。

注：NLYV-Y 型、NLVV-Y 型两种电线是专供白蚁活动地区使用。

14—34 电力电缆的特点和使用范围如何？

电力电缆一般使用于发电厂、变电站；工矿企业的动力引入引出线路，同时在城市地区、铁路等各种高、低压输配电线路中亦广泛使用。因此，一般电力电缆都具有优良的电气绝缘性能，具备优良的热性能以及良好的护套材料与结构要求的特点。

14—35　电力电缆有哪些分类方式？

电力电缆种类相当繁多。根据不同的用途、电压、绝缘材料、线芯和结构特点等方式，常有以下分类方法：

（1）按电压可分为：高压、低压电缆。

（2）按导电线芯可分为：单芯、双芯、三芯、四芯和五芯等。

（3）按使用环境有：直埋、河底、穿管、潮热区、高海拔、大高差等。

（4）按结构特点可分为：统包型、分相型、钢管型、扁平型、自容型等。

（5）按绝缘材料可分为：油浸纸绝缘、塑料绝缘、橡胶绝缘、交联聚乙烯绝缘等。

14—36　常用中、低压电力电缆有哪几种？

常用中、低压电力电缆有：油纸绝缘电缆、金属套电缆、交联聚乙烯绝缘电缆、天然橡胶绝缘电缆、低温电缆、塑料绝缘电缆等。

14—37　电力电缆的基本结构特点如何？

电力电缆的基本结构是由线芯、绝缘层和保护层三部分组成。其中线芯又分铜芯和铝芯两种，并且线芯要有良好的导电性，以减少输电时线路上能量的损失；绝缘层的作用是将线芯导体间以及保护层隔离开，因此绝缘层应具有良好的绝缘性能和耐热性能；保护层一般分为内护层和外护层，用来保护绝缘层不受外力的损伤，同时还有防水浸入的功能，以及防止绝缘油外流的作用，因此保护层要求具有一定的机械强度。

14—38　电力电缆使用时的选用原则是什么？

在一般情况下，电力电缆的使用应是优先选用交联聚乙烯电缆；其次考虑选用不滴油纸绝缘电缆；最后才选用普通油浸纸绝缘电缆。在电缆敷设环境高差较大时，注意不应使用粘性油浸纸绝缘电缆。

14—39　什么是电缆的载流量？影响载流量的因素有哪些？

常说的载流量是指某种电缆允许传送的最大电流值。但对于运行时的电缆，由于有电流流过导体会产生热能，在绝缘层中会产生介质损耗，在保护层中也会出现涡流现象，造成损耗。如果说在某一状态下发热量与散热量相等时，电缆导体有一个稳定温度，刚好使运行电缆导体的稳定温度达到电缆最高允许温度时的载流量，我们称这种载流量为电缆的允许载流量或安全载流量。

因此，电缆载流量主要取决于：规定的最高允许温度和电缆周围的环境，以及电缆各部分的结构尺寸，包括电缆各部分的材料特性等因素。

14—40　如何选择电缆截面？

选择电缆截面时，应注意考虑以下几个方面：

（1）选择电缆的长期允许载流量应等于或大于通过电缆的最大持续负载电流。

（2）当没有熔丝保护时，应考虑短路情况下的热稳定性。若热稳定性不足时，增大电缆截面直至能适应为止。

（3）在选择电缆截面时，应根据电缆的长度验算电压损失是否符合要求。

（4）考虑到电缆的运行寿命，应留有一定的载流余度。

（5）必要时要进行热稳定校核。

14—41　为什么电缆耐压试验要用直流电压进行？

对于电缆耐压试验采用直流电压进行有如下优点：

（1）可以用小容量设备对较长电缆进行高压试验。

（2）直流耐压试验时，绝缘没有介质损耗，不使电缆发热。

（3）可用测量泄漏电流的方法，以伏安特性曲线的形式发现绝缘中局部损伤的程度。

（4）避免交流高压对良好绝缘起永久性破坏作用。

14—42 常用油纸绝缘自容式充油电缆型号及用途有哪些?

常用油纸绝缘自容式充油电缆的型号有：CYZQ102型、CYZQ302型、CYZQ141型。适用于相间额定交流电压为110kV～330kV，中性点有效接地的系统敷设，供输电、配电线路使用。其中，CYZQ102型更为适用于土壤沟道、空气中敷设，能承受机械外力作用，但不能承受大的拉力，允许落差不大于30m；CYZQ141型则更适用于水中敷设，能承受较大的拉力。

14—43 常见油纸绝缘自容式充油电缆的使用特性如何?

油纸绝缘自容式充油电缆允许最高工作电压：110～220kV级电缆为1.15倍额定电压；330kV级电缆为1.10倍额定电压。电缆应在不低于0℃的环境温度下敷设。

敷设时的弯曲半径不小于电缆外径的25倍，敷设后的弯曲半径不小于电缆外径的20倍。

14—44 油纸绝缘表示的涵义如何?

油纸绝缘自容式充油电缆外护层的型号按加强层、铠装层和外被层的结构顺序用阿拉伯数字表示，因此其外护层代号有三位数字。每一位数字表示所采用的主要材料和代表的涵义见表14-1。

表14-1　　　　　油纸绝缘自容式充油电缆外护层代号及涵义

代号	加 强 层	代号	铠装层	代号	外被层
1	铜带径向加强	0	无铠装	1	纤维层
2	不锈钢带径向加强	4	粗钢丝	2	聚氯乙烯护套
3	铜带径向窄铜带纵向加强				
4	不锈钢带径向窄不锈钢带纵向加强				

14—45 橡皮绝缘电力电缆的主要用途有哪些?

橡皮绝缘电力电缆主要用于电厂、大型工矿企业的内部接线，高压电源线以及临时性电力线路上的低压配电系统。适用于固定敷设在交流50Hz、额定电压6kV及以下的输配电线路。导电线芯长期允许工作温度应不超过+65℃，橡皮护套及聚氯乙烯护套电缆在环境温度不低于 -40℃的条件下使用。

14—46　常用聚氯乙烯绝缘聚氯乙烯护套电力电缆用途及工作条件如何?

聚氯乙烯绝缘聚氯乙烯护套电力电缆适用于固定敷设在交流50Hz、额定电压 10kV 及以下的输配电线路。电缆导电线芯的长期允许工作温度不超过 +70℃,短路温度不超过 160℃。敷设电缆时的环境温度应不低于 0℃。电缆最小弯曲直径为电缆弯曲实验用圆柱体直径的 2 倍。

14—47　何谓聚氯乙烯绝缘电力电缆?

用聚氯乙烯塑料作为绝缘层的电力电缆,称其为聚氯乙烯绝缘电力电缆。由于加工简单,没有敷设落差的限制,又有较好的化学稳定性(耐油、耐酸、耐碱、耐腐蚀)和非燃性等优点,现已成为电力电缆中迅速发展的一种重要电力电缆品种。我国目前生产的聚氯乙烯绝缘电力电缆的额定电压为 1~10kV。因聚氯乙烯绝缘介质损耗较大,所以很少制成额定电压高于 10kV 以上的聚氯乙烯绝缘电力电缆。

第十五章 发电厂水处理和脱硫、脱硝

第一节 发电厂水处理

15—1 水在火力发电厂的作用是什么？

在火力发电厂中，水进入锅炉后，吸收燃料放出的热，转变为蒸汽，进入汽轮机，将蒸汽的热能转变为汽轮机的机械能；汽轮机带动发电机，将机械能转变电能。因此，水是电厂整个热力系统的工作介质，也是某些热力设备的冷却介质。如果说燃料是电厂的"口粮"，那么水可称得上是电厂中流动的"血液"。

15—2 水在火力发电厂的各种名称分别是什么？

原水，是指未经任何处理的天然水，它是热力发电厂中各种用水的来源。如江河、湖、地下水等。锅炉补给水，是指经过各种方法净化处理后的原水，用于补充热力发电厂汽水循环系统汽水损失的水。如软化水、蒸馏水和除盐水等。凝结水，是指在汽轮机中做功后的蒸汽经凝汽器冷凝成的水。疏水，各种蒸汽管道和用汽设备中的蒸汽冷凝水。返回水，是指热电厂向用户供热后，回收的蒸汽冷凝水。给水，是指送进锅炉的水。锅炉水，是指锅炉本体循环流动的水。冷却水，是指用作冷却介质的水。内冷水，是指水氢冷式发电机中，用于带走发电机定子绕组运行中产生的热量的水。

15—3 电厂用水的水质指标有哪些？

电厂用水的指标有溶解固形物和含盐量，悬浮物与浊度，碱度和酸度、硬度和有机物。

15—4 火力发电厂主要用水系统有哪些？

辅机循环冷却水、化学水系统（空冷系统补给水系统、锅炉补给水系统、凝结水处理自用水系统、制氢站、化学加药和取样系统等)、公用水系统、灰渣处置用水系统、生活用水系统、煤加工、输送用水系统和烟气脱硫用水系统。

15—5　水质不良对热力设备有哪些影响？

水质不良对热力设备有热力设备的结垢，热力设备的腐蚀和过热器与汽轮机的积盐。

15—6　锅炉补给水的净化处理都有哪些？

锅炉补给水的净化处理包括除去天然水中的悬浮物和胶体的澄清及过滤处理；反渗透预除盐处理，以及离子交换深度除盐处理。

15—7　汽轮机凝结水的精处理的意义是什么？

凝结水为给水的组成部分，其质量的好坏将直接影响到给水的质量，而给水质量的好坏又直接影响到机组的安全经济运行。正常情况下，凝结水的品质是比较好的，但是在机组运行过程中，凝汽器总有少量的冷却水泄漏而混入凝结水中，这些冷却水带入了盐分、胶体、悬浮物等杂质，污染了凝结水，同时在机组正常运行和投运、停运过程中，不可避免地产生金属氧化物，为了保证给水水质，以保证机组安全运行，必须进行凝结水处理，除去这些金属氧化物和因凝汽器泄漏而带入的杂质。

15—8　循环冷却水防垢处理方法有哪些？

循环冷却水防垢处理方法有排污法、酸化法、炉烟处理法、阻垢剂处理法、联合处理法、石灰处理法、离子交换法、反渗透处理法。

15—9　火力发电厂可通过哪些有效的用水工艺和措施来达到节能减排的目的？

（1）提高循环冷却水浓缩倍率可大幅度节水，可在资金和技术允许的情况下，尽可能提高浓缩倍率。

（2）循环冷却水预处理采用添加阻垢剂、杀菌灭藻剂。

（3）辅机冷却塔安装高效除水器。

（4）锅炉排污水送入脱硫系统，重复利用。

（5）厂区煤水经煤水处理设备处理后，再用于煤场喷洒。

（6）生活污水经二级生化处理消毒后，重复利用。

（7）采用干式除灰渣系统。

（8）消防用水是依据最大一次灭火的用水量，其用水量主要是平时备用，消耗很少，可采用辅机循环冷却水作为供水水源。

15—10 监督给水硬度的意义是什么？

避免锅炉和给水系统中生成 Ca、Mg 水垢，以及避免增加炉内磷酸盐处理的用药量，同时可避免炉水中产生过多的水渣。

15—11 炉水、给水、凝结水、饱和蒸汽、过热蒸汽取样分别来自哪里？

炉水从汽包内的连排管中引出，给水来自省煤器入口，饱和蒸汽从汽包饱和蒸汽引出管中引出，过热蒸汽从过热器出口联箱中引出，凝结水来自主凝结水泵出口。

15—12 火力发电厂防止热力设备发生运行氧腐蚀的措施有哪些？

防止系统不严密处漏入空气，进行热力除氧、化学除氧和真空除氧。

15—13 何谓化学清洗？简述其主要操作步骤？

用某些化学药品的水溶液来清除锅炉水汽系统中的各种沉积物，并在金属表面上形成良好的防腐保护膜。一般包括以下几个主要步骤：水冲洗、碱洗或碱煮、酸洗、漂洗、钝化。

15—14 为什么高参数大容量机组的凝结水要进行处理？

随着发电机组的参数及容量不断增大，对锅炉给水的要求愈趋严格，为了提高给水的质量，就要相应地提高对凝结水的水质要求，所以要进行凝结水的处理。

15—15 凝结水污染的原因有哪些？

（1）凝汽器泄漏。

（2）金属腐蚀产物的污染。

（3）热电厂返回水的杂质污染。

15—16　什么是水的硬度？硬度可分为几类？它的常用单位是什么？

水中钙、镁离子的总浓度称作硬度。根据水中阴离子的存在情况，硬度可分为碳酸盐硬度和非碳酸盐硬度两大类。硬度常用的单位是 mmol/L（毫摩尔/升）或 μmol/L（微摩尔/升）。

15—17　什么是水的碱度？碱度可分为几类？它的常用单位是什么？

水的碱度是用来表示水中的 OH^-、CO_3^{2-}，HCO_3 及其它弱酸盐类量的总和。根据测定碱度时所采用的指示剂，碱度可分为酚酞碱度和甲基橙碱度。碱度的常用单位是 mmol/L 或 μmol/L。

15—18　为什么在汽轮机的第一级和最后几级中，往往没有沉积物？

在第一级中，由于蒸汽参数很高，蒸汽流速很快，杂质尚不会从蒸汽中析出或来不及析出，故往往没有沉积物。在最后几级中，由于蒸汽中含有湿分，杂质被转入湿分中，而且湿分能冲掉汽轮机叶片上已析出的物质，故在这里也往往没有沉积物。

15—19　停备用机组启动多长时间内水汽品质应达到正常标准？

停备用机组并网后 8 小时（热备用机组 4 小时）内水汽品质应达到正常运行时的水汽质量标准值。

15—20　停备用锅炉防腐的基本原则是什么？

停备用锅炉防腐的方法很多，但基本原则不外乎以下几点：①不让空气进入停备用锅炉的水汽系统内。如锅炉内保持一定的蒸汽压力或给水压力等。②保持停备用锅炉设备的金属表面充分干燥。如采用热态带压放水的方式，利用炉膛余热烘干或利用相邻运行锅炉的热风烘干等。实践证明，当停备用锅炉设备内部的相对湿度小于 20% 时，就能防止腐蚀。③在金属表面形成具有防腐作用的保护膜或吸附膜。如停炉放水后采用气相缓蚀剂（如碳酸环己胺）等防腐。④使金属表面浸泡在含有除氧剂或其它保护剂的水溶液中。如浸泡在联氨或氨溶液中。⑤在停备用锅炉设备内充入惰性气体。如充入高纯度的氮气或氨气。实际上，上述原则归纳起来就是从除掉阴极去极化剂着手而使阴极极化，或形成稳定的保护膜或吸附膜而使阳极极化，或使金属表面不存在电解质溶液等三个方面采防止产生电化学腐蚀。

15—21 给水加氨的目的是什么？

给水加氨的目的是中和水中二氧化碳，提高给水的 pH 值，防止发生游离二氧化碳腐蚀。

15—22 除碳器为什么要设置在阳阴床之间？

（1）阳床出水中会含有大量的 CO_2，经除碳器除去 CO_2 即是除去了 HCO_3^-，可以减轻阴床负担。

（2）HCO_3^- 的去除，极大地有利于阴床除 $HSiO_3^-$，因为如有大量 HCO_3^- 与 $HSiO_3^-$ 共存，会严重影响 $HSiO_3^-$ 的吸附。

（3）可以降低阴床碱耗，提高水质。

15—23 何谓水垢、水渣？它们的区别是什么？

水垢是由于锅炉水水质不良，经过一段时间运行后，在受热面与水接触的管壁上生成的固态附着物。水渣是指在炉水中呈悬浮状态的固体物质和沉积在汽包、下联箱底部等水流缓慢处的沉渣。区别：水渣比较松散，呈悬浮或沉渣状态，且有一部分易随锅炉排污排掉；而水垢能牢固地粘结在管壁上，不易排掉。

15—24 树脂漏入热力系统有什么危害？

树脂漏入热力系统后，在高温高压作用下发生分解，转化成酸、盐和气态产物，使炉水 pH 值下降；蒸汽携带低分子酸，造成锅炉的酸性腐蚀和汽轮机腐蚀。

15—25 锅炉排污的方式有几种？它们的目的是什么？

连续排污和定期排污。连续排污目的是降低锅炉水的含盐量和排除锅炉水中的泡沫、有机物以及细微悬浮物等。定期排污目的是排除锅炉水中的水渣以及其它沉淀物等。

15—26 水汽监督的主要任务是什么？

（1）监测分析水汽品质各项指标：凝结水、疏水、给水、炉水、饱和蒸汽、过热蒸汽、再热蒸汽等。

（2）及时进行凝水、炉水、给水及闭式水的加药处理，保证水汽品质合格。

（3）指导集控运行人员改善运行工况和定、连排工作。

（4）及时投运在线化学仪表，加强水汽质量监督，发现异常，及时处理。

15—27　热力除氧的基本原理是什么？

热力除氧是根据气体在水中的溶解度与其分压力成正比的气体溶解定律（亨利定律）进行的。水在加热过程中，随着温度的升高，在汽－水界面上，蒸汽的分压力越来越高，氧（及其它气体）的分压力越来越低。当水加热到沸点时，则水蒸气的分压力上升至和外界压力相等，氧（及其它气体）的分压力降至零，于是水中的溶解氧就会完全逸出。

15—28　除氧器出水溶解氧不合格的原因是什么？

（1）设备存在缺陷。如除氧头振动引起淋水盘、填料支架托盘、滤网等损坏，或水中的腐蚀产物堵塞淋水孔板、喷嘴，以及雾化喷嘴脱落，都能使出水溶解氧长期不合格。

（2）运行调整不当。如除氧器进汽汽压低、水温低、水位过高或进水量过大（喷雾式除氧器进水量过低）等，都会引起出水溶解氧短期不合格。

（3）运行方式不合理。如高温疏水量过多，加热蒸汽压力高，除氧器内蒸汽量过大发生汽阻，都会使出水溶解氧不合格。

（4）排气门开度不够。排气门开度小，解析出来的气体排不出去，或冬季排气管（有弯管的）内的疏水冻结，引起管道堵塞，气体排不出去等，都能使出水溶解氧不合格。

15—29　造成凝结水含氧量过高的原因有哪些？

凝汽器运行工况存在下列情况时，就会使凝结水含氧量增高：①凝结水过冷；②空气油出器工作效率低；③真空系统不严密；④凝汽器水位过高；⑤凝结水泵的盘根漏气；⑥凝汽器内漏入冷却水；⑦向凝汽器补入化学除盐水时，没有充分喷散，水中的溶解氧未能解析出来。

15—30　锅炉炉水磷酸盐防垢处理的基本原理是什么?

磷酸盐防垢处理的基本原理是:向锅炉水中投加 Na_3PO_4,使 PO_4^{3-} 在高碱度沸腾的锅炉水中与 Ca^{2+} 反应,生成易于排除的碱式磷酸盐水渣,如下:

$$10Ca^{2+} + 6PO_4^{3-} + 2OH^- \rightarrow Ca_{10}(OH)_2(PO_4)_6\downarrow$$

随给水进入锅炉的少量 Mg^{2+},在高温的碱性锅炉水中与 SiO_3^{2-} 反应生成蛇纹石水渣,如下:

$$3Mg^{2+} + 2SiO_3^{2-} + 2OH^- + H_2O \rightarrow 3MgO \cdot 2SiO_2 \cdot 2H_2O$$

上述水渣极易随锅炉排污水排掉,因此防止了在锅炉内产生水垢。

15—31　给水含钠量或含硅量不合格的原因是什么? 如何处理?

①组成给水的凝结水、补给水、疏水或生产返回水的含钠量(或电导率)、含硅量、碱度不合格。②锅炉连续排污扩容器送出的蒸汽严重带水(此蒸汽通向除氧器时)。处理方法:①查明不合格的水源,并采取措施使此水源水质合格或减少其使用量。②调整连续排污扩容器的运行。

15—32　汽轮机凝汽器的循环水为什么要进行处理?

汽轮机凝汽器的循环冷却水水质不良,能引起凝汽器铜管内壁结垢及产生有机附着物等。由于这些物质的导热性很差,会导致凝汽器的端差升高,真空度下降,使汽轮机的出力和运行经济性下降。同时,水质不良也能引起凝汽器铜管腐蚀而穿孔,循环冷却水漏入凝结水中,恶化了凝结水和给水水质,导致锅炉受热面管内结垢和腐蚀,影响发电厂的安全运行。所以,对凝汽器的循环冷却水,必须进行适当的处理。

15—33　氧化铁垢形成原因是什么? 其特点是什么?

锅炉受热面局部热负荷过高;锅炉水中含铁量较大;锅炉水循环不良;金属表面腐蚀产物较多等。氧化铁垢一般呈贝壳状,有的呈鳞片状凸起物,垢层表面为褐色,内部和底部是黑色或灰色。垢层剥落后,金属表面有少量的白色物质,这些白色物质主要是硅、钙、镁和磷酸盐的化合物，有的垢中还含有少量的氢氧化钠。氧化铁垢的最大特点是垢层下的金属表面受到不同程度的腐蚀损坏，从产生麻点、溃疡直到穿孔。

第二节　电厂的脱硫与脱硝

15—34　火力发电厂的污染物主要有哪些?

火力发电厂的污染物主要有燃烧产生的大气污染，如粉尘、硫氧化物、氮氧化物、二氧化碳和微量重金属，以及噪声污染，冷却水污染等。

15—35　二氧化硫的危害有哪些?

二氧化硫对人体健康、植物、纺织品、建筑材料、历史古迹等都具有极其严重的危害性，还能造成"酸雨"现象，使环境酸化，破坏生态环境。

15—36　二氧化硫的控制技术有哪些?

二氧化硫的控制技术基本上可以分为三类：燃烧前脱硫、燃烧中脱硫及燃烧后脱硫即烟气脱硫。其中，燃烧前脱硫可分为煤炭洗选技术、煤的气化技术、水煤浆技术和型煤加工技术；燃烧中脱硫可分为炉内喷钙技术和流化床燃烧技术；烟气脱硫可分为湿法烟气脱硫和干法烟气脱硫。另外还有海水脱硫、炉内喷钙加尾部增湿活化器脱硫、半干法脱硫和吸收再生法。

15—37　石灰石湿法烟气脱硫的基本原理是什么?

采用石灰石或石灰做脱硫吸收剂，石灰石破碎与水混合，磨细成粉状，制成吸收浆液（当采用石灰为吸收剂时，石灰粉经消化处理后加水搅拌制成吸收浆）。在吸收塔内，烟气中的二氧化硫与浆液中的碳酸钙以及鼓入的氧化空气进行化学反应生成二水石膏，二氧化硫被脱除。吸收塔排出的石膏浆液经脱水装置脱水后回收。脱硫后的烟气经除雾器去水、换热器加热升温后进入烟囱排向大气。

15—38 影响湿式脱硫吸收的主要因素是什么？

pH 值、L/G 液气比、Ca/S 摩尔比、FGD 入口烟气流量和 SO_2 浓度、石灰石品质、浆液浓度等。其中控制合适的 pH 值和保持 pH 值的稳定是湿式脱硫效率的关键，一般 pH 值控制在 5.0～5.6 之间比较适宜。

15—39 脱硫吸附剂的选择条件是什么？

（1）吸收能力强。吸收剂应与 SO_2 的反应性好，这有利于提高脱硫效率，减少吸收剂用量，减少设备体积，降低能耗。

（2）挥发性和凝固点低，不易燃烧和发泡，黏度低。

（3）不腐蚀设备或腐蚀性小，以减少设备防腐投资和维护费用。

（4）无毒无害，化学稳定性好。

（5）来源丰富，价格低廉，最好能就地取材，以减少运费。

（6）方便处理和操作，容易产生有价值的脱硫副产品。

（7）不产生二次污染。

15—40 脱硫废水中超标物质主要有哪些？

脱硫废水中超标物质主要有悬浮物、pH 值、汞、铜、铅、镍、锌、砷、氟、钙、镁、铝、铁以及氯根、硫酸根、亚硫酸根、碳酸根等。

15—41 氮氧化物的危害主要有哪些？

氮氧化物与空气中的水结合最终会转化成硝酸和硝酸盐，硝酸是酸雨的成因之一；它与其它污染物在一定条件下能产生光化学烟雾污染；对臭氧层有一定的破坏作用。酸雨、光化学烟雾以及臭氧层的破坏对环境和人体健康都有一定的破坏作用。NO 通地气管、肺进入人血液中和红血球反应，反血红朊变成正铁血红朊而对血液有毒害作用。同时，它作用于中枢神经，产生麻痹作用，引起痉挛、类脂性肺火及其它肺结构的变态。长期处于高 NO_2 下，会助长细菌对肺的感染，并且引起局部的肺气肿。

15—42 煤燃烧过程中影响氮氧化物生成的主要因素有哪些？

（1）煤种特性，如煤的含氮量、挥发分含量、染料中固定碳

/挥发分之比，以及挥发分中含氢量与含水量氮量之比。

（2）燃烧区域的温度峰值。

（3）反应区中氧、氮、一氧化碳和烃根等的含量。

（4）可燃物在反应区中的停留时间。

15—43　控制氮氧化物产生的燃烧技术措施有哪些？

低氧燃烧，一般可降低 15% ~20% 的氮氧化物排放。空气分级燃烧，是目前应用最广泛的低氮氧化物燃烧技术。烟气再循环，是目前在燃气和燃油锅炉上应用较多的一种低氮氧化物燃烧技术。低氮氧化物燃烧器，新一代的低氮氧化物燃烧器可在原有的基础上进一步降低氮氧化物 20%，并对燃烧的影响降到最小。再燃，又称分级燃烧。

15—44　烟气脱硝技术有哪几种，各有什么不同？

选择性催化还原（SCR）、选择性非催化还原（SCNR）和湿法脱硝。选择性催化还原（SCR）采用催化剂促进还原剂（氨水或尿素）与烟气中的氮氧化物（NO_x）反应。SCR 胶硝效率高达 90%，但是其初投资和日常操作费用很高。选择性非催化还原是向烟气中喷氨或尿素等含有 NH_3 基的还原剂，在高温（900 ~1100℃）无催化剂的情况下，通过烟道气流中产生的氨自由基与 NO_x 反应，把 NO_x 还原成 N_2 和 H_2O。湿法脱硝，NO 通过与臭氧、ClO_2 或者 $KMnO_4$ 反应，氧化成 NO_2，NO_2 被水或者碱性溶液吸收，从而实现脱硝。这种方法脱硝效率达到 90% 以上，并可以同时脱硫。但会带来水的污染问题。

15—45　烟气同时脱硫脱硝技术有哪几种？

电子束辐射技术、脉冲电晕放电技术、固相吸附再生技术、SNO_xK 工艺和 SNRB（SO_x—NO_x—RO_x—BO_x）烟气净化工艺。

第十六章　安全用电

第一节　电气工作的安全措施

16—1　安全用电的一般原则有哪些？

（1）不靠近高压带电体（室外、高压线、变压器旁），不接触低压带电体。

（2）不用湿手扳开关，插入或拔出插头。

（3）安装、检修电器应穿绝缘鞋，站在绝缘体上，且要切断电源。

（4）禁止用铜丝代替保险丝，禁止用橡皮胶代替电工绝缘胶布。

（5）在电路中安装触电保护器，并定期检验其灵敏度。

（6）下雷雨时，不使用收音机、录像机、电视机，且拔出电源插头，拔出电视机天线插头。暂时不使用电话（包括手机），如一定要用，可用免提功能健。

16—2　电气工作人员必须具备哪些条件？

（1）经医师鉴定，无妨碍工作的病症（体格检查每两年至少一次）。

（2）具备必要的电气知识和业务技能，且按其岗位和工作性质，熟悉本规程的有关部分，并经考试合格，持证上岗。

（3）具备必要的安全生产知识，学会紧急救护法，特别要学会触电急救。

16—3　电气设备中高压设备与低压设备指的是什么？

高压：设备对地电压在 250V 以上者；低压：设备对地电压在 250V 及以下者。

16—4　单人值班应具备哪些条件？

（1）值班人员必须熟悉电气设备。

（2）应有实际工作经验。

（3）室内高压设备的隔离室设有遮栏，遮栏的高度在 1.7m 以上，安装牢固并加锁。

（4）室内高压开关的操作机构用墙或金属板与该开关隔离，或装有远方操作机构。

（5）单人值班不得单独从事修理工作。

16—5　巡视高压设备应注意哪些事项？

（1）经所属企业批准允许单独巡视高压设备的人员巡视高压设备时，不得进行其它工作，不得移开或越过遮栏。

（2）雷雨天气，需要巡视室外高压设备时，应穿绝缘靴，并不得靠近避雷器和避雷针。

（3）高压设备发生接地时，室内不得接近故障点 4m 以内，室外不得接近故障点 8m 以内。进入上述范围人员必须穿绝缘靴，接触设备的外壳和架构时，应戴绝缘手套。

（4）巡视配电装置，进入配电室，必须随手将门关好；离开时，必须将门锁好。

（5）配电室的钥匙至少应有三把，由运行值班人员负责保管，按值移交。一把专供紧急时使用，一把专供运行值班人员使用，其它可以借给许可单独巡视配电设备的人员和工作负责人使用，但必须登记签名，当日交回。

16—6　值班人员巡视设备的安全距离和安全措施有哪些？

（1）不论高压设备带电与否，值班人员不得单独移开或越过遮栏进行工作；若有必要移开遮栏时，必须有监护人在场，此距离要大于最小安全距离：10kV 及以下 0.7m；20～35kV，1.0m；60～110kV，1.5 m；220kV，3.0m；330kV，4.0m；500kV，5.0m。

（2）10kV、20kV、35kV 配电装置的裸露部分在跨越人行过道或作业区时，若导电部分对地高度分别小于 2.7m、2.8m、2.9m，则该裸露部分两侧和底部须装设护网。

（3）室内母线分段部分、母线交叉部分及部分停电检修易误碰有电设备的，应设有明显标志的永久性隔离挡板（护网）。

（4）待用间隔（母线连接排或连接线已经连上母线，但出线或出线设备尚未安装完毕的间隔），其隔离开关（刀闸）操作手柄必须上锁。

16—7 什么是倒闸操作票？如何填写倒闸操作票？

倒闸操作票是电气工作人员在进行倒闸操作时的依据，是在进行倒闸操作过程中，防止误操作的保护。

倒闸操作应根据设备分管权限分别由电网调度员或运行值班负责人发布命令、受令人复诵无误后执行。发布命令应准确、清晰、使用正规操作术语和设备双重名称（即设备名称和编号或编码）。发令人使用电话发布命令前，应先和受令人互报单位、姓名，并使用普通话。电网调度员发布命令的全过程（包括复诵命令）和向电网调度员汇报命令执行情况，都要录音并作好记录。操作人员（包括监护人）应了解操作目的和操作顺序，对指令有疑问时应向发令人询问清楚无误后执行。

每份操作票只能填写一个操作任务。

倒闸操作由操作人填写操作票，操作票应填写设备的双重名称，即设备名称和编号或编码。操作票手书内容应用钢笔或签字笔填写，操作票票面应清楚整洁，不得任意涂改。操作人和监护人应根据接线图和实际运行方式核对所填写的操作项目，并分别签名，然后经运行值班负责人审核签名。操作票宜应用计算机管理，并制定相应的管理规定。

16—8 哪些操作可以不用操作票？

（1）事故处理。

（2）拉合断路器（开关）的单一操作。

（3）拉开或拆除全厂唯一的一组接地刀闸或接地线。

（4）水电厂由计算机控制的自动开停机操作。

上述操作在完成后应作好记录，事故应急处理应保存原始记录。

16—9 在电气设备上工作，必须遵守哪些规定？

（1）填用电气工作票或工作联系单。

（2）至少应有两人在一起工作。

（3）完成保证工作人员安全的组织措施和技术措施。

16—10　在电气设备上工作，保证安全的组织措施有哪些?

（1）工作票制度。

（2）工作许可制度。

（3）工作监护制度。

（4）工作间断、转移和终结制度。

16—11　工作票中"必须采取的安全措施"一栏，应主要填写什么内容?

（1）要求运行人员做好的安全措施。如断开电源，隔断与运行设备联系的热力系统，对检修设备消压、吹扫等。填写时应具体写明必须停电的设备名称（包括应拉开的开关、刀闸和保险等），必须关闭或开启的阀门（应写明名称和编号），并悬挂警告牌，还应写明应加锁的阀门。

（2）要求运行值班人员在运行方式、操作调整上采取的措施。

（3）为保证人身安全和设备安全必须采取的防护措施。措施中凡由检修人员执行的，签发工作票时应注明"检修自理"。

（4）工作票安全措施项目较多的，可使用热力机械工作票或外包热力机械工作票的附页。

16—12　工作票中"运行人员补充安全措施"一栏，应主要填写什么内容?

（1）由于运行方式和设备缺陷（如阀门不严等）需要扩大隔断范围的措施。

（2）运行值班人员需要采取的保障检修现场人身安全和设备运行安全的运行措施。

（3）补充工作票签发人提出的安全措施。

（4）提示检修人员的安全注意事项。

（5）如无补充措施，应在本栏中填写"无补充"，不得空白。

16—13 工作许可人许可手续有哪些？

（1）会同工作负责人到现场再次检查所做的安全措施，对具体的设备指明实际的隔离措施，证明检修设备确无电压。

（2）对工作负责人指明带电设备的位置和注意事项。

（3）和工作负责人在工作票上分别签名。

完成上述许可手续后，工作班方可开始工作。

16—14 工作监护制度的规定有哪些？

（1）完成工作票许可手续后，工作负责人（监护人）应向工作班人员交待工作内容、人员分工、现场安全措施、带电部位和其它注意事项，进行危险点告知。工作负责人（监护人）必须始终在工作现场，对工作班人员的安全认真监护，及时纠正违反安全的行为。

（2）所有工作人员（包括工作负责人）不许单独进入、滞留在高压室内和室外变电所高压设备区内。若工作需要（如测量极性、回路导通试验等），且现场设备具体情况允许时，可以准许工作班中有实际经验的一人或几人同时在他室进行工作，但工作负责人应在事前将有关安全注意事项予以详尽地告知。

（3）工作负责人（监护人）在全部停电时，可以参加工作班工作。在部分停电时，只有在安全措施可靠、人员集中在一个工作地点、不致误碰导电部分的情况下，方能参加工作。

（4）工作票签发人或工作负责人应根据现场的安全条件、施工范围、工作需要等具体情况，增设专责监护人和确定被监护的人员，专责监护人不得兼做其它工作。工作期间，工作负责人若因故必须离开工作地点时，应指定能胜任的人员临时代替，离开前应将工作现场交待清楚，并告知工作班人员。原工作负责人返回工作地点时，也应履行同样的交接手续。若工作负责人需要长时间离开现场，应由原工作票签发人变更工作负责人，履行变更手续，并告知全体工作人员。两工作负责人应做好必要的交接。

（5）如发现工作人员违反安全规程或任何危及工作人员安全

的情况，应向工作负责人提出改正意见，必要时可暂时停止工作，并立即报告上级。

16—15　如何履行工作间断手续？

工作间断时，工作班人员应从工作现场撤出，所有安全措施保持不动，工作票仍由工作负责人执存。间断后继续工作，无需通过工作许可人。每日收工时，应清扫工作地点，开放检修作业时临时封闭的通路。次日复工时，工作负责人必须事前重新认真检查安全措施是否符合工作票的要求后，方可工作。若无工作负责人或专责监护人带领，工作人员不得进入工作地点。

16—16　如何履行工作终结手续？

（1）全部工作完毕后，工作班应清扫、整理现场。工作负责人应先周密地检查，待全体工作人员撤离工作地点后，再向运行值班人员讲清所修项目、发现的问题、试验结果和存在的问题等，并与运行值班人员共同检查设备状况、有无遗留物件、是否清洁等，然后在工作票上填明工作终结时间，经双方签名后，在工作票上盖"已终结"印章，工作方告终结；

（2）工作终结后，运行值班人员在拆除该票要求装设的所有接地线、断开所有接地刀闸，收回所有标示牌，恢复遮栏后，由运行值班负责人在留存运行处的电气工作票上签字，盖"已复役"印章，该工作票方告结束；

（3）已结束的工作票、工作联系单、事故紧急抢修单应保存12个月。

16—17　在全部停电或部分停电的电气设备上工作的技术措施有哪些？

（1）停电。

（2）验电、装设接地线。

（3）悬挂标识牌和装设遮栏。

16—18　如何进行验电工作？

（1）验电时，必须使用相应电压等级而且合格的接触式验电器。

388

（2）在装设接地线或合接地刀闸处对各相分别验电。

（3）高压验电必须戴绝缘手套，并有专人监护。

（4）对无法进行直接验电的设备，表示设备断开和允许进入间隔的信号、经常接入的电压表等，不得作为设备无电压的根据。

16—19　如何进行装设接地线工作？

（1）当验明设备确已无电压后，应立即将检修设备接地并三相短路。对于可能送电至停电设备的各方面或停电设备可能产生感应电压的都要装设接地线，所装接地线与带电部分应考虑接地线摆动时仍符合安全距离的规定。

（2）对于因平行或邻近带电设备导致检修设备可能产生感应电压时，应加装接地线或工作人员使用个人保安线，加装的接地线应登录在工作票上，个人保安接地线由工作人员自装自拆。

（3）检修母线时，应根据母线的长短和有无感应电压等实际情况确定接地线数量。

（4）检修部分若分为几个在电气上不相连接的部分，如分段母线以隔离开关（刀闸）或断路器（开关）隔开分成几段，则各段应分别验电接地短路。

（5）在室内配电装置上，接地线应装在该装置导电部分的规定地点，这些地点的油漆应刮去，并划下黑色记号。

（6）装设接地线必须由两人进行。装设接地线必须先接接地端，后接导体端，且必须接触良好。拆接地线的顺序与此相反。

（7）接地线应采用三相短路式、有透明护套的多股软铜接地线，其截面应符合短路电流的要求，但不得小于 $25mm^2$。

（8）严禁工作班人员擅自移动或拆除接地线。

（9）每组接地线均应编号，并存放在固定地点。

（10）装、拆接地线，应做好记录，交接班时应交待清楚。

16—20　标示牌可分几类？

可分以下六类：①禁止合闸，有人工作；②禁止合闸，线路有人工作；③在此工作；④止步，高压危险；⑤从此上下；⑥禁止攀登，高压危险！

16—21 线路作业时，要做哪些安全措施？

（1）线路的停送电均应按照值班调度员或有关单位书面指定的人员的命令执行。严禁约时停、送电。停电时，必须先将该线路可能来电的所有断路器（开关）、线路隔离开关（刀闸）、母线隔离开关（刀闸）全部拉开，小车开关应拉至试验或检修位置，并断开断路器（开关）、隔离开关（刀闸）的操作能源。用验电器验明确无电压后，在线路上所有可能来电的各端装接地线或合上接地刀闸，线路隔离开关（刀闸）操作把手上挂"禁止合闸，线路有人工作！"的标示牌。

（2）电网调度线路作业时，运行值班负责人应将调度提供的线路停电检修工作内容及发电厂内安全措施的执行和拆除情况记入值班日志。

（3）企业内部调度线路作业时，运行值班负责人必须将停电检修在工作班组数目、工作负责人姓名、工作地点和工作任务记入值班日志。

16—22 如何进行带电断、接空载线路？

（1）作业人员应确认线路的另一端断路器（开关）和隔离开关（刀闸）确已断开，接入线路侧的变压器、电压互感器确已退出运行后，方可进行。严禁带负荷断、接引线。

（2）作业人员应戴护目镜，并应采取消弧措施。消弧工具的断流能力应与被断、接的空载线路电压等级及电容电流相适应。

（3）在查明线路确无接地、绝缘良好、线路上无人工作且相位确定无误后，才可进行带电断、接引线。

（4）带电接引线时未接通相的导线及带电断引线时，已断开相的导线将因感应而带电。为防止电击，应采取措施后人员才能触及。

（5）严禁同时接触未接通的或已断开的导线两个断头，以防人体串入电路。

16—23　如何进行低压带电作业？

（1）低压带电作业应设专人监护。

（2）使用有绝缘柄的工具，其外裸的导电部位应采取绝缘措施，防止操作时相间或相对地短路。工作时，应穿绝缘鞋和全棉长袖工作服，并戴手套、安全帽和护目镜，站在干燥的绝缘物上进行。严禁使用锉刀、金属尺和带有金属物的毛刷、毛掸等工具。

（3）高低压同杆架设，在低压带电线路上工作时，应先检查与高压线的距离，采取防止误碰带电高压设备的措施。在低压带电导线未采取绝缘措施时，工作人员不得穿越。在带电的低压配电装置上工作时，应采取防止相间短路和单相接地的绝缘隔离措施。

（4）上杆前，应先分清相线、零线，选好工作位置。断开导线时，应先断开相线，后断开零线。搭接导线时，顺序应相反。

（5）人体不得同时接触两根线头。

16—24　如何进行高压试验？

（1）高压试验应填用工作票。

（2）高压试验工作不得少于两人。

（3）因试验需要拆开设备接头时，拆前应做好标记，接后应进行检查。

（4）试验装置的金属外壳应可靠接地；高压引线应尽量缩短，并采用专用的高压试验线，必要时用绝缘物支持牢固。试验装置的电源开关，应使用明显断开的双极刀闸。为了防止误合刀闸，可在刀刃上加绝缘罩。试验装置的低压回路中应有两个串联电源开关，并加装过载自动跳闸装置。

（5）试验现场应装设遮栏或围栏，向外悬挂"止步，高压危险！"的标示牌，并派人看守。

（6）加压前必须认真检查试验接线，使用规范的短路线，表计倍率、量程，调压器零位及仪表的开始状态，均正确无误，通知有关人员离开被试设备，并取得试验负责人许可，方可加压。

加压过程中应有人监护并呼唱，高压试验工作人员在全部加压过程中，应精力集中，随时警戒异常现象发生，操作人应站在绝缘垫上。

（7）变更接线或试验结束时，应首先断开试验电源，放电，并将升压设备的高压部分放电、短路接地。

（8）未装地线的大电容被试设备，应先行放电再做试验。高压直流试验时，每告一段落或试验结束时，应将设备对地放电数次并短路接地。

（9）试验结束时，试验人员应拆除自装的接地短路线，对被试设备进行检查，恢复试验前的状态，经试验负责人复查后，进行现场清理。

（10）特殊的重要电气试验，应有详细的试验措施，并经企业主管生产的副厂长（或总工程师）批准。升压站（变电站）发现有系统接地故障时，禁止进行接地网接地电阻的测量。

16—25　使用携带型仪器在高压回路上工作，应采取哪些安全措施？

（1）至少由两人进行，并填用工作票或工作联系单。

（2）除使用特殊仪器外，所有使用携带型仪器的测量工作，均应在电流互感器和电压互感器的二次侧进行。

（3）电流表、电流互感器及其它测量仪表的接线和拆卸，需要断开高压回路者，应将此回路所连接的设备和仪器全部停电后，方可进行。

（4）电压表、携带型电压互感器和其它高压测量仪器的接线和拆卸无需断开高压回路者，可以带电工作。但应使用耐高压的绝缘导线，导线长度应尽可能缩短，不准有接头，并应连接牢固，以防接地和短路。必要时用绝缘物加以固定。使用电压互感器进行工作时，应先将低压侧所有接线接好，然后用绝缘工具将电压互感器接到高压侧。工作时应带手套和护目眼镜，站在绝缘垫上，并应有专人监护。

（5）连接电流回路的导线截面，应适合所测电流数值。连接电压回路的导线截面不得小于 1.5mm²。

（6）非金属外壳的仪器，应与地绝缘，金属外壳的仪器和变压器外壳应接地。

（7）测量用装置必要时应设遮栏和围栏，并悬挂"止步，高压危险！"的标示牌。

16—26　在高压回路上使用钳形电流表时，应采取哪些安全措施？

（1）运行值班人员在高压回路上使用钳形电流表的测量工作，应由两人进行。非运行值班人员测量时，应填用工作票或工作联系单。

（2）在高压回路上测量时，严禁用导线从钳形电流表另接表计测量。

（3）测量时若需拆除遮栏，应在拆除遮栏后立即进行。工作结束，应立即将遮栏恢复原位。

（4）使用钳形电流表时，应注意钳形电流表的电压等级。测量时戴绝缘手套，站在绝缘垫上，不得触及其它设备，以防短路或接地。观测表计时，要特别注意保持头部与带电部分的安全距离。

（5）测量低压熔断器（保险）和水平排列的低压母线电流时，测量前应将各相熔断器（保险）和母线用绝缘材料加以包护隔离，以免引起相间短路，同时应注意不得触及其它带电部分。

（6）在测量高压电缆各相电流时，电缆头线间距离应在 300mm 以上，且绝缘良好，测量方便者，方可进行。当有一相接地时，严禁测量。

（7）钳形电流表应保存在干燥的室内，使用前应擦拭干净。

16—27　如何使用兆欧表测量高压设备的绝缘工作？

（1）使用兆欧表测量高压设备绝缘，应由两人进行。

（2）测量用的导线应使用绝缘导线，其端部应有绝缘套。

（3）测量绝缘时，必须将被测设备从各方面断开，验明无电压，确认设备无人工作后，方可进行。在测量中禁止他人接近设备。在测量绝缘前后，必须将被试设备对地放电。测量线路绝缘时，应取得许可并经对方允许后方可进行。

（4）在有感应电压的线路上（同杆架设的双回线路或单回路与另一线路有平行段）测量绝缘时，应将相关线路同时停电，方可进行。雷电时，严禁测量线路绝缘。

（5）在带电设备附近测量绝缘电阻时，测量人员和兆欧表的安放位置必须选择适当，并保持安全距离，以免兆欧表引线或引线支持物触碰带电部分。移动引线时，必须注意监护，防止工作人员触电。

16—28　在高处作业时应采取哪些安全措施？

凡在离地面 1.5m 及以上的地点进行的工作，都应视作高处作业。高处作业应注意以下事项：

（1）进入高处作业现场，必须戴安全帽；

（2）高处作业人员必须使用安全带（绳），使用前应检查完好，并定期进行静荷重试验。安全带（绳）应挂在牢固的构件上或专为挂安全带用的钢架或钢丝绳上，并不得低挂高用，禁止系挂在移动或不牢固的物件上；

（3）高处作业应一律使用工具袋。较大的工具应固定在牢固的构件上，不准随意乱放，上下传递物件应用绳索栓牢传递，严禁上下抛掷。

16—29　电气设备发生火灾时，应采取什么措施？

（1）电气设备发生火灾时，应立即将有关设备的电源切断，采取紧急隔停措施，然后进行灭火，同时立即报告运行值班负责人。

（2）电气设备发生火灾时，严禁使用能导电的灭火剂进行灭火。旋转电机发生火灾时，还应禁止使用干粉灭火器和干砂直接灭火。

（3）控制室内应备有正压式呼吸器，正压式呼吸器必须按规定使用并定期进行试验，使其处于良好状态。

第二节 电气安全用具

16—30 电气安全用具的定义是什么？

为防止电气工作人员作业中发生人身触电、高处坠落、电弧灼伤等伤害事故，保障工作人员人身安全的各种专用工具和用具，统称为电气安全用具。

16—31 电气安全用具的分类有哪些？

绝缘安全用具和非绝缘安全用具。

16—32 对绝缘安全用具有哪些要求？

（1）必须是经国家批准准许生产的厂家产品。

（2）必须符合国家规定标准，并有合格证。

（3）必须表面干净，无毛刺、伤痕、裂纹、气泡。

（4）必须经过试验合乎标准。

（5）运输途中，必须妥善保管好绝缘安全用具，不得使绝缘安全用具在途中损伤。

（6）必须按规定正确地使用绝缘安全用具。

（7）必须加强对绝缘安全用具的保管和维护。

16—33 如何正确使用绝缘安全用具？

（1）使用前应对绝缘安全用具进行仔细检查，用具是否完好，表面应无损坏、无灰尘、无污染。损坏的不得使用。

（2）安全用具中的橡胶制品应无外伤、裂纹、气泡、漏洞、毛刺、刮痕等，发现缺陷不得使用。

（3）检查安全用具的电压等级与操作的电压等级是否相符。

（4）进行高压验电时，应戴绝缘手套，穿绝缘靴或站在绝缘台上。

（5）无特殊防护装置的绝缘棒，不允许在下雨或下雪时进行室外操作。

（6）潮湿天气的室外操作，不允许用无特殊防护的绝缘夹。

（7）严禁用其它工具代替安全用具。

（8）安全用具使用前或用完后，应擦拭干净，放回原处，防止受潮损坏。

16—34 基本电气安全用具有哪些？

绝缘棒、绝缘靴（鞋）、绝缘垫、绝缘台和绝缘隔板。

第三节 漏电保护器

16—35 什么是漏电保护器？有什么作用？

漏电保护器，又叫漏电保护开关，主要是用来在设备发生漏电故障时以及对有致命危险的人身触电进行保护。

16—36 漏电保护器的工作原理是什么？

将漏电保护器安装在线路中，一次线圈与电网的线路相连接，二次线圈与漏电保护器中的脱扣器连接。当用电设备正常运行时，线路中电流呈平衡状态，互感器总电流矢量之和为零。由于一次线圈中没有剩余电流，所以不会感应二次线圈，漏电保护器的开关装置处于闭合状态运行。当设备外壳漏电，并有人触及时，则在故障点产生分流，此漏电电流经人体、大地返回变压器中性点，致使互感器中流入、流出的电流出现了不平衡，一次线圈中产生剩余电流。因此，便会感应二次线圈，当这个电流值达到该漏电保护器限定的动作电流值时，自动开关脱扣，切断电源。

16—37 漏电保护器的主要结构是什么？

漏电保护器主要由三部分组成：检测元件，中间放大环节，操作执行机构。

16—38 在哪些场所需要装设漏电保护器？

（1）属于 i 类的移动式电气设备及手持式电动工具（i 类电气产品，即产品的防电击保护不仅依靠设备的基本绝缘，而且还包含一个附加的安全预防措施，如产品外壳接地）。

（2）安装在潮湿、强腐蚀性等恶劣场所的电气设备。

（3）建筑施工工地的电气施工机械设备。

（4）暂设临时用电的电器设备。

（5）宾馆、饭店及招待所的客房内插座回路。

（6）机关、学校、企业、住宅等建筑物内的插座回路。

（7）游泳池、喷水池、浴池的水中照明设备。

（8）安装在水中的供电线路和设备。

（9）医院中直接接触人体的电气医用设备。

（10）其它需要安装漏电保护器的场所。

16—39　漏电保护器的分类有哪些？选用原则是什么？

一般可分为漏电保护继电器、漏电保护开关和漏电保护插座三种。

（1）漏电保护继电器是指具有对漏电流检测和判断的功能，而不具有切断和接通主回路功能的漏电保护装置。它可与大电流的自动开关配合，作为低压电网的总保护或主干路的漏电、接地或绝缘监视保护。

（2）漏电保护开关是指不仅它与其它断路器一样可将主电路接通或断开，而且具有对漏电流检测和判断的功能，当主回路中发生漏电或绝缘破坏时，漏电保护开关可根据判断结果将主电路接通或断开的开关元件。它与熔断器、热继电器配合可构成功能完善的低压开关元件。

（3）漏电保护插座是指具有对漏电流检测和判断并能切断回路的电源插座。其额定电流一般为 20A 以下，漏电动作电流 6～30mA，灵敏度较高，常用于手持式电动工具和移动式电气设备的保护及家庭、学校等民用场所。

16—40　漏电保护器安装运行注意事项有哪些？

（1）漏电保护器的安装应符合生产厂家产品说明书的要求。

（2）标有电源侧和负荷侧的漏电保护器不得接反。如果接反，会导致电子式漏电保护器的脱扣线圈无法随电源切断而断电，以致长时间通电而烧毁。

（3）安装漏电保护器不得拆除或放弃原有的安全防护措施，漏电保护器只能作为电气安全防护系统中的附加保护措施。

（4）安装漏电保护器时，必须严格区分中性线和保护线。使用三极四线式和四极四线式漏电保护器时，中性线应接入漏电保护器。经过漏电保护器的中性线不得作为保护线。

（5）工作零线不得在漏电保护器负荷侧重复接地，否则漏电保护器不能正常工作。

（6）采用漏电保护器的支路，其工作零线只能作为本回路的零线，禁止与其它回路工作零线相连，其它线路或设备也不能借用已采用漏电保护器后的线路或设备的工作零线。

（7）安装完成后，应按照"动力和照明工程的漏电保护器应做模拟动作试验"的要求，对完工的漏电保护器进行试验，以保证其灵敏度和可靠性。试验时可操作试验按钮三次，带负荷分合三次，确认动作正确无误，方可正式投入使用。

第四节 触 电 急 救

16—41 若触电者触及低压带电设备，如何将其脱离电源？

拉开电源开关或刀闸，拔除电源插头等；使用绝缘工具、干燥木棒、木板、绳索等不导电的东西解脱触电者；也可抓住触电者干燥而不贴身的衣服，将其拖开，切记要避免碰到金属物体和触电者裸露身躯；也可戴绝缘手套或手用干燥衣物等包裹绝缘后解脱触电者；也可站在绝缘垫或干燥木板上救护。为使触电者与导电体解脱，最好用一只手进行。

16—42 触电者触及高压带电设备，如何将其脱离电源？

迅速切断电源，或者用适合该电压等级的绝缘工具及绝缘手套（穿绝缘鞋并用绝缘棒）解脱触电者。救护人员注意保持与周围带电部分必要的安全距离。

16—43 触电者脱离电源后如何处理？

（1）触电者如神智清醒，应使其就地平躺，严密观察，暂时不要站立行走。

（2）如神智不清，就地平躺，确保气道畅通，并在 5 秒内呼叫或轻拍其肩部，以判定伤员是否丧失意识。禁止摇动伤员头部呼叫伤员。

（3）若呼吸停止立即实施人工呼吸，呼吸、心跳停止立即实施心肺复苏法。

16—44　触电急救的原则是什么？

进行触电急救，必须贯彻"迅速、就地、准确、坚持"的原则。触电急救必须分秒必争，立即就地迅速用心肺复苏法进行抢救，并坚持不断地进行，同时及早与医疗部门联系，争取医务人员接替救治。在医务人员未接替救治前，不应放弃现场抢救，更不能只根据没有呼吸或脉搏擅自判定伤员死亡，放弃抢救。只有医生有权做出伤员死亡的诊断。

16—45　触电方式有哪些？

有下列 5 种：

（1）单相触电。

（2）两相触电。

（3）跨步电压与接触电压触电。

（4）感应电压触电。

（5）雷击触电。

16—46　心肺复苏法应如何进行？

触电者呼吸和心跳均停止时，应立即按心肺复苏法支持生命的三项基本措施，正确进行就地抢救。

（1）通畅气道。通畅气道可采用仰头抬颏法。用一只手放在触电者前额，另一只手的手指将其下颌骨向上抬起，两手协同将头部推向后仰，舌根随之抬起，气道即可通畅。严禁用枕头或其它物品垫在伤员头下，头部抬高前倾，会更加重气道阻塞，且使胸外按压时流向脑部的血流减少，甚至消失。

（2）口对口（鼻）人工呼吸。在保持伤员气道通畅的同时，救护人员用放在伤员额上的手指捏住伤员鼻翼，救护人员深吸气后，与伤员口对口紧合，在不漏气的情况下，先连续大口吹气两次，每次 1～1.5s。如两次吹气后试测颈动脉仍无搏动，可判断心跳已经停止，要立即同时进行胸外按压。除开始时大口吹气两次外，正常口对口（鼻）呼吸的吹气量不需过大，以免引起胃膨胀。吹气和放松时要注意伤员胸部应有起伏的呼吸动作。吹气时如有较大阻力，可能是头部后仰不够，应及时纠正。触电伤员如牙关紧闭，可口对鼻人工呼吸。口对鼻人工呼吸吹气时，要将伤员嘴唇紧闭，防止漏气。

（3）胸外按压（人工循环）。正确的按压位置是保证胸外按压效果的重要前提。右手的食指和中指沿触电伤员的右侧肋弓下缘向上，找到肋骨和胸骨接合处的中点；两手指并齐，中指放在切迹中点（剑突底部），食指平放在胸骨下部；另一只手的掌根紧挨食指上缘，置于胸骨上，即为正确按压位置。正确的按压姿势是达到胸外按压效果的基本保证。正确的按压姿势使触电伤员仰面躺在平硬的地方，救护人员立或跪在伤员一侧肩旁，救护人员的两肩位于伤员胸骨正上方，两臂伸直，肘关节固定不屈，两手掌根相叠，手指翘起，不接触伤员胸壁；以髋关节为支点，利用上身的重力，垂直将正常成人胸骨压陷 3~5cm（儿童和瘦弱者酌减）；压至要求程度后，立即全部放松，但放松时救护人员的掌根不得离开胸壁。按压必须有效，有效的标志是按压过程中可以触及颈动脉搏动。胸外按压要以均匀速度进行，每分钟 80 次左右，每次按压和放松的时间相等；胸外按压与口对口（鼻）人工呼吸同时进行，其节奏为：单人抢救时，每按压 15 次后吹气 2 次（15:2），反复进行；双人抢救时，每按压 5 次后由另一人吹气 1 次（5:1），反复进行。

16—47 抢救过程中的再判断是什么？

触电者如果意识丧失，在 10 秒内用看、听、试的方法判定伤者呼吸心跳情况：

（1）看。看胸部、腹部有无起伏动作。

（2）听。用耳贴近伤者口鼻，听有无呼气声。

（3）试。测试口鼻有无呼气的气流，再用手指轻试一侧颈动脉（喉结旁凹陷处）有无搏动。若无呼吸无颈动脉搏动，可判定呼吸心跳停止，立即实施心肺复苏法。